高等学校规划教材·电子、通信与自动控制技术

计算机仿真技术

（第 4 版）

主　编　牛　云

编　者　牛　云　　何军红

　　　　吴旭光　　杨惠珍

U0382018

西北工业大学出版社

西　安

【内容简介】 本书内容主要涵盖了计算机仿真的基本概念、模型及模型的变换、数值积分法、参数辨识及常用仿真求解优化方法等，系统、全面地讲解了计算机仿真的理论基础和技术基础，并对物理仿真引擎和数字孪生技术等仿真前沿内容进行了介绍。本书配有完善的仿真实例和练习题、实验指导书和实验程序，供学生练习、参考，以提高其实践能力。全书讲解深入浅出、图文并茂，理论与实践相结合，并侧重实践与应用，实用性强。

本书可以作为高等学校信息类、自动化类、机械类及相关专业的本科生和研究生教材，也可供从事系统控制、系统仿真的科研人员和工程技术人员参考。

图书在版编目(CIP)数据

计算机仿真技术 / 牛云主编. —4 版. —西安：
西北工业大学出版社，2024.1
高等学校规划教材. 电子、通信与自动控制技术
ISBN 978 - 7 - 5612 - 9159 - 7

Ⅰ. ①计… Ⅱ. ①牛… Ⅲ. ①计算机仿真-高等学校
-教材 Ⅳ. ①TP391.9

中国国家版本馆 CIP 数据核字(2024)第 014816 号

JISUANJI FANGZHEN JISHU

计 算 机 仿 真 技 术

牛云 主编

责任编辑： 张 友	**策划编辑：** 何格夫	
责任校对： 朱晓娟	**装帧设计：** 李 飞	

出版发行： 西北工业大学出版社

通信地址： 西安市友谊西路 127 号 　　邮编：710072

电 话： (029)88491757，88493844

网 址： www.nwpup.com

印 刷 者： 陕西奇彩印务有限责任公司

开 本： 787 mm×1 092 mm 　　1/16

印 张： 18

字 数： 472 千字

版 次： 2005 年 8 月第 1 版 　2024 年 1 月第 4 版 　2024 年 1 月第 1 次印刷

书 号： ISBN 978 - 7 - 5612 - 9159 - 7

定 价： 75.00 元

第 4 版前言

本书对经典系统仿真理论、技术以及仿真方法学、仿真前沿应用作了详细的讲述。第 4 版修订后的主要内容分为四大部分：

第一部分（第 1～5 章）为计算机仿真的经典理论与技术，本次修订，将经典的计算机仿真技术、系统描述模型及其求解方法进行整合，增加参数辨识基础，使仿真过程更完整。本部分内容包括系统仿真的基本概念、系统数学模型及其相互转换、参数估计理论与算法、数值积分法在系统仿真中的应用、面向结构图的数字仿真法等。

第二部分（第 6～8 章）为仿真应用及常用仿真工具软件，在原有 MATLAB/Simulink 数值仿真及半实物仿真应用的基础上，增加当前常用的物理仿真引擎的建模入门，以移动机器人为例，给出基于 Gazebo 的虚拟机器人及虚拟实验环境仿真建模方法，Gazebo－ROS－MATLAB/Simulink 联合快速控制原型仿真方法。

第三部分（第 9 章）主要讲述现代仿真技术，主要简述数字孪生技术。数字孪生基于物理实体的基本状态，以动态实时的方式将建立的模型、收集的数据作出高度写实的分析，用于物理实体的监测、预测和优化。

第四部分（附录）为实验指导书，提供与本书内容相关的全数字及半实物验证、综合仿真实验若干，增加物理引擎仿真、数字孪生等新的实验案例，并配有参考程序，用于提高读者解决实际仿真工程问题的能力。

本书编写分工如下：第 6,7,8 章和实验四至实验六由牛云编写；第 1,2,9 章由何军红编写；第 4,5 章和实验一至实验三由吴旭光编写；第 3 章由杨惠珍编写。全书由牛云统稿。

本书的实验案例配有源程序，使用本书作为教材的教师可以通过电子邮件 niuyun010121@nwpu.edu.cn 索取。

本书可以作为高等学校信息类、自动化类、机械类及相关专业的本科生和研究生教材，也可供从事系统控制、系统仿真的科研人员和工程技术人员参考。

在编写本书的过程中，曾参阅了相关文献资料，在此谨对其作者表示感谢。

由于水平有限，书中不妥之处在所难免，诚请广大读者批评指正。

编　者

2023 年 9 月于西北工业大学

第 3 版前言

本书根据前两版的读者反馈及工业和信息化部"十二五"教材编写规划,针对系统仿真理论、技术以及仿真方法学、仿真软件和应用的最新进展做了详细的修订。修订后的主要内容分为四部分:

第一部分为计算机仿真的经典理论与技术,包括系统仿真的基本概念、系统数学模型及其相互转换、数值分析法在数值仿真中的应用、面向结构图的数字仿真法、快速数字仿真法、控制系统参数寻优及仿真等。

第二部分为本次修订的重点部分,基于目前最为普及的系统仿真设计、分析工具 MATLAB/Simulink 探究全数字仿真及半实物仿真的实现及调试方法,具体内容包括 Simulink 仿真基础、自定义仿真、S 函数扩展 Simulink、Simulink 命令行仿真及回调函数、半实物仿真基础、快速控制原型、硬件在回路仿真、MATLAB/RTW 实时仿真工具箱应用技术等。

第三部分主要讲述现代仿真技术,包括分布交互仿真技术、虚拟现实技术、建模与仿真的 VV&A 技术、人工智能与仿真技术等。

第四部分为实验指导书,提供与本书内容相关的全数字及半实物综合仿真实验若干,并配有参考程序,用于提高读者解决实际仿真工程问题的能力。

本书的第 1,4,5,6 章及实验一至实验四由吴旭光编写,第 2,3,7,8 章及实验五、六由牛云编写,第 9 章由杨惠珍编写。全书由吴旭光统稿。

本书配有电子教案、实验程序等,使用本书作为教材的教师可以通过电子邮件 xuguangw@nwpu.edu.cn 索取。

本版的编写,在力求理清计算机仿真技术概念和原理的基础上,添加更多的仿真应用实例,更加注重计算机仿真技术在实际工程中的应用。

由于水平有限,书中疏漏和不妥之处在所难免,殷切希望读者批评指正。

编　者
2015 年 2 月于西北工业大学

第 2 版前言

本书第 1 版于 2005 年 8 月由化学工业出版社出版,使用至今,受到读者欢迎,也被国内许多高校作为计算机仿真技术课程的教材。第 2 版是根据目前计算机仿真技术的最新发展,以及许多读者的反馈意见和国家"十一五"教材编写规划而重新编写的,并被教育部批准为普通高等教育"十一五"国家级规划教材。

第 2 版力求体现面向 21 世纪教学内容与课程体系改革的要求,反映现代计算机仿真技术发展的先进水平和最新研究成果。第 2 版力求做到突出重点、联系工程实际、深入浅出,注重计算机仿真技术的概念和原理的讲解,更加注重计算机仿真技术的实际工程应用的培养,避免冗长的数学推导,以利于读者全面掌握计算机仿真技术的基本理论和技术,快速地将计算机仿真技术应用到实际的工程项目中。

第 2 版与第 1 版相比的最大改动之处是第 9 章。我们将原 9.1,9.2 和 9.3 节精简为一节。在本章中新增了 9.2 节"快速控制原型"和 9.3 节"MATALB/RTW 实时仿真工具箱"。这是因为目前嵌入式系统正在成为计算机应用的一个主要领域,其技术也得到快速的发展,并已经在各个工程领域中得到非常成功的应用。社会对从事嵌入式系统开发的人员需求量也正在增大。为此我们在这两节给读者介绍这两方面的内容,不但可以使读者更加深刻地理解计算机仿真技术的发展方向和应用领域,而且对于从事嵌入式系统的开发人员也具有较大的参考价值。

本版内容虽有所改进,但由于水平有限,书中错误和不妥之处在所难免,殷切希望使用本教材的师生和其他读者给予批评指正。

编　者
2008 年 6 月于西北工业大学

第 1 版前言

　　系统仿真技术是建立在系统科学、系统辨识、控制理论、计算方法和计算机技术等学科上的一门综合性很强的技术科学。它以计算机和专用实验设备为工具，以物理系统的数学模型为基础，通过数值计算方法，对已经存在的或尚不存在的系统进行分析、研究和设计。目前，计算机仿真技术不但是科学研究的有力工具，也是分析、综合各类工程系统或非工程系统的一种研究方法和有力的手段。

　　本书的前身是笔者在 1990 年为西北工业大学工业自动化和控制理论等专业编写的《控制系统计算机仿真》讲义，并在 1993 年再次修改。为了使计算机仿真技术能更好地为系统分析、研究、设计服务，笔者在 1998 年对讲义又做了全面修改，并补充了许多新内容，编写成《计算机仿真技术与应用》一书，由西北工业大学出版社出版。该讲义和书不但一直作为西北工业大学自动化专业的教材，也得到国内其他院校的选用。笔者还将其用作航空集团公司和船舶集团公司所属的部分研究所和工厂的工程师教材。

　　这次笔者在西北工业大学教务处和化学工业出版社的大力支持下，对原书做了较大的修改。考虑到 MATLAB 和 Simulink 在目前科学计算和仿真中的应用日益普及，笔者在本书的许多部分都增加了相应的篇幅，例如：2.1.3，2.3.3，2.4.3，3.1.4，3.4.4 小节和 6.7 节，并特别增加了第 7 章 Simulink 建模和仿真。近 20 年来，计算机技术、网络技术和其他相关技术的发展，大大推动了计算机技术的发展。在这次出版过程中，笔者将原教材的 7-6 节（面向对象仿真技术）、7-8 节（灵境仿真技术）、8-3 节（模型的确认与验证）这三部分重新编写，并形成第 8 章现代仿真技术。因此这本教材更加适合目前的教学大纲要求。

　　全书共分 9 章。第 1 章绪论，概括地从横向和纵向两个方面介绍了系统仿真的基本概念、内容、应用和发展。第 2 章系统数学模型及其相互转换，介绍了系统仿真所使用的各类数学模型的表示以及相互间的转换。第 3 章数值积分法在系统仿真中的应用，主要介绍了在计算机仿真技术中主要使用的微分方程数值解法，包括在系统仿真中常用的数值积分法、刚性系统的特点及算法、实时仿真算法、分布参数系统的数字仿真和面向微分方程的仿真程序设计。第 4 章面向结构图的数字仿真法是本书的重点，讲解了结构图离散相似法仿真、非线性环节的数字仿真和连续系统的结构图仿真及程序。第 5 章快速数字仿真法，介绍了几种在满足工程精度条件下提高线性连续系统仿真速度的方法，并讲解了计算机控制系统的仿真技术。仿真技术和优化理论是紧密联系的，它们的结合是计算机辅助分析和计算机辅助设计的基础。在第 6 章控制系统参数优化及仿真中,介绍了参数优化与函数优化、单变量寻优技术、多变量寻优技术、寻优过程对限制条件的处理、函数寻优和 MATLAB 优化工具箱。MATLAB 和 Simulink 是目前科学研究学者和工程技术人员使用最多的软件,因此在第 7 章简单介绍了 Simulink 建模和仿真,包括 Simulink 的概述和基本操作、Simulink 的基本模块、建模方法、子系统和子系统的封装、回调和 S 函数等内容。第 8 章现代仿真技术,力图反映现代仿真技术的最新进展,其内容包括面向对象仿真技术、分布交互仿真技术、虚拟现实技术、建模与仿真的 VV&A 技术等。第 9 章讨论了仿真应用技术,涉及仿真语言及其发展、一体化仿真技术、人工智能与仿真技术、数学模型和建模方法学。在本章最后还向读者介绍了仿真实验的计划制订和实施。

计算机仿真是一门涉及面较广的学科,就仿真所使用的设备来看,可分为全数字计算机仿真、物理仿真和半物理仿真等。本书仅介绍数字计算机仿真技术。就仿真使用的对象模型而言,又有连续系统仿真、离散事件系统仿真和复合系统仿真。本书主要讲述连续系统的计算机仿真理论和技术。但考虑到离散事件系统仿真的发展和重要性,本书在第 1 章简单介绍了离散事件系统仿真方法。

本书的第 1,3,6,7,9 章由吴旭光编写,第 2,4,5 章和习题由王新民编写,第 8 章由杨惠珍编写。全书由吴旭光统稿。

在本书的编写和使用过程中,西北工业大学自动化教研室和自动控制理论教研室的许多老师都曾给予了极大的帮助,许多使用过此书前身的研究所的工程师也提出过许多具体和中肯的意见。尤其是笔者的研究生赵勋峰、苏娟、陈兴隆、张竞凯等也都参与了本书的编写,在此虽不能一一列举他们的名字,但向他们表示衷心的感谢。许多使用过本教材的学生也曾经提出过许多宝贵的意见,向他们也表示深深的谢意。

编写本书的过程中参考了大量的文献,在此向这些文献的作者表示感谢。

最后,第一作者还要感谢他的夫人和女儿对他的教学和科研工作给予的支持和鼓励。

由于水平有限,经验不足,书中错误和缺点在所难免,敬请读者给予批评指正。

本书有电子教案、实验指导书、实验程序等,使用本书作为教材的教师可以通过电子邮件 xuguangw@nwpu.edu.cn 索取。

编　者

2005 年 2 月于西北工业大学

目　　录

第1章　绪　　论

本章介绍系统仿真的基本概念,它所包括的内容以及发展状况,即从横向和纵向来阐述系统仿真的内涵。这些内容将为学习计算机仿真技术和以后作更进一步的研究建立一个基础。

1.1　系统仿真的基本概念

一、系统与模型

系统就是一些具有特定功能的、相互间以一定规律联系着的物体所组成的一个总体。显然,系统是一个广泛的概念,毫无疑问它在现代科学研究和工程实践中扮演着重要的角色。不同领域的问题均可以用系统的框架来解决。但究竟一个系统是由什么构成的,这取决于观测者的观点。例如:这个系统可以是一个由一些电子部件组成的放大器;或者是一个可能包括该放大器在内的控制回路;或者是一个有许多这样回路的化学处理装置;或者是一个由一些装置组成的工厂;或者是一些工厂的联合作业形成的系统,而世界经济就是这个系统的环境。

一个系统可能非常复杂,也可能很简单,因此很难给"系统"下一个确切的定义。但无论什么系统,一般均具有 4 个重要的性质,即整体性、相关性、有序性和动态性。

首先,必须明确系统的整体性。也就是说,它作为一个整体,各部分是不可分割的。就好像人体,它由头、身躯、四肢等多个部分组成,如果把这些部分拆开,就不能构成完整的人体。至于人们所熟悉的自动控制系统,其基本组成部分(控制对象、测量元件、控制器等)同样缺一不可。整体性是系统的第一特性。

其次,要明确系统的相关性。相关性是指系统内部各部分之间相互以一定的规律联系着,它们之间的特定关系形成了具有特定性能的系统。有时系统各要素之间的关系并不是简单的线性关系,而呈现出复杂的非线性关系。也正是这种非线性,构成了我们这个多彩的世界。对于复杂的非线性关系,必须研究其复杂性与整体性。再以人体为例,人的双眼视敏度是单眼视敏度的 6~10 倍。此外,双眼有立体感,而单眼却无此特点。这就是一种典型的非线性特征,因此相关性是系统的第二特性,也是目前系统研究的主要问题。

除整体性和相关性外,系统还具有有序性和动态性。比如,生命体是一种高度有序的结构,它所具有的复杂功能组织,与现代化大工业生产的"装配线"非常相似,这是一种结构上的有序性,对任何系统都是适用的。又如图 1.1.1 所示,一个非平衡系统如果经过分支点 A,B 到达 C,那么对 C 态的解释就必须暗含着对 A 态和 B 态的了解。这就是系统的动态性。

建立系统概念的目的在于深入认识并掌握系统的运动规律。因此不仅要定性地了解系统,还要定量地分析、综合系统,以便能更准确地解决工程、自然界和现代社会中的种种复杂问题。定量地分析、综合系统最有效的方法是建立系统的模型,并使用高效的数值计算工具和算法对系统的模型进行解算。

采用模型法分析系统的第一步是建立系统的数学模型。所谓数学模型就是把关于系统的本质部分信息,抽象成有用的描述形式,因此抽象是数学建模的基础。数学在建模中扮演着十分重要的角色。马克思说过:"一种科学只有在成功地运用数学时,才算达到完善的地步。"例如集合的概念是建立在抽象的基础上的,共同的基础使集合论对于建模过程非常有用。这样,数学模型可以看成是由一个集合构造的。

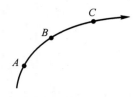

图 1.1.1　系统的动态性

数学模型无论是在纯科学领域还是在实际工程领域中都有着广泛的应用,但通常认为一个数学模型有两个主要的用途:首先,数学模型可以帮助人们不断地加深对实际物理系统的认识,并且启发人们去进行可以获得满意结果的实验;其次,数学模型有助于提高人们对实际系统的决策和干预能力。

数学模型按建立方法的不同可分为机理模型、统计模型和混合模型。机理模型采用演绎、推理方法,运用已知定律建立数学模型;统计模型采用归纳法,它根据大量实测或观察的数据,用统计的规律估计系统的模型;混合模型是理论上的逻辑推理和实验观测数据的统计分析相结合的模型。按所描述的系统运动特性和运用的数学工具特征,数学模型可分为线性、非线性、时变、定常、连续、离散、集中参数、分布参数、确定、随机等系统模型。

二、仿真

随着科学技术的进步,尤其是信息技术和计算机技术的发展,"仿真"的概念不断得以发展和完善,因此给予仿真一个清晰和明了的定义是非常困难的。但一个通俗的系统仿真基本含义是指:设计一个实际系统的模型,对它进行实验,以便理解和评价系统的各种运行策略。而这里的模型是一个广义的模型,包含数学模型、非数学模型、物理模型等等。显见,根据模型的不同,有不同方式的仿真。从仿真实现的角度来看,模型系统可以分为连续系统和离散事件系统两大类。由于这两类系统的运动规律差异很大,描述其运动规律的模型也有很大的不同,因此相应的仿真方法不同,分别对应为连续系统仿真和离散事件系统仿真。

1.连续系统仿真

连续系统是指物理系统状态随时间连续变化的系统,一般可以使用常微分方程或偏微分方程组描述。需要特别指出的是,这类系统也包括用差分方程描述的离散时间系统。由于工科院校主要的研究对象是工业自动化和工业过程控制,因此本书主要介绍连续系统仿真。

2.离散事件系统仿真

离散事件系统是指物理系统的状态在某些随机时间点上发生离散变化的系统。它与连续系统的主要区别在于:物理状态变化发生在随机时间点上,这种引起状态变化的行为称为"事件",因而这类系统是由事件驱动的。离散事件系统的事件(状态)往往发生在随机时间点上,并且事件(状态)是时间的离散变量。系统的动态特性无法使用微分方程这类数学方程来描述,而只能使用事件的活动图或流程图来描述。因此对离散事件系统的仿真的主要目的是对系统事件的行为作统计特性分析,而不像连续系统仿真的目的是对物理系统的状态轨迹作出分析。

考虑到知识的完整性,以及离散事件系统仿真技术的深入发展和广泛应用,本书将在1.3节对离散事件系统仿真作扼要的介绍。

本书讲授的是连续系统的计算机仿真,因此仿真的基础是建立在系统的数学模型基础上的,并以计算机为工具对系统进行实验研究。仿真,就是模仿真实的事物,也就是用一个模型来模仿真实系统。既然是模仿,两者就不可能完全等同,但是最基本的内容应该相同,即模型必须至少反映系统的主要特征。

随着现代工业的发展,科学研究的深入与计算机软、硬件的发展,仿真技术已成为分析、综合各类系统,特别是大系统的一种有效的研究方法和有力的研究工具。

1.2　连续系统仿真技术

一、基本原理分类

系统仿真除了可按模型的特性分为连续系统仿真和离散事件系统仿真外,还可以从不同的角度对系统仿真进行分类。比较典型的分类方法有以下几种:

(1)根据模型的种类可将系统仿真分为 3 种:物理仿真、数学仿真和半实物仿真。

(2)根据使用的仿真计算机也可将系统仿真分为 3 种:模拟计算机仿真、数字计算机仿真和数字模拟混合仿真。

(3)根据仿真时间钟和实际物理系统时间钟的比例关系,常将仿真分为实时仿真和非实时仿真。

本节根据仿真的主要理论依据——相似论来研究仿真的分类。所谓相似,是指各类事物间某些共性的客观存在。相似性是客观世界的一种普遍现象,它反映了客观世界中不同物理系统和物理现象具备某些共同的特性和规律。采用相似理论建立物理系统的相似模型,这是相似理论在系统仿真中最基本的体现。1.1 节讲过,仿真就是模仿一个真实系统,所遵循的基本原则就是相似原理。根据相似论的研究方法和仿真技术的研究方法,在建立物理系统的模型时,认为物理系统和模型应该满足几何相似、环境相似和性能相似中的一种或几种。

(1)几何相似,就是把真实系统按比例放大或缩小,其模型的状态向量与原物理系统的状态向量完全相同。土木建筑、水利工程、船舶、飞机制造多采用几何相似原理进行各种仿真实验。

(2)环境相似,就是人工在实验室里产生与所研究对象在自然界中所处环境类似的条件,比如飞机设计中的风洞,鱼雷设计中的水洞、水池,等等。

(3)性能相似,则是用数学方程来表征系统的性能,或者利用数据处理系统来模仿该数学方程所表征的系统。性能相似原理也是仿真技术遵循的基本原理。

根据仿真所遵循的相似原则基本含义,大致可将仿真分为 3 大类:

(1)物理仿真:主要是运用几何相似、环境相似条件,构成物理模型进行仿真。其主要原因可能是原物理系统是昂贵的,或是无法实现的物理场,或是原物理系统的复杂性难以用数学模型描述。

(2)数字仿真:运用性能相似条件,将物理系统全部用数学模型来描述,并把数学模型变换为仿真模型,在计算机上进行实验研究。

(3)半物理仿真:综合运用以上 3 个相似原则,把数学模型、实体模型、相似物理场组合在一起进行仿真。这类仿真技术又称为硬件在回路中的仿真(hardware in the loop simulation)。由于现代工业和科学技术的发展,单一的物理仿真和数字仿真往往不能满足其研究的要求,而这类物理仿真和数字仿真的结合则可满足其要求。

本书的重点是向读者介绍数字仿真。

二、半实物仿真

半实物仿真是一种通俗而习惯的叫法。按前述的定义应该是:在全部仿真系统中,一部分是实际物理系统或与实际等价的物理场,另一部分是安装在计算机里的数学模型。半实物仿真在科学研究和工程应用中扮演着非常重要的角色,从某种意义上讲,半实物仿真技术的难度和实际应用性均超过全数字仿真。这主要是因为:

(1)对于一个大型的仿真系统,有时系统中的某一部分很难建立其数学模型,或者建立这部分的数学模型的代价昂贵,精度也难以保证。例如,在红外制导系统仿真时,其红外制导头以及各种物理场的模型建立是相当困难的。为了能准确地仿真系统,这部分将以实物的形式直接参与仿真系统,从而避免建模的困难和过高的建模费用。

(2)利用半实物仿真系统,可以检验系统中的某些部件的性能。例如,为了检验航行器的性能,可以将设计的控制部件以实物的形式进入仿真系统。

(3)利用半实物仿真,可以进一步校正系统的数学模型。一个复杂的系统在完成初步设计以及分部件逐个研制出来后,为了验证和鉴定系统性能或检验定型产品,利用系统的半实物仿真可以从总体上更准确地检测外界因素的变化对系统的影响,更深入地暴露系统的内在矛盾,从而在实验室内能较全面地检验和评定系统设计的合理性和各部件工作的协调性,进而修改和完善设计。

(4)在1.4节介绍的仿真器中,半实物仿真是必需的。因为在这类仿真器中为了逼近物理系统的实际效应,许多部件必须以实物方式介入仿真系统中。例如,飞行驾驶员训练器,为了使飞行器有真实感,座舱往往是以实物的方式介入系统的。

由以上原因可以看出,半实物仿真是一种更有实际意义的仿真实验,其技术难度和投资也往往大于全数字仿真。图1.2.1是某航行器指令制导半实物仿真系统的原理框图。

三、数字仿真

数字仿真的前提是系统的数学模型,数字仿真的工具是数字计算机,而其主要内容是数值计算方法、仿真程序、仿真语言以及上机操作。通常将计算机称为仿真的硬件工具,而将仿真计算方法和仿真程序称为仿真软件。数字仿真的工作流程如图1.2.2所示,数字仿真的过程一般有如下5步:

(1)描述问题,建立数学模型。对待研究的真实系统进行调查研究,建立能够描述问题的数学模型。如有可能,还应给出评估系统有关性能的准则。

(2)准备仿真模型。其主要任务是根据物理系统的特点、仿真的要求和仿真计算机的性能,对系统的数学模型进行修改、简化,选择合适的算法等。当采用所选择的算法时,必须保证计算的稳定性、计算精度和计算速度等要求。

(3)画出实现仿真模型的流程图,并用通用语言或仿真语言编成计算机程序。

(4)校核和验证模型。这一步的目的是确定仿真和数学模型是否符合要求。若仿真结果与数学模型所得到的结果基本一致或误差在容许范围内,则仿真模型可用。

(5)运行仿真模型。在不同初始条件和参数下验证系统的响应或预测系统对各种决策变量的响应。

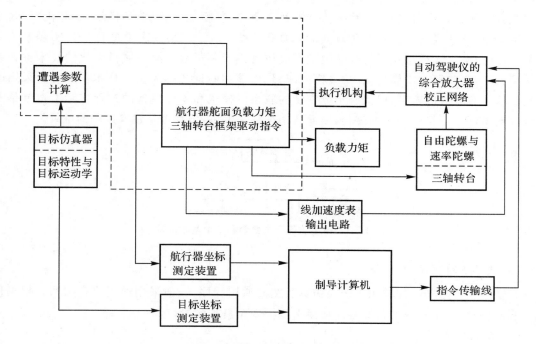

图 1.2.1　某航行器指令制导半实物仿真系统原理框图

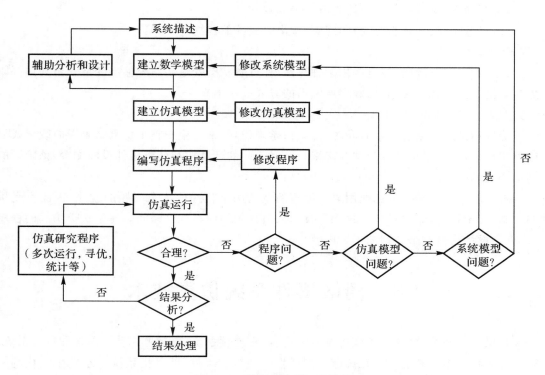

图 1.2.2　数字仿真的工作流程

从以上仿真过程可以看到,数字仿真涉及 3 个要素(物理系统、数学模型、计算机)和 3 个基本活动(系统建模、仿真建模、仿真实验),如图 1.2.3 所示。第一次模型化是将实际系统变成数学模型,第二次模型化是将数学模型变成仿真模型。通常将第一次模型化的技术称为系统辨识技术,而将第二次模型化、仿真模型编程、校核和验证统称为仿真技术。二者所采用的研究方法虽有较大的差别,但又有十分密切的联系。校核和验证模型的过程实际上也就是不断修改模型使之更符合实际的过程,因而从某种意义上讲,仿真也是建模过程的继续。

图 1.2.3　数字仿真 3 个要素和 3 个基本活动

四、数字仿真程序

数字仿真程序是一种适用于一类仿真问题的通用程序,一般采用通用语言编写。根据仿真过程的要求,一个完整的仿真程序应具有以下 3 个基本阶段。

1.初始化阶段

这是仿真的准备阶段,主要完成下列工作:

(1)数组定维、各状态变量置初值。

(2)可调参数、决策变量以及控制策略等的建立。

(3)仿真总时间、计算步距、打印间隔、输出方式等的建立。

2.模型运行阶段

这是仿真的主要阶段,规定调用某种算法,计算各状态变量和系统输出变量。当到达打印间隔时输出一次计算结果,并以数字或图形的方式表示出来。

3.仿真结果处理和输出阶段

当仿真达到规定的总仿真时间时,对动力学来说,常常希望把整个仿真结果以曲线形式显示或打印出来,或将整个计算数据存起来。针对不同的计算机和计算机外设的配置,该阶段的差别也较大。

仿真程序一般只是一种用通用语言编写的专门用于"仿真"这类问题的程序,因此不受机型的限制,便于移植,而且可以缩短工程技术人员大量的编写程序时间。属于这类仿真的程序编写、算法设计将是本书介绍的主要内容。

1.3　离散事件系统仿真技术

计算机仿真涉及的面很广,就仿真对象而言,有连续系统、离散事件动态系统和复合系统。离散事件系统是指状态变化只在离散时刻产生的系统,"事件"就是指系统状态发生变化的一种行为。离散事件动态系统也是系统仿真运用的一个重要领域,而且近年来越来越受到人们的关注和重视。本节将以最简单的方式向读者介绍这一领域的基本知识。

离散事件系统和连续系统不同,它包含的事件的发生过程在时间和空间上都是离散的。例如交通管理、生产自动线、计算机系统和社会经济系统都是离散事件系统。在这类系统中,各事件以某种顺序或在某种条件下发生,并且大都属于随机性的。

例 1.3.1 某个理发馆,设上午 9:00 开门,下午 7:00 关门。显然,在这个理发馆系统中,存在理发师和顾客两个实体,也存在顾客到达理发馆的事件和理发师为顾客服务的事件。因此描述该系统的状态是理发师(服务台)的状态(忙或闲)、顾客排队等待的队长、理发师的服务方式(如对某些特殊顾客的优先服务)。显然,这些状态变量的变化只能在离散的随机时间点上发生。

类似的例子很多,如定票系统、库存系统、加工制造系统、交通控制系统、计算机系统等等。

在连续系统的数字仿真中,时间通常被分割为均匀的间隔,并以一个基本时间间隔计时。而离散系统的数字仿真则经常是面向事件的,时间并不需要按相同的增量增加。

在连续系统仿真中,系统动力学模型是由系统变量之间关系的方程来描述的。仿真的结果是系统变量随时间变化的时间历程。在离散系统仿真中,系统变量是反映系统各部分之间相互作用的一些事件,系统模型则是反映这些事件状态的数的集合,仿真结果是产生处理这些事件的时间历程。

由于离散时间系统固有的随机性,所以对这类系统的研究往往十分困难。经典的概率论、数理统计和随机过程理论虽然为这类系统的研究提供了理论基础,并能对一些简单系统提供解析解,但对工程实际中的大量系统,只有依靠计算机仿真技术才能提供较为完整的和可靠的结果。

1.3.1 离散事件系统的数学模型

一、基本概念

1.实体或设备

离散事件系统有多种类型,但它们的主要组成部分基本相同。首先,它有一部分是活动的,叫"实体"。例如,生产自动线上待加工的零件,计算机系统待处理的信息,以及商店或医院中排队等待的顾客,等等。系统的工作过程实质上就是这种"实体"流动和接受加工、处理和服务的过程。其次,系统中还有一部分是固定的,叫"设备"。这些设备用于对实体进行加工、处理或服务,它们相当于连续系统中的各类对信息进行交换处理的元件。这些"设备"可能是机床、电话交换系统、营业员或者医生等。因此此处"设备"的含义是广泛的。实体按一定规律不断地到达(产生),在设备作用下通过系统,接受服务,最后离开系统。整个系统呈现出动态过程。

目前通用方法是将实体和设备统称为"实体",但前者称为"临时实体",后者称为"永久实体"。

2.事件

描述离散事件系统的第二个重要概念是"事件"。事件是引起系统状态发生变化的行为。例如,在例 1.3.1 中,可以定义"顾客到达"为一类事件,而这类事件的发生引起系统的状态——理发师的状态从"闲"变成"忙",或者引起系统的另外一个状态——顾客的排队人数发生变化。同样,一个顾客接受服务完毕后离开系统也可以定义为一类事件。

在离散事件仿真模型中，由于是依靠事件来驱动的，因此除了系统中固有事件外，还有所谓"程序事件"，它用于控制仿真进程。例如要对例 1.3.1 的系统进行从上午 9:00 开门到下午 7:00 关门这一段时间内的动态过程仿真，则可以定义"仿真时间达到 10 h 后停止仿真"作为一个程序事件，当该事件发生时即结束仿真模型的执行。

3.活动

离散事件系统中的活动，通常用于表示两个可以区分的事件之间的过程，它标志着系统状态的转移。在例 1.3.1 中：顾客的到达事件与该顾客开始接受服务事件之间可称为一个活动，该活动使系统的状态（队长）发生变化；顾客开始接受服务到该顾客服务完毕后离开也可以视为一个活动，它使队长减 1。

4.进程

进程由若干有序事件及若干有序活动组成，一个进程描述了它所包括的事件及活动间的相互逻辑关系及时序关系。如例 1.3.1 中，一个顾客到达系统，经过排队、接受服务，到服务完毕后离去可以称为一个进程。

事件、活动、进程三者之间的关系可用图 1.3.1 来描述。

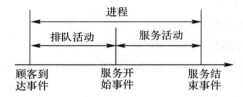

图 1.3.1　事件、活动、进程之间的关系

5.仿真钟

仿真钟用于表示仿真时间的变化。在离散事件仿真中，由于引起状态变化的事件发生的时间是随机的，因此仿真钟的推进步长也完全是随机的。另外，两个相邻发生的事件之间系统状态不会发生任何变化，因而仿真钟可以跨过这些"不活动"周期。从一个事件发生时刻推进到下一事件发生时刻，仿真钟的推进呈现跳跃性，推进速度具有随机性。可见，在离散事件仿真模型中事件控制部件是必不可少的，以便按一定规律来控制仿真钟的推进。

6.统计计数器

离散事件系统的状态随事件的不断发生也呈现出动态变化过程，但仿真的主要目的不是要得到这些状态是如何变化的。由于这种变化是随机的，某一次仿真运行得到的状态变化过程只不过是随机过程的一次取样。如果进行另一次独立的仿真运行，所得到的状态变化过程可能完全是另一种情况。它们只有在统计意义下才有参考价值。

在例 1.3.1 中，由于顾客到达的时间间隔具有随机性，理发师为每一个顾客服务的时间长度也是随机的，因而在某一时刻，顾客排队的队长或理发师的忙闲情况完全是不确定的。在分析该系统时，我们感兴趣的可能是系统的平均队长、顾客的平均等待时间或者是理发师的利用率等。在仿真模型中，需要有一个统计计数部件，以便统计系统中的有关变量。

二、模型

离散事件系统既然主要由实体、设备和各类事件、活动、进程组成，那么系统状态的变化也是由这些实体的活动引起的。描述这类系统的数学模型可以分为以下 3 个部分。

1.到达模型

设实体 1 到达系统的时刻为 t_1,实体 2 到达系统的时刻为 t_2,则实际相互到达的时间为 $T_a = t_2 - t_1$,相互到达的速度为 $\lambda = 1/T_a$。在离散事件系统中,T_a 用概率函数来定义,并用相互到达时间大于时间 t 的概率来表示到达模型,称为到达分布函数,用 $A_0(t)$ 表示。如果已知到达时间的积累分布函数 $F(t)$,则 $A_0(t)$ 与 $F(t)$ 之间有如下关系:

$$A_0(t) = 1 - F(t) \tag{1.3.1}$$

如果实体到达完全随机,只受给定的平均到达速度的限制,即下一实体到达与上一实体到达时间无关,而在时间 $(t, t+\Delta t)$ 区间内到达的概率与 Δt 成正比,与 t 无关,那么在这些条件下,系统在 t 时刻到达 n 个实体的概率满足泊松分布模式,即

$$P_n(t) = \frac{(\lambda t)^n e^{-\lambda t}}{n!}, \quad n = 0, 1, 2, \cdots \tag{1.3.2}$$

式中:λ 为单位时间到达的实体数。

泊松分布是一种很重要的概率分布,在实际排队系统中有不少到达模式属于这种分布,例如电话交换系统中的呼叫次数、计算机信息处理系统中信息的到达次数、商店和医院等服务机构中人的到达次数等等。

2.服务模型

它是用来描述设备为实体服务的时间模型。假定系统中同时为实体服务的设备有 n 个,且设备为单个实体服务所需要的时间为 T_s,T_s 一般也用概率函数来描述。定义服务分布函数 $S_0(t)$,它是服务时间 T_s 大于时间 t 的概率。若设 $F_0(t)$ 为服务时间积累分布函数,则有

$$S_0(t) = 1 - F_0(t) \tag{1.3.3}$$

$S_0(t)$ 与 $F_0(t)$ 的关系就称为服务模型。

若服务过程满足 ① 在不重叠的时间区间内,② 各个服务时间是相互独立的,服务时间平均值是一常值,③ 在 $(t, t+\Delta t)$ 区间内完成为一个实体服务的概率正比于时间间隔 Δt,则服务时间的概率分布和实体到达时间间隔的概率分布相同,即为负指数分布,概率密度函数为

$$g(t) = \mu e^{-\mu t} \tag{1.3.4}$$

式中:μ 为参数。

3.排队模型

它是用来描述在服务过程中当出现排队现象时,系统对排队的处理规则。当设备的服务速度低于实体互相到达速度时,在设备前就会出现排队现象。对一个服务系统来讲,出现一定的排队现象是正常的,但是,不希望排队过长。一旦出现排队现象,实体将按照一定的规则接受服务。一般有如下规则:

(1)先到先服务:按到达顺序接受服务,这是最通常的情形。

(2)后到先服务:如使用电梯的顾客是后入先出的,计算机系统中存放信息的压栈处理等。

(3)随机服务:当设备空闲时,从等待的实体中随机地选一名进行服务,如电话交换接通呼唤的服务等。

(4)优先服务:如医院中急诊病人优先得到治疗,机场跑道优先对需要降落的飞机提供服务等。

由上述内容可知,离散事件系统的模型一般不能用一组方程来描述,而是要用一些逻辑条

件或流程图来描述，这与连续系统模型有很大的不同。正因为这一点，离散事件系统的仿真具有它本身的特殊性。

1.3.2 离散事件系统的仿真方法

在一个较为复杂的离散事件系统中，一般都存在诸多实体，这些实体之间相互联系，相互影响，然而其活动的发生都统一在同一时间基上。建立起各类实体之间的逻辑关系，这是离散事件系统仿真学的重要内容之一，有时称之为仿真算法或仿真策略。如同连续系统仿真一样，即使是同一系统，不同算法下的仿真模型的形式也是不同的，仿真策略决定仿真模型的结构。在此仅向读者简单介绍目前比较成熟的3种仿真方法。

1. 事件调度法

离散事件系统中最基本的概念是事件，事件的发生引起系统状态的变化。用事件的观点来分析真实系统，通过定义事件及每个事件触发的系统状态变化，并按时间顺序执行与每个事件相关联的逻辑关系，这就是事件调度法的基本思想。

按这种策略建立模型时，所有事件均放在事件表中。模型中设有一个时间控制部分，该部分从事件表中选择具有最早发生时间的事件，并将仿真钟修改到该事件发生的时间，再调用与该事件相应的事件处理模块。该事件处理完后返回时间控制部分。这样，事件的选择与处理不断地进行，直到仿真终止的条件或程序事件产生为止。

2. 活动扫描法

如果事件的发生不仅与时间有关，而且与其他条件也有关，即只有满足某些条件时事件才会发生，在这种情况下，采用事件调度法策略建模则显示出这种算法的弱点。其原因在于，这类系统活动持续时间不确定，因而无法预定活动的开始时间和终止时间。

活动扫描法的基本思想：系统由成分组成，而成分包含着活动，这些活动的发生必须满足某些条件；每一个主动成分有一个相应的活动子例程；在仿真过程中，活动的发生时间也作为条件之一，而且较之其他条件具有更高的优先权。

3. 进程交互法

进程由若干个事件及若干活动组成，一个进程描述了它所包括的事件及活动间的相互逻辑关系及时序关系。

进程交互法采用进程描述系统，它将模型中的主动成分历经系统时所发生的事件及活动按时间顺序进行组合，从而形成进程表。一个成分一旦进入进程，它将完成全部活动。

以上讨论的3种仿真方法在离散事件系统仿真中均得到广泛的应用。有些仿真语言采用某一种方法，有的则允许用户在同一个仿真语言中用多种方法，以适应不同用户的需要。显然，选择何种方法依赖于被研究的系统的特点。一般来说：如果系统中的各个成分相关性较少，那么宜采用事件调度法，相反宜采用活动扫描法；如果系统成分的活动比较规则，那么宜采用进程交互法。

图 1.3.2～图 1.3.4 是以出纳员队列模型为例列出的这3种方法的流程图，由图可清楚地看到它们之间的关系。

离散事件系统仿真研究的一般步骤与本书要讲述的连续系统仿真是类似的，它包括系统建模、确定仿真模型、选择仿真算法、设计仿真程序、运行仿真程序、输出仿真结果并进行分析，其内容与 1.2 节类似,同样可以用图 1.2.2 所示的流程图描述。

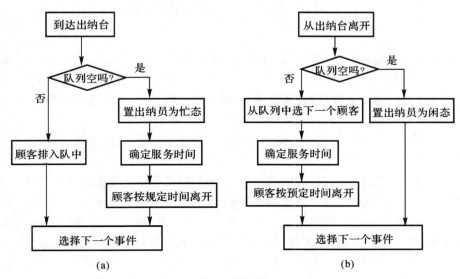

图 1.3.2 出纳员队列模型

(a)顾客到达事件流程图; (b)顾客离开事件流程图

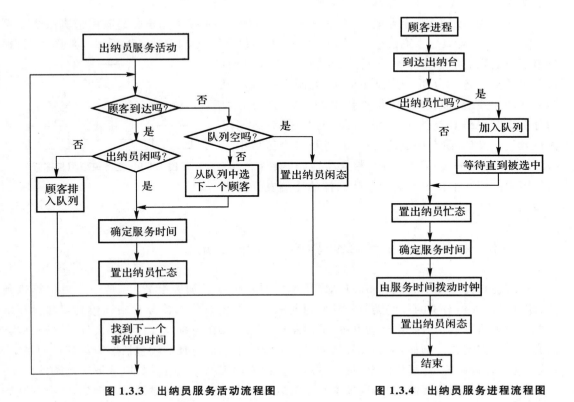

图 1.3.3 出纳员服务活动流程图 **图 1.3.4 出纳员服务进程流程图**

1.4　仿真技术的应用

系统仿真技术是分析、综合各类系统的一种有力的工具和手段。它目前已被广泛地应用于几乎所有的科学技术领域。

本节仅从科学的角度出发,对接触最多、发展最快、比较重要的几个方面作一概括的介绍。

1.4.1　系统仿真技术在系统分析、综合方面的应用

各技术领域控制系统的分析、设计以及系统测试、改造都在应用系统仿真技术。在工程系统方面,例如:在设计开始阶段,利用仿真技术论证方案,进行经济技术比较,优选合理方案;在设计阶段,系统仿真技术可帮助设计人员优选系统合理结构,优化系统参数,以期获得系统最优品质和性能;在调试阶段,利用仿真技术分析系统响应与参数关系,指导调试工作,可以迅速完成调试任务;对已经运行的系统,利用仿真技术可以在不影响生产的条件下分析系统的工作状态,预防事故发生,寻求改进薄弱环节,以提高系统的性能和运行效率。

对设计任务重、工作量大的系统,可建立系统设计仿真器或系统辅助设计程序包,使设计人员节省大量的设计时间,提高工作效率。

在非工程系统方面,企业管理、经济分析、市场预测、商品销售等也都应用仿真技术。例如,用仿真技术可以建立商品生产、公司经营与市场预测模型,如图 1.4.1 所示。从图可见,根据市场信息,公司作出决策,工厂生产的产品投放市场,再对市场信息进行分析。其他如交通、能源、生态、环境等方面的大系统分析都应用仿真技术。例如,人口方面的分析也应用仿真预估今后人口发展的合理结构,制定人口政策。又如,研究区域动力模型,分析整个区域中人口增长、工业化速度、环境污染、粮食生产、社会福利、教育等因素的相互平行关系应当按什么样的比例发展较为合适的问题。

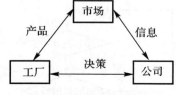

图 1.4.1　经济模型粗框图

1.4.2　系统仿真技术在仿真器方面的应用

系统仿真器(system simulator)是模仿真实系统的实验研究装置,它是一个由计算机硬件、软件以及模仿对象的某些类似实物所组成的仿真系统。仿真器分为培训仿真器和设计仿真器。培训仿真器一般是由运动系统、显示系统、仪表、操作系统以及计算机硬件、软件组成类似实物的模拟装置。例如,培训飞机驾驶员的航线起落飞行仿真器就包括座舱与其运动系统、视景系统、音响系统、计算机系统以及指挥台等,此外还有电源、液压源,以保证实验条件。

推广应用培训仿真器,在培训技术和经济效益方面都会带来明显效果。例如,飞机驾驶员培训仿真器可以实现异常技术训练,训练在事故状态飞行、排除故障的技能,允许飞行员错误

操作,这样可以提高飞行技术。使用飞行仿真器可以减少危险,确保安全,节省大量航空汽油,减少环境污染。例如,波音 747 仿真器按每天 20 h 架次训练,一年可节省 30 万 t 汽油,可见经济效益十分明显。培训仿真器在航空、航天、航海、核能工业、电力系统、坦克、汽车等方面都有应用,并取得了较显著的技术经济效益。

设计仿真器,一般包括计算机硬件、软件和由研究系统的应用软件以及大量设计公式和参数等所构成的设计程序包。例如,轧钢机多级计算机控制系统的设计,从方案选择到参数规定,甚至绘图等工作都可以在设计仿真器上由计算机完成,以提高效率。此外,在电机、变压器或其他具有大量计算工作量而且规格众多的系列化产品设计方面,均可利用计算机辅助设计仿真器(或称设计程序包),以提高工作效率。

综上所述,系统仿真技术在仿真器方面的应用将会带来明显的技术和经济效益。

1.4.3　系统仿真技术在技术咨询和预测方面的应用

根据系统的数学模型,利用仿真技术输入相应数据,经过运算后即可输出结果,这种技术目前用在很多方面,如专家系统、技术咨询和预测、预报方面。

专家系统是一种计算机软件系统,事先将有关专家的知识、经验总结出来,形成规律后填入表格或框架,然后存入计算机,建立知识库,设计管理软件,根据输入的原始数据,按照规定的专家知识推理、判断,给用户提供咨询。由于这种软件是模拟专家思考、分析、判断的,实际上起到专家的作用,所以被称为专家系统。我国目前研究比较多的是中医诊断系统,它是将医疗经验丰富、诊脉医术准确的医生的一套知识和经验加以规律化后编出程序,存入计算机,在临床诊断时起到专家的作用。除医疗之外,如农业育种专家系统,它自动计算选择杂交的亲本,预测杂交后代的性状,给出生产杂交第二代、第三代的配种方案,起到咨询的作用。

预测技术在很多领域得到应用,例如,利用地震监测模型模拟根据监测数据预报地震情况,森林火警模型根据当地气温、风向、湿度等条件预报火警,人口模型预测今后人口结构。

应用系统仿真技术,可以对反应周期长,且难以观察、实验或消耗巨额资金的自然环境、生态、人口结构、生理、育种、导弹、军事、国防等系统,在短期容易实现的模型上进行分析、实验后预报结果。这是仿真技术所具有的独特功能,因此在这些方面的应用逐渐扩大,极有发展前途。此外,对于有些在实际物理世界不可能存在或难以实现,但有必要研究的系统,仿真技术也扮演着极其重要的角色。

本 章 小 结

本章介绍了系统仿真和它包括的主要内容,可使读者了解到系统仿真的内涵。通过本章的学习,可对系统仿真技术的概念、内容和应用等方面有初步的认识。从中可以看出,系统仿真技术涉及面广,内容多,应用范围也相当广泛。例如,从工程系统到非工程系统,从线性系统到非线性系统,从连续系统到离散系统,从系统模型到数值计算方法,从模拟计算机到数字计算机,从混合计算机到全数字并行处理计算机,从硬件到软件,从理论到实践,均有涉及。但系统仿真的重要目的之一就是实现一个工程系统或非工程系统的最佳设计和最佳实现。

　　对本章内容的学习,将为更深一步学习以后的各章节,以及在仿真技术领域作更进一步的研究建立一个基础。

习　　题

1-1　仿真遵循的基本原则是什么?

1-2　试举例说明连续系统数字仿真的步骤。

1-3　计算机仿真按其使用的设备和面向的对象来分,有哪几类?

1-4　数字仿真程序应具有哪些基本功能?

1-5　举出几个你所遇到的仿真实例。

第2章 系统数学模型及其相互转换

仿真研究就是首先根据实际物理系统的数学模型,将它转换成能在计算机上运行的仿真模型,然后利用计算机程序将仿真模型编程到计算机上进行数值计算的过程。从计算方法学中我们知道,微分方程的数值解基本上是针对高阶微分方程组的。而描述系统的数学模型有多种表示形式,这些表示形式之间是可以相互转换的。因此本章对几种常见的表示形式进行归纳,并讨论如何转换成易于仿真的状态空间表达形式。

2.1 系统的数学模型

在控制理论中,表述连续系统的数学模型有很多种,但基本上可以分为连续时间模型、离散时间模型和连续-离散混合模型。本节将对它们的形式作一介绍,并介绍目前在不确定系统分析时经常使用的不确定性模型。考虑到 MATLAB 语言的普及性,在每一部分介绍中还将向读者介绍如何使用 MATLAB 语言来描述这些模型,以及模型之间的转换。

2.1.1 连续系统的数学模型

连续系统的数学模型通常可以用以下几种形式表示:微分方程、传递函数、状态空间表达式。本节仅对这些数学模型作简单介绍,以便于在建立仿真程序时,选择适当的系统数学模型形式。

一、微分方程

一个连续系统可以表示成高阶微分方程,即

$$a_0 \frac{d^n y}{dt^n} + a_1 \frac{d^{n-1} y}{dt^{n-1}} + a_2 \frac{d^{n-2} y}{dt^{n-2}} + \cdots + a_{n-1} \frac{dy}{dt} + a_n y = c_1 \frac{d^{n-1} u}{dt^{n-1}} + c_2 \frac{d^{n-2} u}{dt^{n-2}} + \cdots + c_n u$$

$$(2.1.1)$$

初始条件为

$$y(t_0) = y_0, \quad \dot{y}(t_0) = \dot{y}_0, \quad \cdots, \quad u(t_0) = u_0, \quad \dot{u}(t_0) = \dot{u}_0, \quad \cdots$$

式中　y —— 系统的输出量;

　　　u —— 系统的输入量。

若引进微分算子 $p = \dfrac{d}{dt}$,则式(2.1.1)可以写成

$$a_0 p^n y + a_1 p^{n-1} y + \cdots + a_{n-1} p y + a_n y = c_1 p^{n-1} u + c_2 p^{n-2} u + \cdots + c_n u$$

即

$$\sum_{j=0}^{n} a_{n-j} p^j y = \sum_{i=0}^{n-1} c_{n-i} p^i u$$

不失一般性,令 $a_0 = 1$,便可写成

$$\frac{y}{u} = \frac{\sum_{i=0}^{n-1} c_{n-i} p^i}{\sum_{j=0}^{n} a_{n-j} p^j} \qquad (2.1.2)$$

二、传递函数

对式(2.1.1)两边取拉普拉斯变换,假设 y 及 u 的各阶导数(包括零阶)的初值均为零,则有

$$s^n Y(s) + a_1 s^{n-1} Y(s) + \cdots + a_{n-1} s Y(s) + a_n Y(s) =$$
$$c_1 s^{n-1} U(s) + c_2 s^{n-2} U(s) + \cdots + c_{n-1} s U(s) + c_n U(s) \qquad (2.1.3)$$

式中 $Y(s)$ —— 输出量 $y(t)$ 的拉普拉斯变换;

$U(s)$ —— 输入量 $u(t)$ 的拉普拉斯变换。

于是系统式(2.1.1)的传递函数描述形式如下:

$$G(s) = \frac{Y(s)}{U(s)} = \frac{c_1 s^{n-1} + c_2 s^{n-2} + \cdots + c_{n-1} s + c_n}{s^n + a_1 s^{n-1} + a_2 s^{n-2} + \cdots + a_{n-1} s + a_n} \qquad (2.1.4)$$

将式(2.1.4)与式(2.1.2)比较可知,在初值为零的情况下,用算子 p 所表示的式子与传递函数 $G(s)$ 表示的式子在形式上是完全相同的。

三、状态空间表达式

线性定常系统的状态空间表达式包括下列两个矩阵方程:

$$\dot{x}(t) = \boldsymbol{A}x(t) + \boldsymbol{B}u(t) \qquad (2.1.5)$$
$$y(t) = \boldsymbol{C}x(t) + \boldsymbol{D}u(t) \qquad (2.1.6)$$

式(2.1.5)由 n 个一阶微分方程组成,称为状态方程;式(2.1.6)由 l 个线性代数方程组成,称为输出方程。式中:$x(t) \in \mathbf{R}^n$ 为 n 维的状态向量;$u(t) \in \mathbf{R}^m$ 为 m 维的控制向量;$y(t) \in \mathbf{R}^l$ 为 l 维的输出向量;$\boldsymbol{A}$ 为 $n \times n$ 维的状态矩阵,由控制对象的参数决定;$\boldsymbol{B}$ 为 $n \times m$ 维的控制矩阵;$\boldsymbol{C}$ 为 $l \times n$ 维的输出矩阵;$\boldsymbol{D}$ 为 $l \times m$ 维的直接传输矩阵。如果表示该系统的传递函数为严格真分式,那么 $\boldsymbol{D}$ 为 $\boldsymbol{0}$。

假如一个连续系统可用微分方程来描述,即

$$\frac{d^n y}{dt^n} + a_1 \frac{d^{n-1} y}{dt^{n-1}} + a_2 \frac{d^{n-2} y}{dt^{n-2}} + \cdots + a_{n-1} \frac{dy}{dt} + a_n y = u \qquad (2.1.7)$$

引入各状态变量

$$\left. \begin{aligned} x_1 &= y \\ x_2 &= \dot{x}_1 = \frac{dy}{dt} \\ x_3 &= \dot{x}_2 = \frac{d^2 y}{dt^2} \\ &\cdots\cdots \\ x_n &= \dot{x}_{n-1} = \frac{d^{n-1} y}{dt^{n-1}} \end{aligned} \right\} \qquad (2.1.8)$$

则有

$$\dot{x}_n = \frac{\mathrm{d}^n y}{\mathrm{d}t^n} = -a_1 \frac{\mathrm{d}^{n-1} y}{\mathrm{d}t^{n-1}} - a_2 \frac{\mathrm{d}^{n-2} y}{\mathrm{d}t^{n-2}} - \cdots - a_{n-1} \frac{\mathrm{d}y}{\mathrm{d}t} - a_n y + u =$$
$$- a_1 x_n - a_2 x_{n-1} - \cdots - a_{n-1} x_2 - a_n x_1 + u \tag{2.1.9}$$

将上述 n 个一阶微分方程组写成矩阵形式,可得

$$\dot{x} = Ax + Bu \tag{2.1.10}$$

$$y = Cx \tag{2.1.11}$$

其中

$$A = \begin{bmatrix} 0 & 1 & 0 & \cdots & 0 \\ 0 & 0 & 1 & \cdots & 0 \\ \vdots & \vdots & \vdots & & \vdots \\ 0 & 0 & 0 & \cdots & 1 \\ -a_n & -a_{n-1} & -a_{n-2} & \cdots & -a_1 \end{bmatrix} \quad B = \begin{bmatrix} 0 \\ 0 \\ \vdots \\ 0 \\ 1 \end{bmatrix} \quad C = \begin{bmatrix} 1 & 0 & \cdots & 0 \end{bmatrix} \tag{2.1.12}$$

状态变量的初值可由引入状态变量的关系式获得,即

$$x_1(0) = y(0)$$

$$x_2(0) = \dot{y}(0)$$

$$x_3(0) = \ddot{y}(0)$$

$$\cdots\cdots$$

$$x_n(0) = y^{(n-1)}(0)$$

即

$$\begin{bmatrix} x_1(0) \\ x_2(0) \\ \vdots \\ x_n(0) \end{bmatrix} = \begin{bmatrix} y(0) \\ \dot{y}(0) \\ \vdots \\ y^{(n-1)}(0) \end{bmatrix} \tag{2.1.13}$$

若系统微分方程中不仅包含输入项 u,而且包含输入项 u 的导数项,如式(2.1.1)所示,则由式(2.1.2)等号右端分子、分母同乘 x 后得

$$\frac{y}{u} = \frac{\displaystyle\sum_{i=0}^{n-1} c_{n-i} p^i x}{\displaystyle\sum_{j=0}^{n} a_{n-j} p^j x} \tag{2.1.14}$$

由式(2.1.14)分母对应相等得

$$\sum_{j=0}^{n} a_{n-j} p^j x = u$$

令

$$p^j x = x_{j+1}, \quad j = 0, 1, 2, \cdots, n-1 \tag{2.1.15}$$

则有

$$\sum_{j=0}^{n-1} a_{n-j} x_{j+1} + a_0 p^n x = u$$

由于 $a_0 = 1$,故有

$$p^n x = -\sum_{j=0}^{n-1} a_{n-j} x_{j+1} + u$$

可得

$$\begin{bmatrix} \dot{x}_1 \\ \dot{x}_2 \\ \vdots \\ \\ \dot{x}_n \end{bmatrix} = \begin{bmatrix} 0 & 1 & 0 & \cdots & 0 \\ 0 & 0 & 1 & \cdots & 0 \\ \vdots & \vdots & \vdots & & \vdots \\ 0 & 0 & 0 & \cdots & 1 \\ -a_n & -a_{n-1} & -a_{n-2} & \cdots & -a_1 \end{bmatrix} \begin{bmatrix} x_1 \\ x_2 \\ \vdots \\ x_{n-1} \\ x_n \end{bmatrix} + \begin{bmatrix} 0 \\ 0 \\ \vdots \\ 0 \\ 1 \end{bmatrix} u \tag{2.1.16}$$

由式(2.1.14)分子对应相等得

$$y = \sum_{i=0}^{n-1} c_{n-i} p^j x = c_n x_1 + c_{n-1} x_2 + \cdots + c_1 x_n$$

即

$$y = \begin{bmatrix} c_n & c_{n-1} & \cdots & c_1 \end{bmatrix} x \tag{2.1.17}$$

由式(2.1.16)、式(2.1.17)与式(2.1.10)、式(2.1.11)比较可见,状态方程的形式仍相同,但输出方程变了,这种表示的结构形式称为可控标准型。

由于 y 不再与状态变量 x_1 直接相等,而是 $x_1, x_2, \cdots, x_n$ 的组合,因此系统输出只是由输入及其各阶导数的初值给定的。由式(2.1.15)可见,各状态变量的初值不能明显地用 y, u 及其各阶导数项表示,因此在这种形式下,用上述可控标准型表示的形式,在计算初值不为零时就不太方便了。下面给出一种易于写出状态变量初值的状态空间表达式。

假设给出的微分方程为

$$\sum_{j=0}^{n} a_{n-j} p^j y = \sum_{i=0}^{n} c_{n-j} p^j u \tag{2.1.18}$$

即

$$a_0 p^n y + a_1 p^{n-1} y + \cdots + a_{n-1} p y + a_n y = c_0 p^n u + c_1 p^{n-1} u + c_2 p^{n-2} u + \cdots + c_n u$$

令

$$p^n (a_0 y - c_0 u) + p^{n-1} (a_1 y - c_1 u) + \cdots + p (a_{n-1} y - c_{n-1} u) = p x_n$$

则有

$$p x_n = p^0 (-a_n y + c_n u) = -a_n y + c_n u$$

又令

$$p^{n-1} (a_0 y - c_0 u) + p^{n-2} (a_1 y - c_1 u) + \cdots + p (a_{n-2} y - c_{n-2} u) = p x_{n-1}$$

则有

$$p x_{n-1} = x_n - a_{n-1} y + c_{n-1} u$$

同理有

$$p x_j = x_{j+1} - a_j y + c_j u$$

而

$$x_j = p^{j-1} (a_0 y - c_0 u) + p^{j-2} (a_1 y - c_1 u) + \cdots + p (a_{j-2} y - c_{j-2} u) + (a_{j-1} y - c_{j-1} u), \quad j = 1, 2, \cdots, n \tag{2.1.19}$$

因此获得如下的状态方程与输出方程(令 $a_0 = 1$):

$$\begin{bmatrix} \dot{x}_1 \\ \dot{x}_2 \\ \vdots \\ \dot{x}_{n-1} \\ \dot{x}_n \end{bmatrix} = \begin{bmatrix} -a_1 & 1 & 0 & \cdots & 0 \\ -a_2 & 0 & 1 & \cdots & 0 \\ \vdots & \vdots & \vdots & & \vdots \\ -a_{n-1} & 0 & 0 & \cdots & 1 \\ -a_n & 0 & 0 & \cdots & 0 \end{bmatrix} \begin{bmatrix} x_1 \\ x_2 \\ \vdots \\ x_{n-1} \\ x_n \end{bmatrix} + \begin{bmatrix} c_1 - c_0 a_1 \\ c_2 - c_0 a_2 \\ \vdots \\ c_{n-1} - c_0 a_{n-1} \\ c_n - c_0 a_n \end{bmatrix} u \tag{2.1.20}$$

$$y = \begin{bmatrix} 1 & 0 & \cdots & 0 & 0 \end{bmatrix} \begin{bmatrix} x_1 \\ x_2 \\ \vdots \\ x_{n-1} \\ x_n \end{bmatrix} + c_0 u \tag{2.1.21}$$

若已知 y,u 及其各阶导数项的初始值，则可由式(2.1.19)直接求出各个状态变量的初值。这是因为由式(2.1.20)、式(2.1.21)表示的状态方程的状态变量仅与输入 u 和输出 y 及其各阶导数有关，而与其他状态变量无关。

例 2.1.1　已知微分方程及初值如下，将其化成状态空间表达式，并给出状态变量的初值。

$$\frac{d^3 y}{dt^3} + 7\frac{d^2 y}{dt^2} + 12\frac{dy}{dt} = \frac{d^2 u}{dt^2} + 3\frac{du}{dt} + 2u$$

$$y(0) = \dot{y}(0) = \ddot{y}(0) = 1, \quad u(0) = 2, \quad \dot{u}(0) = 4$$

解　据式(2.1.20)、式(2.1.21)可写出状态空间表达式如下：

$$\begin{bmatrix} \dot{x}_1 \\ \dot{x}_2 \\ \dot{x}_3 \end{bmatrix} = \begin{bmatrix} -7 & 1 & 0 \\ -12 & 0 & 1 \\ 0 & 0 & 0 \end{bmatrix} \begin{bmatrix} x_1 \\ x_2 \\ x_3 \end{bmatrix} + \begin{bmatrix} 1 \\ 3 \\ 2 \end{bmatrix} u$$

$$y = \begin{bmatrix} 1 & 0 & 0 \end{bmatrix} \begin{bmatrix} x_1 \\ x_2 \\ x_3 \end{bmatrix}$$

由式(2.1.19)，得

$$x_1(0) = y(0) = 1$$

$$x_2(0) = \dot{y}(0) + 7y(0) - u(0) = 6$$

$$x_3(0) = \ddot{y}(0) + 7\dot{y}(0) - \dot{u}(0) + 12y(0) - 3u(0) = 10$$

即

$$\begin{bmatrix} x_1(0) \\ x_2(0) \\ x_3(0) \end{bmatrix} = \begin{bmatrix} 1 \\ 6 \\ 10 \end{bmatrix}$$

需注意，由式(2.1.19)求出的状态变量初值是对应式(2.1.20)、式(2.1.21)状态空间表达式的状态变量初值，而不是对应式(2.1.16)、式(2.1.17)可控标准型的状态变量初值。

由上述内容可见，只要状态变量选取的形式不同，就可以得到不同形式的状态空间表达式。除以上给出的形式外，还可以写出其他各种表示形式。

2.1.2　离散时间模型

假定一个系统的输入量、输出量及其内部状态量是时间的离散函数，即为一个时间序列：$\{u(kT)\}$，$\{y(kT)\}$，$\{x(kT)\}$，其中 T 为离散时间间隔，这样可以使用离散时间模型来描述该系统。读者应注意离散时间模型与前面介绍的离散事件模型的差别。离散时间模型有差分方程、z 传递函数、权序列、离散状态空间模型等形式。

一、差分方程

差分方程的一般表达式为

$$y(n+k)+a_1 y(n+k-1)+\cdots+a_n y(k)=b_1 u(k+n-1)+\cdots+b_n u(k)$$

$$(2.1.22)$$

若引入后移算子 q^{-1}，$q^{-1}y(k)=y(k-1)$，则式 (2.1.22) 可以改写成

$$\sum_{j=0}^{n} a_j q^{-j} y(n+k)=\sum_{j=1}^{n} b_j q^{-j} u(n+k)$$

即
$$\frac{y(n+k)}{u(n+k)}=\frac{\displaystyle\sum_{j=1}^{n} b_j q^{-j}}{\displaystyle\sum_{j=0}^{n} a_j q^{-j}} \quad 或 \quad \frac{y(k)}{u(k)}=\frac{\displaystyle\sum_{j=1}^{n} b_j q^{-j}}{\displaystyle\sum_{j=0}^{n} a_j q^{-j}} \qquad (2.1.23)$$

二、z 传递函数

若系统的初始条件均为零，即 $y(k)=u(k)=0 (k<0)$，对式 (2.1.22) 两边取 z 变换，则可得

$$(a_0+a_1 z^{-1}+\cdots+a_n z^{-n})Y(z)=(b_1 z^{-1}+\cdots+b_n z^{-n})U(z) \qquad (2.1.24)$$

定义
$$G(z)=\frac{Y(z)}{U(z)}$$

$G(z)$ 称为系统的 z 传递函数，则有

$$G(z)=\frac{\displaystyle\sum_{j=1}^{n} b_j z^{-j}}{\displaystyle\sum_{j=0}^{n} a_j z^{-j}} \qquad (2.1.25)$$

可见，在系统初始条件均为零的情况下，z^{-1} 与 q^{-1} 等价。

三、权序列

若对一个初始条件均为零的系统施加一个单位脉冲序列 $\delta(k)$，则其响应称为该系统的权序列 $\{h(k)\}$，而单位脉冲序列 $\delta(k)$ 定义为

$$\delta(k)=\begin{cases}1, & k=0 \\ 0, & k\neq 0\end{cases}$$

若输入序列为任意一个 $\{u(k)\}$，则根据卷积公式，可得此时的系统响应 $y(k)$ 为

$$y(k)=\sum_{i=0}^{k} u(i)h(k-i) \qquad (2.1.26)$$

可以证明：

$$Z\{h(k)\}=H(z) \qquad (2.1.27)$$

四、离散状态空间模型

与连续系统模型类似，以上 3 种模型由于只描述了系统的输入序列和输出序列之间的关系，因此称为外部模型。有时仿真要求采用内部模型，即离散状态空间模型。对式 (2.1.22) 所表示的模型，若设

$$\sum_{j=0}^{n} a_j q^{-j} x(n+k)=u(k) \qquad (2.1.28)$$

并令

$$q^{-j}x(n+k)=x_{n-j+1}(k), \qquad j=1,2,\cdots,n \tag{2.1.29}$$

则有

$$\sum_{j=1}^{n}a_jq^{-j}x(n+k)+a_0x(n+k)=u(k)$$

即

$$\sum_{j=1}^{n}a_jx_{n-j+1}(n)+a_0x(n+k)=u(k)$$

设 $a_0=1$，并令 $x(n+k)=x_n(k+1)$，则不难得到

$$x(n+k)=x_n(k+1)=-\sum_{j=1}^{n}a_jx_{n-j+1}(n)+u(k) \tag{2.1.30}$$

根据方程式(2.1.29)和式(2.1.30)，可列出以下 n 个一阶差分方程：

$$
\left.
\begin{aligned}
&x_1(k+1)=x_2(k)\\
&x_2(k+1)=x_3(k)\\
&\cdots\cdots\\
&x_{n-1}(k+1)=x_n(k)\\
&x_n(k+1)=-a_nx_1(k)-a_{n-1}x_2(k)-\cdots-a_1x_n(k)+u(k)
\end{aligned}
\right\} \tag{2.1.31}
$$

写成矩阵形式为

$$x(k+1)=Fx(k)+Gu(k) \tag{2.1.32}$$

式中

$$
F=\begin{bmatrix}
0 & 1 & 0 & \cdots & 0\\
0 & 0 & 1 & \cdots & 0\\
\vdots & \vdots & \vdots & & \vdots\\
0 & 0 & 0 & \cdots & 1\\
-a_n & -a_{n-1} & -a_{n-2} & \cdots & -a_1
\end{bmatrix}
\qquad
G=\begin{bmatrix}
0\\
0\\
\vdots\\
0\\
1
\end{bmatrix}
$$

为了推导状态输出方程，可将方程式(2.1.28)代入方程式(2.1.22)，得

$$\sum_{j=0}^{n}a_jq^{-j}y(k)=\sum_{j=1}^{n}b_jq^{-j}u(k)=\sum_{j=1}^{n}b_jq^{-j}\sum_{j=0}^{n}a_jq^{-j}x(n+k)$$

故有

$$y(k)=\sum_{j=1}^{n}b_jq^{-j}x(n+k)=\sum_{j=1}^{n}b_jx_{n-j+1}(k)=\Gamma x(k) \tag{2.1.33}$$

式中

$$\Gamma=\begin{bmatrix} b_n & b_{n-1} & \cdots & b_1 \end{bmatrix}$$

方程式(2.1.32)和式(2.1.33)组成系统的离散时间状态空间模型，如同连续时间的状态空间模型一样，对同一物理系统，该模型也不是唯一的。

2.1.3　MATLAB 语言中的模型表示

在 MATLAB 语言中有丰富的系统模型指令来处理各种不同的问题，最常使用的模型有

传递函数模型、零极点增益模型、状态空间模型 3 种形式。下面给出它们的使用方法说明。

(1)指令 ss( ):产生一个状态空间模型,或将模型变换为状态空间模型。

例:sys ＝ ss(A,B,C,D)

产生一个连续时间状态空间模型 sys,模型的参数矩阵为 A,B,C,D。

例:sys ＝ ss(A,B,C,D,Ts)

产生一个离散时间状态空间模型 sys,采样时间是 Ts。

例:sys ＝ ss(sys1)

将一个线性时不变模型 sys1 变换为状态空间模型 sys,即计算模型 sys1 的状态空间实现。

例:sys ＝ ss(sys1,′min′)

计算模型 sys1 的最小状态空间实现 sys。

(2)指令 tf( ):产生一个传递函数模型,或将模型变换为传递函数模型。

例:sys ＝ tf(NUM,DEN)

根据模型的分子多项式 NUM 和分母多项式 DEN 产生一个连续时间传递函数模型 sys。

例:sys ＝ tf(NUM,DEN,Ts)

根据模型的分子多项式 NUM、分母多项式 DEN 和采样时间 Ts 产生一个离散时间传递函数模型 sys。

指令 tf( )还可以产生有 m 个输入和 p 个输出的多输入和多输出系统。例如:

$$H = tf(\{-5 ; [1 \ -5 \ 6]\} , \{[1 \ -1] ; [1 \ 1 \ 0]\})$$

或者

$$num＝\{-5 ; [1 \ -5 \ 6]\};$$
$$den＝\{[1 \ -1] ; [1 \ 1 \ 0]\};$$
$$h＝tf(num,den)$$

则传递函数的输出为

$$\begin{bmatrix} \dfrac{-5}{s-1} \\ \dfrac{s^2-5s+6}{s^2+s} \end{bmatrix}$$

该传递函数还可以这样做:

$$h11＝tf(-5,[1 \ -1]);$$
$$h21＝tf([1 \ -5 \ 6],[1 \ 1 \ 0]);$$
$$H＝[h11;h21]$$

(3)指令 zpk( ):产生一个零极点增益模型,或将模型变换为零极点增益模型。

例:sys ＝ zpk(Z,P,K)

根据系统的零点 Z、极点 P 和增益 K 产生一个零极点增益模型 sys。

例:sys ＝ zpk(Z,P,K,Ts)

根据系统的零点 Z、极点 P、增益 K 和采样时间 Ts 产生一个离散时间零极点增益模型 sys。

指令 zpk( )还可以产生有 m 个输入和 p 个输出的多输入和多输出系统。例如:

$$H = zpk(\{[];[2\ 3]\}, \{1;[0\ -1]\}, [-5;1])$$

或者
$$Zeros = \{[];[2\ 3]\};$$
$$Poles = \{1;[0\ -1]\};$$
$$Gains = [-5;1];$$
$$H = zpk(Zeros, Poles, Gains)$$

则产生的传递函数为

$$\begin{bmatrix} \dfrac{-5}{s-1} \\[2mm] \dfrac{(s-2)(s-3)}{s(s+1)} \end{bmatrix}$$

(4)指令 dss( )：产生一个描述符状态空间模型,可以是连续时间模型,也可以是离散时间模型。

例：sys = dss(a,b,c,d,e)

产生一个连续时间的描述符状态空间模型

$$E\dot{x} = Ax + Bu$$
$$y = Cx + Du$$

式中：E 是非奇异的。如果 E 是奇异的,则系统称为广义系统,需要另外的处理方法。

例：sys = dss(a,b,c,d,e,Ts)

产生一个离散时间的描述符状态空间模型

$$Ex(n+1) = Ax(n) + Bu(n)$$
$$y(n) = Cx(n) + Du(n)$$

采样时间是 Ts。

2.1.4　不确定模型

描述实际物理系统的数学模型往往是通过近似和简化得到的,因此对于状态空间模型

$$\left. \begin{aligned} E\dot{x}(t) &= Ax(t) + Bu(t) \\ y(t) &= Cx(t) + Du(t) \end{aligned} \right\} \tag{2.1.34}$$

其系数矩阵 E,A,B,C,D 已经不再是常数矩阵,而往往是依赖不确定参数的不确定矩阵,其对应的模型被称为不确定模型。在鲁棒控制系统中,不确定模型的概念是相当重要的。在 MATLAB 语言中引入两类不确定模型。

一、多胞型模型

多胞型模型是以下一类时变系统模型：

$$\left. \begin{aligned} E(t)\dot{x}(t) &= A(t)x(t) + B(t)u(t) \\ y(t) &= C(t)x(t) + D(t)u(t) \end{aligned} \right\} \tag{2.1.35}$$

该系统的系统矩阵为

$$S(t) = \begin{bmatrix} A(t) + jE(t) & B(t) \\ C(t) & D(t) \end{bmatrix} \tag{2.1.36}$$

在以下一个给定的矩阵多胞型模型中取值,即

$$S(t) \in Co\{S_1, \cdots, S_k\} = \Big\{ \sum_{i=1}^{k} \alpha_i S_i : \alpha_i \geqslant 0, \quad \sum_{i=1}^{k} \alpha_i = 1 \Big\} \tag{2.1.37}$$

式中：$Co\{\}$ 表示多胞型集合；$S_1, \cdots, S_k$ 是已知的矩阵

$$S_1 = \begin{bmatrix} A_1 + jE_1 & B_1 \\ C_1 & D_1 \end{bmatrix}, \cdots, S_k = \begin{bmatrix} A_k + jE_k & B_k \\ C_k & D_k \end{bmatrix} \tag{2.1.38}$$

$\alpha_1, \cdots, \alpha_k$ 是不确定参数。注意这些不确定参数未必是系统的物理参数。因此这种不确定性模型的表示也称为是参数不确定性的隐式表示。在有些文献中，多胞型模型也称为多胞型线性微分包含。

多胞型模型在鲁棒控制理论中起着重要的作用，因为它可以描述许多实际系统，例如：

（1）一个系统的多胞型模型，其中的每一个模型表示系统在一个特定运行条件下的状况。例如，一个飞机模型按不同的飞行高度作的线性化模型。

（2）表示一个非线性系统，例如 $\dot{x} = (\sin x)x$，其状态参数 $A = \sin x$ 位于多胞型模型 $A \in Co\{-1, 1\} = [-1, 1]$。

（3）描述一类仿射依赖时变参数的状态空间模型。

多胞型模型可以通过其系统矩阵所在多胞型的焦点 $S_1, \cdots, S_k$ 来描述。MATLAB 中的 LMI 工具箱提供了函数 psys 来描述多胞型模型。

二、仿射参数依赖模型

一个含有不确定参数的线性系统可以有以下的表示：

$$\left.\begin{array}{l} E(p)\dot{x}(t) = A(p)x(t) + B(p)u(t) \\ y(t) = C(p)x(t) + D(p)u(t) \end{array}\right\} \tag{2.1.39}$$

其中系数矩阵 $A(p), B(p), C(p), D(p), E(p)$ 是参数向量 $p = [p_1 \quad \cdots \quad p_n]$ 的已知矩阵函数。这类模型常常出现在运动、空气动力学、电路等系统中。

如果模型中的系数矩阵仿射依赖于参数向量 p，即

$$\left.\begin{array}{l} A(p) = A_0 + p_1 A_1 + \cdots + p_n A_n \\ B(p) = B_0 + p_1 B_1 + \cdots + p_n B_n \\ C(p) = C_0 + p_1 C_1 + \cdots + p_n C_n \\ D(p) = D_0 + p_1 D_1 + \cdots + p_n D_n \\ E(p) = E_0 + p_1 E_1 + \cdots + p_n E_n \end{array}\right\} \tag{2.1.40}$$

其中 A_i, B_i, C_i, D_i, E_i 是已知的常数矩阵，则这种模型称为仿射参数依赖模型。仿射参数依赖模型的特点，使得李雅普诺夫(Lyapunov)方法可以有效地用于这类模型的分析和综合。如果记

$$S(p) = \begin{bmatrix} A(p) + jE(p) & B(p) \\ C(p) & D(p) \end{bmatrix}, \quad S_i = \begin{bmatrix} A_i + jE_i & B_i \\ C_i & D_i \end{bmatrix} \tag{2.1.41}$$

则仿射参数依赖模型的系统矩阵可以表示成

$$S(p) = S_0 + p_1 S_1 + \cdots + p_n S_n \tag{2.1.42}$$

因此，$S_0, \cdots, S_n$ 完全刻画了所要描述的仿射参数依赖模型。注意，这里的 $S_0, \cdots, S_n$ 并不代表有物理意义的实际系统。有时为了处理的方便，可以通过适当的变换将不确定参数标准

化,即将 $S(p)$ 表示成 $S(\delta) = \tilde{S}_0 + \delta_1 \tilde{S}_1 + \cdots + \delta_n \tilde{S}_n$, $|\delta_i| \leqslant 1$ 。

例如:系统 $\dot{x} = -\alpha x$, $\alpha \in [0.1, 0.7]$,这样一个不确定系统可以表示成

$$\dot{x} = (-0.4 + 0.3\delta)x , \quad |\delta| \leqslant 1$$

这时,参数 δ 已经没有具体的物理意义。

根据这一表示,MATLAB 中的 LMI 工具箱提供的函数 psys 可以用来描述一个仿射参数依赖模型。函数 pdsimul 则给出了仿射参数依赖模型时间响应的仿真。

下面通过一个例子来说明如何使用 MATLAB 语言来描述多胞型模型和仿射参数依赖模型。

例 2.1.2　考虑由以下方程描述的一个电路:

$$L \frac{\mathrm{d}^2 i}{\mathrm{d}t^2} + R \frac{\mathrm{d}i}{\mathrm{d}t} + Ci = V$$

其中的电感 L 、电阻 R 、电容 C 是不确定参数,它们的容许变化范围分别是

$$L \in [10, 20], \quad R \in [1, 2], \quad C \in [100, 150]$$

该系统在无驱动下的一个状态空间模型可表示为

$$\boldsymbol{E}(L, R, C)\dot{\boldsymbol{x}} = \boldsymbol{A}(L, R, C)\boldsymbol{x}$$

其中

$$\boldsymbol{x} = \begin{bmatrix} i & \mathrm{d}i/\mathrm{d}t \end{bmatrix}^{\mathrm{T}}$$

$$\boldsymbol{A}(L, R, C) = \begin{bmatrix} 0 & 1 \\ -R & -C \end{bmatrix} = \begin{bmatrix} 0 & 1 \\ 0 & 0 \end{bmatrix} + L \times 0 + R \begin{bmatrix} 0 & 0 \\ -1 & 0 \end{bmatrix} + C \begin{bmatrix} 0 & 0 \\ 0 & -1 \end{bmatrix}$$

$$\boldsymbol{E}(L, R, C) = \begin{bmatrix} 1 & 0 \\ 0 & L \end{bmatrix} = \begin{bmatrix} 1 & 0 \\ 0 & 0 \end{bmatrix} + L \begin{bmatrix} 0 & 0 \\ 0 & 1 \end{bmatrix} + R \times 0 + C \times 0$$

这个仿射系统模型可以用函数 psys 描述如下:

```
a0=[0 1;0 0];e0=[1 0;0 0]; s0=ltisys(a0,e0)
aL=zeros(2); eL=[0 0;0 1]; sL=ltisys(aL,eL)
aR=[0 0;-1 0]; sR=ltisys(aR,0)
aC=[0 0;0 -1]; sC=ltisys(aC,0)


pv=pvec('box',[10 20;1 2;100 150])
pds=psys(pv,[s0,sL,sR,sC])
```

所得到的系统可以用函数 psinfo 和 pvinfo 来检验:

```
>> psinfo(pds)
   Affine parameter - dependent model with 3 parameters (4 systems)
   Each system has 2 state(s), 0 input(s), and 0 output(s)
>> pvinfo(pv)
   Vector of 3 parameters ranging in a box
```

对于 L, R, C 的一组给定的值,可以利用函数 psinfo 求得对应的确定系统。例如对于 $L = 15, R = 1.2, C = 150$,其对应的确定性系统的系统矩阵可以用如下指令得到:

sys＝psinfo(pds,′eval′,[15 1.2 150]);

[A,B,C,D]＝ltiss(sys)

由得到的仿射系统模型通过使用函数 aff2pol 也可以得到一个多胞型模型表示：

>> pols＝aff2pol(pds);

>> psinfo(pols)

Polytopic model with 8 vertex systems

Each system has 2 state(s), 0 input(s), and 0 output(s)

2.2 实 现 问 题

因为状态方程是一阶微分方程组，所以非常适宜用数字计算机求其数值解。如果一个物理系统已用状态空间表达式来描述，那么可以直接用这个表达式来编制仿真程序。然而许多物理系统中的数学模型大多采用传递函数的表达形式，为便于使用面向一阶微分方程组的仿真程序，就有必要将传递函数表示形式转换成状态空间表达式。根据已知的系统传递函数 $G(s)$ 求相应的状态空间表达式称为实现问题。对于一个可实现的传递函数或传递函数矩阵，其实现不是唯一的。本节仅介绍几种有代表性的实现。

一、可控标准型

将式(2.1.4)改写为

$$G(s)＝\frac{Y(s)}{U(s)}＝\frac{c_1 s^{n-1}+c_2 s^{n-2}+\cdots+c_{n-1}s+c_n}{s^n+a_1 s^{n-1}+a_2 s^{n-2}+\cdots+a_{n-1}s+a_n}＝\frac{Z(s)}{U(s)}\frac{Y(s)}{Z(s)} \tag{2.2.1}$$

再将式(2.2.1)取拉普拉斯(简称拉氏)反变换，可得

$$\frac{d^n z(t)}{dt^n}+a_1\frac{d^{n-1}z(t)}{dt^{n-1}}+a_2\frac{d^{n-2}z(t)}{dt^{n-2}}+\cdots+a_{n-1}\frac{dz(t)}{dt}+a_n z(t)＝u(t)$$

$$y(t)＝c_1\frac{d^{n-1}z(t)}{dt^{n-1}}+c_2\frac{d^{n-2}z(t)}{dt^{n-2}}+\cdots+c_{n-1}\frac{dz(t)}{dt}+c_n z(t)$$

取一组状态变量为

$$x_1＝z \quad x_2＝\dot{z} \quad \cdots \quad x_n＝z^{(n-1)}$$

便可得到可控标准型实现

$$\left.\begin{array}{l}\dot{x}＝Ax+Bu\\y＝Cx\end{array}\right\} \tag{2.2.2}$$

其中 A 和 B 同式(2.1.12)一样，C 可表示为

$$C＝\begin{bmatrix}c_n & c_{n-1} & \cdots & c_2 & c_1\end{bmatrix}$$

在具体应用中实现的中间步骤无须一一写出，式(2.2.2)可对应式(2.2.1)直接写出。

二、可观标准型

这一部分研究当物理系统的初始值不为零时其可观标准型实现问题。设式(2.2.1)可化为高阶微分方程

$$\frac{\mathrm{d}^n}{\mathrm{d}t^n}y(t) + a_1\frac{\mathrm{d}^{n-1}}{\mathrm{d}t^{n-1}}y(t) + a_2\frac{\mathrm{d}^{n-2}}{\mathrm{d}t^{n-2}}y(t) + \cdots + a_{n-1}\frac{\mathrm{d}}{\mathrm{d}t}y(t) + a_n y(t) =$$

$$c_1\frac{\mathrm{d}^{n-1}}{\mathrm{d}t^{n-1}}u(t) + c_2\frac{\mathrm{d}^{n-2}}{\mathrm{d}t^{n-2}}u(t) + \cdots + c_{n-1}\frac{\mathrm{d}}{\mathrm{d}t}u(t) + c_n u(t) \qquad (2.2.3)$$

考虑式(2.2.3)的非零初始条件下的拉氏变换

$$L\left[\frac{\mathrm{d}^n}{\mathrm{d}t^n}y(t)\right] = s^n Y(s) - s^{n-1}y(0) - s^{n-2}\dot{y}(0) - \cdots - sy^{(n-2)}(0) - y^{(n-1)}(0)$$

取式(2.2.3)非零初始条件的拉氏变换,并将 s 同次项合并整理,便得

$$Y(s) = \frac{c_1 s^{n-1} + c_2 s^{n-2} + \cdots + c_{n-1}s + c_n}{s^n + a_1 s^{n-1} + a_2 s^{n-2} + \cdots + a_{n-1}s + a_n}u(s) +$$

$$\frac{1}{s^n + a_1 s^{n-1} + a_2 s^{n-2} + \cdots + a_{n-1}s + a_n}\{y(0)s^{n-1} +$$

$$[\dot{y}(0) + a_1 y(0) - c_1 u(0)]s^{n-2} +$$

$$[\ddot{y}(0) + a_1\dot{y}(0) + a_2 y(0) - c_1\dot{u}(0) - c_2 u(0)]s^{n-3} + \cdots +$$

$$[y^{(n-1)}(0) + a_1 y^{(n-2)}(0) + \cdots + a_{n-1}y(0) - c_1 u^{(n-2)}(0) - \cdots - c_{n-1}u(0)]\}$$

$$(2.2.4)$$

若取一组状态变量

$$x_n = y$$

$$x_{n-1} = \dot{y} + a_1 y - c_1 u = \dot{x}_n + a_1 x_n - c_1 u$$

$$x_{n-2} = \ddot{y} + a_1\dot{y} + a_2 y - c_1\dot{u} - c_2 u = \dot{x}_{n-1} + a_2 x_n - c_2 u$$

$$\cdots\cdots$$

$$x_1 = y^{(n-1)} + a_1 y^{(n-2)} + \cdots + a_{n-1}y - c_1 u^{(n-2)} - c_2 u^{(n-3)} - \cdots - c_{n-1}u =$$

$$\dot{x}_2 + a_{n-1}x_n - c_{n-1}u$$

$$x_0 = y^{(n)} + a_1 y^{(n-1)} + \cdots + a_{n-1}\dot{y} + a_n y - c_1 u^{(n-1)} - c_2 u^{(n-2)} - \cdots -$$

$$c_{n-1}\dot{u} - c_n u = \dot{x}_1 + a_n x_n - c_n u$$

$$(2.2.5)$$

将其写成矩阵形式则为

$$\begin{aligned}\dot{x} &= Ax + Bu \\ y &= Cx\end{aligned} \qquad (2.2.6)$$

式中

$$A = \begin{bmatrix} 0 & 0 & \cdots & 0 & -a_n \\ 1 & 0 & \cdots & 0 & -a_{n-1} \\ 0 & 1 & \cdots & 0 & -a_{n-2} \\ \vdots & \vdots & & \vdots & \vdots \\ 0 & 0 & \cdots & 1 & -a_1 \end{bmatrix}, \quad B = \begin{bmatrix} c_n \\ c_{n-1} \\ \vdots \\ c_2 \\ c_1 \end{bmatrix}, \quad C = \begin{bmatrix} 0 & 0 & \cdots & 0 & 1 \end{bmatrix}$$

式(2.2.6)即是可观标准型实现,其状态变量初始值由式(2.2.5)可直接得到,其矩阵表达式为

$$\begin{bmatrix} x_1(0) \\ x_2(0) \\ x_3(0) \\ \vdots \\ x_{n-1}(0) \\ x_n(0) \end{bmatrix} = \begin{bmatrix} a_{n-1} & a_{n-2} & \cdots & a_1 & 1 \\ a_{n-2} & a_{n-3} & \cdots & 1 & 0 \\ a_{n-3} & a_{n-4} & \cdots & 0 & 0 \\ \vdots & \vdots & & \vdots & \vdots \\ a_1 & 1 & \cdots & 0 & 0 \\ 1 & 0 & \cdots & 0 & 0 \end{bmatrix}_{n \times n} \begin{bmatrix} y(0) \\ \dot{y}(0) \\ \ddot{y}(0) \\ \vdots \\ y^{(n-2)}(0) \\ y^{(n-1)}(0) \end{bmatrix}_{n \times 1} +$$

$$\begin{bmatrix} -c_{n-1} & -c_{n-2} & \cdots & -c_2 & -c_1 \\ -c_{n-2} & -c_{n-3} & \cdots & -c_1 & 0 \\ -c_{n-3} & -c_{n-4} & \cdots & 0 & 0 \\ \vdots & \vdots & & \vdots & \vdots \\ -c_1 & 0 & \cdots & 0 & 0 \\ 0 & 0 & \cdots & 0 & 0 \end{bmatrix}_{n \times (n-1)} \begin{bmatrix} u(0) \\ \dot{u}(0) \\ \ddot{u}(0) \\ \vdots \\ u^{(n-3)}(0) \\ u^{(n-2)}(0) \end{bmatrix}_{(n-1) \times 1} \qquad (2.2.7)$$

例 2.2.1　设一物理系统为

$$\frac{\mathrm{d}^3 y}{\mathrm{d}t^3} + 7\frac{\mathrm{d}^2 y}{\mathrm{d}t^2} + 12\frac{\mathrm{d}y}{\mathrm{d}t} = \frac{\mathrm{d}^2 u}{\mathrm{d}t^2} + 3\frac{\mathrm{d}u}{\mathrm{d}t} + 2u(t)$$

$$y(0) = \dot{y}(0) = \ddot{y}(0) = 1 \quad u(0) = 2 \quad \dot{u}(0) = 4$$

求其可观标准型实现并给出状态变量初值。

解　据式（2.2.6）可直接写出可观标准型实现为

$$\begin{bmatrix} \dot{x}_1 \\ \dot{x}_2 \\ \dot{x}_3 \end{bmatrix} = \begin{bmatrix} 0 & 0 & 0 \\ 1 & 0 & -12 \\ 0 & 1 & -7 \end{bmatrix}\begin{bmatrix} x_1 \\ x_2 \\ x_3 \end{bmatrix} + \begin{bmatrix} 2 \\ 3 \\ 1 \end{bmatrix}u$$

其对应的状态变量初值可由式（2.2.7）求得，即

$$\begin{bmatrix} x_1(0) \\ x_2(0) \\ x_3(0) \end{bmatrix} = \begin{bmatrix} 12 & 7 & 1 \\ 7 & 1 & 0 \\ 1 & 0 & 0 \end{bmatrix}\begin{bmatrix} 1 \\ 1 \\ 1 \end{bmatrix} + \begin{bmatrix} -3 & -1 \\ -1 & 0 \\ 0 & 0 \end{bmatrix}\begin{bmatrix} 2 \\ 4 \end{bmatrix} = \begin{bmatrix} 10 \\ 6 \\ 1 \end{bmatrix}$$

三、对角标准型

当传递函数式（2.1.4）的特征方程

$$s^n + a_1 s^{n-1} + a_2 s^{n-2} + \cdots + a_{n-1}s + a_n = 0$$

有 n 个互异特征值 $\lambda_1, \lambda_2, \cdots, \lambda_n$ 时，$G(s)$ 可展开成如下部分分式：

$$G(s) = \frac{c_1 s^{n-1} + c_2 s^{n-2} + \cdots + c_{n-1}s + c_n}{(s-\lambda_1)(s-\lambda_2)\cdots(s-\lambda_n)} = \frac{r_1}{(s-\lambda_1)} + \frac{r_2}{(s-\lambda_2)} + \cdots + \frac{r_n}{(s-\lambda_n)}$$

$$(2.2.8)$$

式中

$$r_i = \lim_{s \to \lambda_i}(s-\lambda_i)G(s), \quad i = 1, 2, \cdots, n$$

设

$$\frac{X_1(s)}{U(s)} = \frac{1}{s-\lambda_1}, \cdots, \frac{X_n(s)}{U(s)} = \frac{1}{s-\lambda_n} \qquad (2.2.9)$$

对式（2.2.9）进行拉氏反变换，并取 $x_1, x_2, \cdots, x_n$ 为一组状态变量，便可求得对角标准型

实现,即

$$\left.\begin{array}{l} \dot{\boldsymbol{x}} = \boldsymbol{A}\boldsymbol{x} + \boldsymbol{B}u \\ \boldsymbol{y} = \boldsymbol{C}\boldsymbol{x} \end{array}\right\} \tag{2.2.10}$$

式中　$\boldsymbol{A} = \mathrm{diag}(\lambda_1, \lambda_2, \cdots, \lambda_n)$　$\boldsymbol{B} = \begin{bmatrix} 1 & 1 & \cdots & 1 \end{bmatrix}^{\mathrm{T}}$　$\boldsymbol{C} = \begin{bmatrix} r_1 & r_2 & \cdots & r_n \end{bmatrix}$

四、约旦标准型

当传递函数的特征方程有重根时,其部分分式展开比较复杂,为了简单起见,设 λ_1 为 k 重特征值,其余 $(n-k)$ 个特征值互异,则 $G(s)$ 的部分分式展开为

$$G(s) = \frac{c_1 s^{n-1} + c_2 s^{n-2} + \cdots + c_{n-1}s + c_n}{(s-\lambda_1)^k (s-\lambda_{k+1}) \cdots (s-\lambda_n)} =$$

$$\frac{r_{11}}{(s-\lambda_1)^k} + \frac{r_{12}}{(s-\lambda_1)^{k-1}} + \cdots + \frac{r_{1k}}{(s-\lambda_1)} + \frac{r_{k+1}}{(s-\lambda_{k+1})} + \cdots + \frac{r_n}{(s-\lambda_n)} \tag{2.2.11}$$

式中,留数

$$r_{1i} = \frac{1}{(i-1)!} \lim_{s \to \lambda_1} \frac{\mathrm{d}^{i-1}}{\mathrm{d}s^{i-1}} \left[(s-\lambda_1)^k G(s) \right], \quad i = 1, 2, \cdots, k$$

$$r_j = \lim_{s \to \lambda_j} (s-\lambda_j) G(s), \quad j = k+1, k+2, \cdots, n$$

令

$$\left.\begin{array}{l} \dfrac{X_1(s)}{U(s)} = \dfrac{1}{(s-\lambda_1)^k} \\[2mm] \dfrac{X_2(s)}{U(s)} = \dfrac{1}{(s-\lambda_1)^{k-1}} \\[2mm] \cdots\cdots \\[2mm] \dfrac{X_k(s)}{U(s)} = \dfrac{1}{s-\lambda_1} \\[2mm] \dfrac{X_j(s)}{U(s)} = \dfrac{1}{s-\lambda_j} \\[2mm] j = k+1, k+2, \cdots, n \end{array}\right\} \tag{2.2.12}$$

取 $x_1, x_2, \cdots, x_n$ 为一组状态变量,便可求得约旦标准型实现,即

$$\left.\begin{array}{l} \dot{\boldsymbol{x}} = \boldsymbol{A}\boldsymbol{x} + \boldsymbol{B}u \\ \boldsymbol{y} = \boldsymbol{C}\boldsymbol{x} \end{array}\right\} \tag{2.2.13}$$

式中

$$\boldsymbol{A} = \begin{bmatrix} \lambda_1 & 1 & & & & & & \\ & \lambda_1 & 1 & & & & & \\ & & \ddots & \ddots & & & & \\ & & & \ddots & 1 & & & \\ & & & & \lambda_1 & & & \\ & & & & & \lambda_{k+1} & & \\ & & & & & & \ddots & \\ & & & & & & & \lambda_n \end{bmatrix} \quad \text{第 } k \text{ 行}$$

$$\boldsymbol{B} = \begin{bmatrix} 0 & \cdots & 0 & 1 & 1 & \cdots & 1 \end{bmatrix}^T \quad \boldsymbol{C} = \begin{bmatrix} r_{11} & r_{12} & \cdots & r_{1k} & r_{k+1} & \cdots & r_n \end{bmatrix}$$

例 2.2.2　设 $G(s) = \dfrac{4s^2 + 17s + 16}{s^3 + 7s^2 + 16s + 12}$，求其约旦标准型实现。

解　将 $G(s)$ 按分母因式展开成部分分式，由式（2.2.2）得

$$G(s) = \frac{r_{11}}{(s+2)^2} + \frac{r_{12}}{s+2} + \frac{r_{13}}{s+3}$$

$$r_{11} = \lim_{s \to -2} (s+2)^2 G(s) = \lim_{s \to -2} \frac{4s^2 + 17s + 16}{s+3} = -2$$

$$r_{12} = \lim_{s \to -2} \frac{\mathrm{d}}{\mathrm{d}s} \left[(s+2)^2 G(s) \right] = \lim_{s \to -2} \frac{\mathrm{d}}{\mathrm{d}s} \left[4s + 5 + \frac{1}{s+3} \right] = 3$$

$$r_{13} = \lim_{s \to -2} (s+3) G(s) = 1$$

由式（2.2.13）可得

$$\begin{bmatrix} \dot{x}_1 \\ \dot{x}_2 \\ \dot{x}_3 \end{bmatrix} = \begin{bmatrix} -2 & 1 & 0 \\ 0 & -2 & 0 \\ 0 & 0 & 3 \end{bmatrix} \begin{bmatrix} x_1 \\ x_2 \\ x_3 \end{bmatrix} + \begin{bmatrix} 0 \\ 1 \\ 1 \end{bmatrix} u$$

$$y = \begin{bmatrix} -2 & 3 & 1 \end{bmatrix} \begin{bmatrix} x_1 \\ x_2 \\ x_3 \end{bmatrix}$$

由上述内容可见，对于同一个系统，实现不是唯一的。因此在进行数字仿真研究时，可以根据具体情况选择适当的形式。当给定初值为状态变量 $x_1(0), \cdots, x_n(0)$ 时，选用可控标准型比较方便；而当给定初值为输入和输出量的各阶导数 $u(0), \dot{u}(0), \cdots, u^{(n-2)}(0), y(0),$ $\dot{y}(0), \cdots, y^{(n-1)}(0)$ 时，选用可观标准型比较方便。

五、MATLAB 中的模型转换指令

MATLAB 的控制工具箱提供了一个系统标准型转换函数 canon，该函数的调用格式为

$$[\mathrm{As}, \mathrm{Bs}, \mathrm{Cs}, \mathrm{Ds}, \mathrm{T}] = \mathrm{canon}(\mathrm{sys}, \mathrm{type})$$

其中 sys 为原系统模型，而返回的 As,Bs,Cs,Ds 为指定的标准型的状态方程模型，T 为变换矩阵。这里的 type 为变换类型，有两个选项：

modal：模型标准型为对角标准型。

companion：模型标准型为伴随标准型。

例如，对于例 2.2.2 的系统，采用 MATLAB 语言的指令

num＝[4 17 16]；

den＝[1 7 16 12]；

sys＝tf(num,den)；

canon(sys1,'companion')

可以得到

$$\boldsymbol{A}_s = \begin{bmatrix} 0 & 0 & -12 \\ 1 & 0 & -16 \\ 0 & 1 & -7 \end{bmatrix}, \quad \boldsymbol{B}_s = \begin{bmatrix} 1 \\ 0 \\ 0 \end{bmatrix}, \quad \boldsymbol{C}_s = \begin{bmatrix} 4 & -11 & 29 \end{bmatrix}, \quad \boldsymbol{D}_s = \boldsymbol{0}$$

2.3　从系统结构图向状态方程的转换

在系统设计过程中经常遇到的情况是,已知系统的动态结构图,并且其中某些环节的参数已知,要求确定一些环节的参数或者改变一些环节的形式(如校正网络),使系统的性能满足要求。此时若用结构图化简求出等效的闭环传递函数,再由 2.2 节方法将其转换成状态空间的形式,就显得不方便了。其主要缺点如下:

(1)系统经常是由许多环节组成的,并且系统中常有许多小环节,如果用传递函数仿真计算,就必须由研究人员事先将小闭环的传递函数求出,然后求出总的开环或闭环传递函数,这项工作显然是十分麻烦的。

(2)既然写出了总的传递函数,系统中某个环节或某个小闭环中的参数对系统传递函数的影响将是复杂的,这样研究参数变化对系统性能的影响是十分不方便的。

(3)若系统中含有非线性环节,则利用这种方法也很难处理。

为了解决这些实际问题,就很自然地想到,能否将结构图不经化简或略作变换或直接对应写出状态空间表达式。显然,这样处理,由于输入的数据是各环节的参数,因此,要研究某些参数对系统性能的影响将是十分方便的。本节所讨论的问题也是第 5 章面向结构图的数字仿真法的基础。

2.3.1　系统模拟结构图转换为状态方程

所谓模拟结构图,就是将整个系统的动态环节全部用积分环节及比例环节来表示。采用这种方法,首先要将结构图变换成模拟结构图的形式,然后根据积分环节选择状态变量,积分环节的个数便为状态方程的阶数,由各环节连接关系可方便地得到状态方程和输出方程。

现以图 2.3.1 所示系统动态结构图为例来说明该方法的使用。

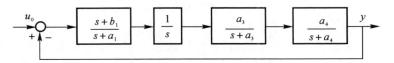

图 2.3.1　系统动态结构图

首先将图 2.3.1 转换为模拟结构图,如图 2.3.2 所示。

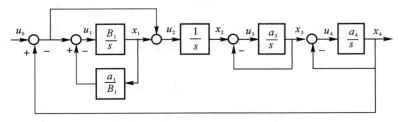

图 2.3.2　系统的模拟结构图

若选取每个积分环节的输入为 u_i,输出为 x_i,则各积分环节的微分方程为

$$\left.\begin{aligned}
\dot{x}_1 &= B_1 u_1 \quad B_1 = b_1 - a_1 \\
\dot{x}_2 &= u_2 \\
\dot{x}_3 &= a_3 u_3 \\
\dot{x}_4 &= a_4 u_4 \\
u_1 &= -x_4 - \frac{a_1}{B_1} x_1 + u_0 \\
u_2 &= x_1 + (u_0 - x_4) \\
u_3 &= x_2 - x_3 \\
u_4 &= x_3 - x_4
\end{aligned}\right\} \tag{2.3.1}$$

若用矩阵表示,则有

$$\left.\begin{aligned}
\dot{x} &= Ku \\
u &= Wx + W_0 u_0
\end{aligned}\right\} \tag{2.3.2}$$

式中,K 是一个 4×4 维的对角方阵,即

$$K = \mathrm{diag}(B_1, 1, a_3, a_4)$$

W 及 W_0 为连接矩阵,分别为

$$W = \begin{bmatrix} -a_1/B_1 & 0 & 0 & -1 \\ 1 & 0 & 0 & -1 \\ 0 & 1 & -1 & 0 \\ 0 & 0 & 1 & -1 \end{bmatrix} \quad W_0 = \begin{bmatrix} 1 \\ 1 \\ 0 \\ 0 \end{bmatrix}$$

若将 u 代入 $\dot{x}$ 中,则得

$$\dot{x} = KWx + KW_0 u_0 = Ax + Bu_0 \tag{2.3.3}$$

式中
$$A = KW \quad B = KW_0$$

式(2.3.1)是一个典型的状态方程。由图 2.3.2 可见,输出量 $y = x_4$,于是输出方程可写为

$$y = Cx \tag{2.3.4}$$

式中
$$C = \begin{bmatrix} 0 & 0 & 0 & 1 \end{bmatrix}$$

在实际应用中,无须先写出式(2.3.1),再写出式(2.3.2),因为 K 是一个 n 维对角方阵,对角线上元素的值即为对应积分环节的增益。连续矩阵 W 是一个 $n \times n$ 维方阵,每个元素 W_{ij} 表示第 j 个环节对第 i 个环节的连接系数,若无连接关系则写为零。图 2.3.2 中,$W_{11} = -a_1/B_1$,$W_{13} = W_{21} = 0$,$W_{14} = -1$,这表示第二、第三个环节与第一个环节没有连接关系,而第一、第四个环节与第一个环节有连接关系,连接系数分别为 $-a_1/B_1$,-1。另外,W_0 表示输入信号与系统的连接情况,W_{0j} 表示输入信号作用在第 j 个环节上的连接系数。由于现在假定系统是单输入系统,所以 W_0 是一个列向量。图 2.3.2 所示的系统,输入信号作用在第一、第二个环节上,故 $W_{01} = 1$,$W_{02} = 1$,其他各元素为零。

通过上述例子,总结利用模拟结构图将系统结构图转换为状态方程的步骤如下:

(1)将系统结构图变换成模拟结构图的形式;

(2)确定状态变量,每个积分环节选作一个状态变量并编号;

(3)根据模拟结构图写出积分环节增益矩阵 K;

(4) 根据各环节输入与输出之间的关系写出连接矩阵 $\boldsymbol{W},\boldsymbol{W}_0$；

(5) 根据式(2.3.3)、式(2.3.4)写出状态方程。

上述方法是针对单输入单输出系统讨论的，它使用起来比较简单。其基本思想可以推广到多输入多输出系统，采用仿真矩阵的方法来实现。

2.3.2　系统动态结构图转换为状态方程

采用模拟结构图将系统结构图转换为状态方程的主要缺点是，当系统比较复杂时，要将系统中各个环节都用积分器及比例器代替需要一定的技巧，并且较为复杂。任何一个控制系统常常是由一些简单的元部件按一定的方式连接的，这些简单元部件的动态特性常常是可用一些典型的一阶、二阶等环节表示的，如图 2.3.1 所示，将系统的这种表示称为动态结构图。这样就存在一个如何将系统动态结构图转换为状态方程进行仿真计算的问题。这里讨论两种可能的方法。

一、由典型环节组成的结构图的变换

一般来说，控制系统常常是由下述典型环节组成的。

- 积分环节：$\dfrac{K}{s}$。

- 一阶超前-滞后环节：$K\dfrac{T_1 s + 1}{T_2 s + 1}$。

- 比例加积分环节：$K_1 + \dfrac{K_2}{s}$。

- 二阶振荡环节：$\dfrac{K}{T s^2 + 2\xi T s + 1}$。

- 惯性环节：$\dfrac{K}{T s + 1}$。

为了减少典型环节的数目和计算机输入格式的标准化，常常用一阶超前-滞后环节，即

$$\frac{X_i(s)}{U_i(s)} = G_i(s) = \frac{C_i + D_i s}{A_i + B_i s} \tag{2.3.5}$$

作为唯一的典型环节，通过选择不同的 C_i,D_i,A_i 及 B_i 来形成各种一阶环节，而二阶环节可以用两个这种环节加一个负反馈来实现。

下面来确定式(2.3.5)这种典型环节的系统状态方程。根据式(2.3.5)，有

$$(A_i + B_i s)X_i(s) = (C_i + D_i s)U_i(s)$$

式中，$i = 1, 2, \cdots, n$。将上式写成矩阵形式，则得

$$(\boldsymbol{A} + \boldsymbol{B}s)\boldsymbol{X}(s) = (\boldsymbol{C} + \boldsymbol{D}s)\boldsymbol{U}(s) \tag{2.3.6}$$

式中，$\boldsymbol{A},\boldsymbol{B},\boldsymbol{C},\boldsymbol{D}$ 均为对角矩阵，且

$$\boldsymbol{A} = \mathrm{diag}(A_1, A_2, \cdots, A_n) \quad \boldsymbol{B} = \mathrm{diag}(B_1, B_2, \cdots, B_n)$$

$$\boldsymbol{C} = \mathrm{diag}(C_1, C_2, \cdots, C_n) \quad \boldsymbol{D} = \mathrm{diag}(D_1, D_2, \cdots, D_n)$$

如果各典型环节的连接方式仍由式(2.3.2)表示，那么将该式代入式(2.3.6)，可得

$$(\boldsymbol{A} + \boldsymbol{B}s)\boldsymbol{X}(s) = (\boldsymbol{C} + \boldsymbol{D}s)(\boldsymbol{W}\boldsymbol{X} + \boldsymbol{W}_0\boldsymbol{U}_0)$$

稍加整理,上式变为

$$Q(sX(s)) = RX(s) + V_1 U_0 + V_2 sU_0 \tag{2.3.7}$$

式中

$$\left. \begin{aligned} Q &= B - DW \\ R &= CW - A \\ V_1 &= CW_0 \\ V_2 &= DW_0 \end{aligned} \right\} \tag{2.3.8}$$

如果 Q 矩阵有逆矩阵存在,对式(2.3.7)两边左乘 Q^{-1},并作拉氏变换,那么得

$$\dot{x}(t) = Q^{-1} Rx(t) + Q^{-1} V_1 u_0(t) + Q^{-1} V_2 \dot{u}_0(t) \tag{2.3.9}$$

这便是转换所得的状态方程组。

由式(2.3.9)可知,这个方程右端两项与所加作用函数有关,一项为 $Q^{-1} V_1 u_0(t)$,另一项为 $Q^{-1} V_2 \dot{u}_0(t)$。这表明为了计算右端函数,不仅要知道外加作用函数 $u_0(t)$ 本身,还要知道它的导函数 $\dot{u}_0(t)$。显然,若外加函数为阶跃函数,那么必须限制外加作用函数的那个环节,使其 $D_i = 0$,即该环节不能有微分作用。

另外,当系统中有纯微分环节或纯比例环节时,就有可能发生 Q^{-1} 不存在的问题,因此系统中尽量不要采用纯微分环节或纯比例环节作为一个独立的环节。这样可以避免 Q^{-1} 不存在的情况。

以图 2.3.1 所示系统动态结构图为例,采用式(2.3.5),写出其状态方程。首先确定状态变量与输入量编号,如图 2.3.3 所示。

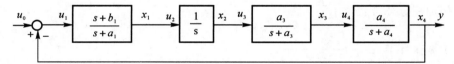

图 2.3.3   系统动态结构图

然后写出 A,B,C,D 矩阵如下:

$$A = \mathrm{diag}(a_1, 0, a_3, a_4) \quad B = I_4 \quad C = \mathrm{diag}(b_1, 1, a_3, a_4) \quad D = \mathrm{diag}(1, 0, 0, 0)$$

根据图 2.3.3 写出连接矩阵 W,W_0 分别为

$$W = \begin{bmatrix} 0 & 0 & 0 & -1 \\ 1 & 0 & 0 & 0 \\ 0 & 1 & 0 & 0 \\ 0 & 0 & 1 & 0 \end{bmatrix} \quad W_0 = \begin{bmatrix} 1 \\ 0 \\ 0 \\ 0 \end{bmatrix}$$

根据式(2.3.8)计算 Q,R,V_1,V_2 得

$$Q = \begin{bmatrix} 1 & 0 & 0 & 1 \\ 0 & 1 & 0 & 0 \\ 0 & 0 & 1 & 0 \\ 0 & 0 & 0 & 1 \end{bmatrix} \quad R = \begin{bmatrix} -a_1 & 0 & 0 & -b_1 \\ 1 & 0 & 0 & 0 \\ 0 & a_3 & -a_3 & 0 \\ 0 & 0 & a_4 & -a_4 \end{bmatrix} \quad V_1 = \begin{bmatrix} b_1 \\ 0 \\ 0 \\ 0 \end{bmatrix} \quad V_2 = \begin{bmatrix} 1 \\ 0 \\ 0 \\ 0 \end{bmatrix}$$

$$\dot{x}(t) = Q^{-1} Rx(t) + Q^{-1} V_1 u_0(t) + Q^{-1} V_2 \dot{u}_0(t)$$

$$\dot{\boldsymbol{x}} = \begin{bmatrix} -a_1 & 0 & -a_4 & a_4-b_1 \\ 1 & 0 & 0 & 0 \\ 0 & a_3 & -a_3 & 0 \\ 0 & 0 & a_4 & -a_4 \end{bmatrix} \boldsymbol{x}(t) + \begin{bmatrix} b_1 \\ 0 \\ 0 \\ 0 \end{bmatrix} u_0(t) + \begin{bmatrix} 1 \\ 0 \\ 0 \\ 0 \end{bmatrix} \dot{u}_0(t)$$

上式就是本例转换所得的状态方程。

二、一般动态结构图的转换

很多系统常常并不是用上述典型环节来表示的,而是如图 2.3.4 所示,各个环节的传递函数是以任意阶次的传递函数给出的。对这种一般的结构图,若它转换成系统状态方程又如何处理呢? 一种最基本的方法就是,首先将这种一般的动态结构图转换成模拟结构图(这种转换可以用计算机程序自动完成),然后利用模拟结构图转换为状态方程。基于这种思路,可以采用下述步骤处理。

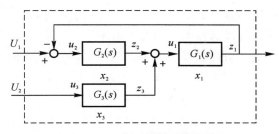

图 2.3.4　一般系统的动态结构图

(1) 首先,将给定的系统各动态环节的传递函数,利用前述方法转换成状态方程,分别求出各环节的状态方程及输出方程。

$$\dot{\boldsymbol{x}}_i(t) = A_i \boldsymbol{x}_i(t) + B_i \boldsymbol{u}_i(t)$$
$$\boldsymbol{z}_i(t) = C_i \boldsymbol{x}_i(t) + D_i \boldsymbol{u}_i(t)$$

式中　　$\boldsymbol{x}_i$—— 各环节的状态变量向量;

　　　　$\boldsymbol{u}_i$—— 各环节的内部输入向量;

　　　　$\boldsymbol{z}_i$—— 各环节的内部输出向量。

(2) 依据给定的顺序及所求得的 A_i,B_i,C_i,D_i 形成系统的状态方程及内部输出方程组。

$$\dot{\boldsymbol{x}}(t) = \boldsymbol{A}\boldsymbol{x}(t) + \boldsymbol{B}\boldsymbol{u}(t) \tag{2.3.10}$$
$$\boldsymbol{z}(t) = \boldsymbol{C}\boldsymbol{x}(t) + \boldsymbol{D}\boldsymbol{u}(t) \tag{2.3.11}$$

式中

$$\boldsymbol{x} = \begin{bmatrix} \boldsymbol{x}_1 & \boldsymbol{x}_2 & \cdots & \boldsymbol{x}_n \end{bmatrix}^{\mathrm{T}}$$
$$\boldsymbol{u} = \begin{bmatrix} \boldsymbol{u}_1 & \boldsymbol{u}_2 & \cdots & \boldsymbol{u}_n \end{bmatrix}^{\mathrm{T}}$$
$$\boldsymbol{z} = \begin{bmatrix} \boldsymbol{z}_1 & \boldsymbol{z}_2 & \cdots & \boldsymbol{z}_n \end{bmatrix}^{\mathrm{T}}$$

$\boldsymbol{A},\boldsymbol{B},\boldsymbol{C},\boldsymbol{D}$ 均为对角矩阵,即

$$\boldsymbol{A} = \mathrm{diag}(A_1,A_2,\cdots,A_n) \quad \boldsymbol{B} = \mathrm{diag}(B_1,B_2,\cdots,B_n)$$
$$\boldsymbol{C} = \mathrm{diag}(C_1,C_2,\cdots,C_n) \quad \boldsymbol{D} = \mathrm{diag}(D_1,D_2,\cdots,D_n)$$

n 为系统动态环节的数目。

(3) 依据动态结构图各环节的连接关系以及各环节与外部输入信号的关系,组成各个环

节的内部输入方程。

$$u_i(t) = Q_i U_i(t) + P_i z(t)$$

式中　　U_i——系统的第 i 个外部输入；

　　　　Q_i——第 i 个环节输入向量与外部输入向量之间的关系矩阵；

　　　　P_i——第 i 个环节输入向量与其他各环节输出向量的关系矩阵。

整个系统的内部输入方程可以写成

$$u(t) = QU(t) + Pz(t) \qquad (2.3.12)$$

式中

$$U = [U_1 \quad U_2 \quad \cdots \quad U_n]^T \quad Q = [Q_1 \quad Q_2 \quad \cdots \quad Q_n]^T \quad P = [P_1 \quad P_2 \quad \cdots \quad P_n]^T$$

（4）根据动态结构图给定的关系，写出整个系统的输出响应方程，这里用 y 表示为

$$y = Rz(t) + TU(t) \qquad (2.3.13)$$

式中　　R——系统响应输出与各环节响应输出之间的关系矩阵；

　　　　T——系统响应输出与外部输入之间的关系矩阵。

（5）依据上述各步所得的方程式（2.3.10）～ 式（2.3.13）可以组成下述矩阵方程：

$$\left. \begin{aligned} \dot{x}(t) &= Ax(t) + Bu(t) \\ z(t) &= Cx(t) + Du(t) \\ u(t) &= Pz(t) + QU(t) \\ y &= Rz(t) + TU(t) \end{aligned} \right\} \qquad (2.3.14)$$

在获得了方程式（2.3.14）之后，为了求得整个系统的状态方程及输出方程，需要从式（2.3.14）中消去中间变量 u 及 z。

为了具体说明上述过程，针对图 2.3.4 所示系统再做些具体计算。假定系统各个动态环节的传递函数分别为

$$G_1(s) = \frac{1}{0.008s + 1} = \frac{125}{s + 125}$$

$$G_2(s) = \frac{0.037s + 1}{0.012\,5s + 1} = 2.96 - \frac{156.8}{s + 80}$$

$$G_3(s) = \frac{0.001\,35s^2 + 0.011\,63s + 1}{0.001\,417s^2 + 0.142\,9s + 1} = 0.952\,7 - \frac{87.87s - 33.38}{s^2 + 100.85s + 705.72}$$

为求得整个系统的状态方程，第一步应将上述传递函数转化为状态方程，利用可控标准型写出各动态环节的状态方程及输出方程为

$$\dot{x}_1(t) = -125x_1(t) + u_1(t)$$

$$z_1(t) = 125x_1(t)$$

$$\dot{x}_2(t) = -80x_2(t) + u_2(t)$$

$$z_2(t) = -156.8x_2(t) + 2.96u_2(t)$$

$$\dot{x}_3(t) = \begin{bmatrix} 0 & 1 \\ -705.72 & -100.85 \end{bmatrix} x_3(t) + \begin{bmatrix} 0 \\ 1 \end{bmatrix} u_1(t)$$

$$z_3(t) = [33.38 \quad -87.87] x_3(t) + 0.952\,7u_1(t)$$

对该系统

$$A = \begin{bmatrix} -125 & 0 & 0 & 0 \\ 0 & -80 & 0 & 1 \\ 0 & 0 & 0 & 1 \\ 0 & 0 & -705.72 & -100.85 \end{bmatrix} \quad B = \begin{bmatrix} 1 & 0 & 0 \\ 0 & 1 & 0 \\ 0 & 0 & 0 \\ 0 & 0 & 1 \end{bmatrix}$$

$$C = \begin{bmatrix} 80 & 0 & 0 & 0 \\ 0 & -156.8 & 0 & 0 \\ 0 & 0 & 33.38 & -87.87 \end{bmatrix} \quad D = \begin{bmatrix} 0 & 0 & 0 \\ 0 & 2.96 & 0 \\ 0 & 0 & 0.952\ 7 \end{bmatrix}$$

根据给定的结构图可以求得下述各个环节的输入方程:

$$u_1 = z_2(t) + z_3(t)$$
$$u_2 = U_1(t) - z_1(t)$$
$$u_3 = U_2(t)$$

或写成矩阵形式:

$$u(t) = Pz + Qu$$

式中

$$P = \begin{bmatrix} 0 & 1 & 1 \\ -1 & 0 & 0 \\ 0 & 0 & 0 \end{bmatrix} \quad Q = \begin{bmatrix} 0 & 0 \\ 1 & 0 \\ 0 & 1 \end{bmatrix}$$

该系统给定的外部输出响应为

$$y = z_1(t)$$

写成矩阵形式为

$$y = Rz + TU$$

式中
$$R = \begin{bmatrix} 1 & 0 & 0 \end{bmatrix} \quad T = \begin{bmatrix} 0 & 0 \end{bmatrix}$$

最后,将上述 A, B, C, D, P, Q, R, T 代入式(2.3.14),消去中间变量 u 及 z,便组成所要求的状态方程。

2.3.3　利用 MATLAB 语言对控制系统的结构图进行描述和转换

一般情况下,已知控制系统都是由简单系统通过一定的连接方式组合而成的,MATLAB语言提供了丰富的指令来计算由子系统组合而成的复杂系统的结构图。最常见的简单组合方式是系统串联、系统并联和负反馈系统。

设分别有子系统 sys1 和 sys2,则它们的简单连接计算为:

串联连接:sys=series(sys1,sys2), 或 sys=sys1 * sys2。

并联连接:sys=parallel(sys1,sys2), 或 sys=sys1+sys2。

负反馈连接:sys=feedback(sys1,sys2),其中 sys2 为反馈环节系统。如果是正反馈,那么可以采用指令 sys=feedback(sys1,sys2,+1)。

如果一个系统如图 2.3.4 所示,那么为了对其进行整体处理,可以使用 MATLAB 语言中的指令 append 和 connect 来处理。

设系统共有 M 个子系统 sys1,sys2,…,sys$M$,首先使用指令

sys =append(sys1,sys2,…,sys$M$)

形成一个具有 M 个对角块的、非最后形式的系统 sys。其次使用指令

$$sysc = connect(sys, Q, input, output)$$

将各子系统进行连接,计算出最终的系统 sysc。指令中的可选参量 Q,input 和 output 含义如下:

· 矩阵 Q:矩阵 Q 表示了结构图各子系统的相互连接,每个子系统的每个输入对应该矩阵的一行。每行的第一个元素是该输入的标号,其他元素是同该输入端相连的各子系统输出端标号。例如输入端 7 是由输出端 2,6 和 15 相加得到的,其中输出端 15 是负的,则相应的行为 [7 2 −15 6]。为了矩阵 Q 的整齐,参数少的行后补充 0。

· 系统的输入 input:input 为一向量,其元素是作为全系统外部输入的输入端标号。

· 系统的输出 output:output 为一向量,其元素是作为全系统外部输出的输出端标号。

例 2.3.1 考虑图 2.3.5 所示系统。子系统 2 的状态空间模型参数矩阵为

$$A = [-9.020\ 1\quad 17.779\ 1\quad -1.694\ 3\quad 3.213\ 8]$$
$$B = [-0.511\ 2\quad 0.536\ 2\quad -0.002\quad -1.847\ 0]$$
$$C = [-3.289\ 7\quad 2.454\ 4\quad -13.500\ 9\quad 18.074\ 5]$$
$$D = [-0.547\ 6\quad -0.141\ 0\quad -0.645\ 9\quad 0.295\ 8]$$

求解该系统的状态方程。

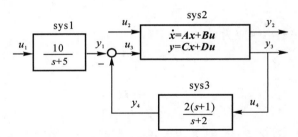

图 2.3.5　系统动态结构图

解　首先按图 2.3.5 所示标出各子系统的输入和输出端口的标号。写出使用指令 connect 所需要的连接矩阵 Q,input 和 output 为

$$Q = [3\quad 1\quad -4\quad 4\quad 3\quad 0]$$
$$input = [1\quad 2]$$
$$output = [2\quad 3]$$

然后编写以下 MATLAB 指令:

```
A = [ −9.0201 17.7791;−1.6943 3.2138 ];
B = [ −0.5112 0.5362;−0.002 −1.8470];
C = [ −3.2897 2.4544;−13.5009 18.0745];
D = [−0.5476 −0.1410;−0.6459 0.2958 ];
sys1 = tf(10,[1 5],'inputname','uc');
sys2 = ss(A,B,C,D,'inputname',{'u1' 'u2'},'outputname',{'y1' 'y2'});
sys3 = zpk(−1,−2,2);
sys = append(sys1,sys2,sys3);
Q = [3 1 −4;4 3 0];
```

```
input = [1 2];
output = [2 3];
sysc = connect(sys,Q,input,output)
```

运行可以得到:

a =

	x1	x2	x3	x4
x1	−5	0	0	0
x2	0.842 2	0.076 64	5.601	0.4764
x3	−2.901	−33.03	45.16	−1.641
x4	0.6571	−12	16.06	−1.628

b =

	u1	u2
x1	4	0
x2	0	−0.076
x3	0	−1.501
x4	0	−0.5739

c =

	x1	x2	x3	x4
y2	−0.2215	−5.682	5.657	−0.1253
y3	0.4646	−8.483	11.36	0.2628

d =

	u1	u2
y2	0	−0.662
y3	0	−0.4058

Continuous − time model.

2.4　连续系统的离散化方程

在上面几节的讨论中,介绍了连续系统的 3 种表示形式:微分方程、传递函数及状态空间表达式。在这 3 种形式中:微分方程形式与传递函数形式之间比较容易相互转换;而状态方程是一阶微分方程组形式,在后面章节介绍中可以知道,它是一种很适合仿真的数学模型。在前几节中讨论了由传递函数向状态方程的转换和由结构图向状态方程的转换。此外,还有一种更适合进行系统仿真的数学模型的形式,它就是差分方程的形式。本节介绍如何由状态方程或传递函数向差分方程转换。

2.4.1　状态方程的离散化

假设连续系统的状态方程为

$$\dot{x} = Ax + Bu \tag{2.4.1}$$

现在人为地在系统的输入及输出端加上采样开关，同时为了使输入信号复原为原来的信号，在输入端还要加一个保持器，如图 2.4.1 所示。现假定它为零阶保持器，即假定输入向量的所有分量在任意两个依次相连的采样瞬时为常值，比如，对第 n 个采样周期 $u(t) = u(nT)$，其中 T 为采样间隔。

图 2.4.1　采样控制系统结构图

由采样定理可知，当频率 ω_s 和信号最大频率 ω_{max} 满足 $\omega_s \geqslant 2\omega_{max}$ 的条件时，可由采样后的信号唯一地确定原始信号。把采样后的离散信号通过一个低通滤波器，即可实现信号的重构。如果滤波器的频谱特性是理想的矩形，那么可不失真地重现原信号。但是这种理想的滤波器实际上是不存在的。常用的滤波器是零阶保持器和一阶保持器，它们具有与理想滤波器近似的特性。

因此研究式（2.4.1）的系统，在一定的条件下可以等效地研究图 2.4.1 所示的系统。值得注意的是，图 2.4.1 所示的采样器和保持器实际上是不存在的，是为了将式（2.4.1）离散化而虚构的。

下面对式（2.4.1）进行求解，对式（2.4.1）两边进行拉普拉斯变换，得

$$sX(s) - X(0) = AX(s) + BU(s)$$

即

$$(sI - A)X(s) = X(0) + BU(s)$$

以 $(sI - A)^{-1}$ 左乘上式的两边可得

$$X(s) = (sI - A)^{-1}X(0) + (sI - A)^{-1}BU(s) \tag{2.4.2}$$

考虑到 $L^{-1}[(sI - A)^{-1}] = e^{At}$，故对式（2.4.2）反变换可得

$$x(t) = e^{At}x(0) + \int_0^t e^{A(t-\tau)}Bu(\tau)d\tau \tag{2.4.3}$$

式（2.4.3）就是式（2.4.1）的解，下面由此出发推导系统离散化后的解。对 n 及 $n+1$ 两个依次相连的采样瞬间，有

$$x(nT) = e^{AnT}x(0) + \int_0^{nT} e^{A(nT-\tau)}Bu(\tau)d\tau \tag{2.4.4}$$

$$x[(n+1)T] = e^{A(n+1)T}x(0) + \int_0^{(n+1)T} e^{[A(n+1)T-\tau]}Bu(\tau)d\tau \tag{2.4.5}$$

用式（2.4.5）减去式（2.4.4）与 e^{AT} 之积后得

$$x[(n+1)T] = e^{AT}x(nT) + \int_{nT}^{(n+1)T} e^{[A(n+1)T-\tau]}Bu(\tau)d\tau \tag{2.4.6}$$

将式（2.4.6）右边积分进行变量代换，即令 $\tau = nT + 1$，则得

$$x[(n+1)T] = e^{AT}x(nT) + \int_0^T e^{A(T-\tau)}Bu(nT+t)dt \tag{2.4.7}$$

求解式（2.4.7）的困难之处是等号右边的卷积积分，但考虑到式（2.4.1）经虚拟采样器和保持器后等效于图 2.4.1 所示的系统，若采用零阶保持器，由图 2.4.1 可知，在两个采样点之间输入量可看作常数，即令 $u(nT+t) = u(nT)$，这样式（2.4.7）可写为

$$\boldsymbol{x}\big[(n+1)T\big]=\mathrm{e}^{\boldsymbol{A}T}\boldsymbol{x}(nT)+\left[\int_{0}^{T}\mathrm{e}^{\boldsymbol{A}(T-t)}\boldsymbol{B}\,\mathrm{d}t\right]u(nT)=\boldsymbol{\phi}(T)\boldsymbol{x}(nT)+\boldsymbol{\phi}_{m}(T)u(nT)$$

$$(2.4.8)$$

式中

$$\boldsymbol{\phi}(T)=\mathrm{e}^{\boldsymbol{A}T}$$

$$\boldsymbol{\phi}_{m}(T)=\int_{0}^{T}\mathrm{e}^{\boldsymbol{A}(T-t)}\boldsymbol{B}\,\mathrm{d}t$$

如果图 2.4.1 所示系统采用一阶保持器,那么在两个采样点之间输入量可表示为

$$u(nT+t)=u(nT)+\frac{u(nT)-u\big[(n-1)T\big]}{T}$$

这样式(2.4.7) 可写为

$$\boldsymbol{x}\big[(n+1)T\big]=\mathrm{e}^{\boldsymbol{A}T}\boldsymbol{x}(nT)+\left[\int_{0}^{T}\mathrm{e}^{\boldsymbol{A}(T-t)}\boldsymbol{B}\,\mathrm{d}t\right]u(nT)+\left[\int_{0}^{T}t\,\mathrm{e}^{\boldsymbol{A}(T-t)}\boldsymbol{B}\,\mathrm{d}t\right]\dot{u}(nT)$$

$$=\boldsymbol{\phi}(T)\boldsymbol{x}(nT)+\boldsymbol{\phi}_{m}(T)u(nT)+\hat{\boldsymbol{\phi}}_{m}(T)\dot{u}(nT) \qquad (2.4.9)$$

式中:$\boldsymbol{\phi}(T)$,$\boldsymbol{\phi}_{m}(T)$ 同式(2.4.8)。

$$\hat{\boldsymbol{\phi}}_{m}(T)=\int_{0}^{T}t\,\mathrm{e}^{\boldsymbol{A}(T-t)}\boldsymbol{B}\,\mathrm{d}t$$

$\boldsymbol{\phi}(T)$,$\boldsymbol{\phi}_{m}(T)$,$\hat{\boldsymbol{\phi}}_{m}(T)$ 统称为系统的离散系数矩阵。式(2.4.8) 或式(2.4.9) 便是所要求转换成的差分方程。

2.4.2 传递函数的离散化

研究离散系统除用状态空间离散化方法,人们还常常采用古典的 z 变换法。因此对连续系统进行数字仿真也可以先在系统中加入虚拟的采样器和保持器,如图 2.4.2 所示,然后利用 z 变换的方法求出系统的脉冲传递函数,再从脉冲传递函数求出系统的差分方程。

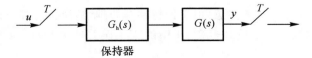

图 2.4.2   连续系统的离散化

比较图 2.4.2 与图 2.4.1 两者之间的差别,仅在于一个被离散化的对象是传递函数的形式,另一个是状态方程形式。 状态方程离散化是在时域中进行的,它是在式(2.4.7) 到式(2.4.8) 的推导中考虑到了图 2.4.1 所示系统经采样保持后的特点而导出的。但这里采用的离散化方法却有所不同,它是对图 2.4.2 利用 z 变换的方法来求出对应于 $G(s)$ 的差分方程。但有一点值得强调的是,图 2.4.2 中所示的采样器和保持器仍是虚构的。为保证离散化后的系统特性能等效于连续域中的系统特性,虚拟的采样频率仍要满足采样定理,且保持器的选择也要满足接近理想滤波器的要求。

下面来确定加了虚拟采样器及保持器后的脉冲传递函数 $G(z)$。根据图 2.4.2,有

$$G(z)=\frac{Y(z)}{U(z)}=Z\big[G_{\mathrm{h}}(s)G(s)\big] \qquad (2.4.10)$$

式中:$G_{\mathrm{h}}(s)$ 为保持器的传递函数。若选择不同的保持器,则可得不同的 $G(z)$,见表 2.4.1。

表 2.4.1　不同保持器的 $G(z)$

保持器的传递函数 $G_h(s)$	脉冲传递函数 $G(z)$
零阶：$\dfrac{1-\mathrm{e}^{-Ts}}{s}$	$\dfrac{z-1}{z}Z\left[\dfrac{G(s)}{s}\right]$
一阶：$\dfrac{1+Ts}{T}\left(\dfrac{1-\mathrm{e}^{-Ts}}{s}\right)^2$	$\left(\dfrac{z-1}{z}\right)^2 Z\left[\dfrac{G(s)(1+Ts)}{Ts^2}\right]$
三角形：$\dfrac{(1-\mathrm{e}^{-Ts})^2\mathrm{e}^{Ts}}{Ts^2}$	$\dfrac{(z-1)^2}{z}Z\left[\dfrac{G(s)}{Ts^2}\right]$

表 2.4.1 中的 $G(z)$ 要求对 $\dfrac{G(s)}{s}$ 或 $\dfrac{G(s)(1+Ts)}{Ts^2}$ 等进行 z 变换，这样做有时不太方便，如果能对 $G(s)$ 直接进行 z 变换就方便多了。因此，对表 2.4.1 中的各式在必要时还可以进一步加以简化，得出二次加入虚拟采样器和保持器的脉冲传递函数。

例如，当采用零阶保持器时，要对 $\dfrac{G(s)}{s}$ 进行 z 变换，它相当于图 2.4.3(a) 所示的模型。

由图 2.4.3(a) 可知，这是 $G(s)$ 与 $\dfrac{1}{s}$ 串联，若在积分环节 $\dfrac{1}{s}$ 之前再加一个虚拟采样器和保持器，如图 2.4.3(b) 所示，那么就可以对 $G(s)$ 及 $\dfrac{1}{s}$ 分别求出脉冲传递函数，然后相乘，即

$$Z\left[\frac{G(s)}{s}\right]=Z[G(s)]Z\left[\frac{1-\mathrm{e}^{-Ts}}{s}\frac{1}{s}\right]=\frac{T}{z-1}Z[G(s)]$$

因此加二次虚拟采样器、零阶保持器后的脉冲传递函数为

$$G(z)\approx\frac{T}{z}Z[G(s)] \tag{2.4.11}$$

从上述内容可看出，虚拟采样器和保持器可以不止一次地使用。在必要的地方加入，可为求脉冲传递函数带来方便。但须注意，由于保持器并非理想，所以每加一次采样器和保持器都会带来误差。因此，式(2.4.11) 较之表 2.4.1 中的式子误差要大些，所以要尽量减少虚拟采样器和保持器的使用。

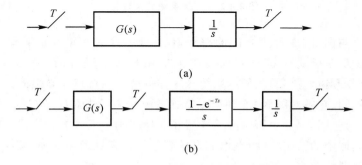

图 2.4.3　加二次虚拟采样器的离散化

下面举例说明其使用方法。若

$$G(s)=\frac{K}{s+a}$$

则根据表 2.4.1,当加零阶保持器时,可得

$$G(z) = \frac{z-1}{z} Z\left[\frac{K}{s(s+a)}\right] = \frac{K(1-e^{-aT})}{a(z-e^{-aT})}$$

所以得差分方程为

$$y_n = e^{-aT} y_{n-1} + \frac{K}{a}(1-e^{-aT}) u_{n-1} \tag{2.4.12}$$

也可根据式(2.4.11)来求 $G(z)$:

$$G(z) = \frac{T}{z} Z[G(s)] = \frac{T}{z} \frac{Kz}{z-e^{-aT}} = \frac{KT}{z-e^{-aT}}$$

其对应的差分方程为

$$y_n = e^{-aT} y_{n-1} + KT u_{n-1} \tag{2.4.13}$$

式(2.4.12)或式(2.4.13)是按加入一次和二次虚拟采样器及保持器时求得的差分方程。式(2.4.13)较之式(2.4.12)误差要大些。

有了上面的知识,不难将其推广应用到结构图表示的系统,求其等效的差分方程。在此不再多述。

2.4.3　利用 MATLAB 语言进行离散化处理

MATLAB 语言中的 Control 工具箱给出了丰富的系统离散化指令,简介如下。

调用格式:sysd ＝ c2d(sys,Ts)

　　　　　sysd ＝ c2d(sys,Ts,method)

调用说明:sys 是将要离散化的系统;Ts 是采样时间;method 是采用的离散化算法,如果不具体指定,则隐含为 zoh。MATLAB 给出以下离散化方法:

- zoh:零阶零极点保持器。
- foh:三角形保持器。
- tustin:双线性变换法。
- Prewarp:具有频率预修正的双线性变换法。

例 2.4.1　考虑一个具有时延的线性系统

$$H(s) = e^{-0.25s} \frac{10}{s^2 + 3s + 10}$$

编写 MATLAB 指令:

　　h ＝ tf(10,[1 3 10],'td',0.25)

　　hd ＝ c2d(h,0.1)

则得到具有采样时间为 0.1 s 的离散时间系统为

$$hd(z) = \frac{0.011\ 87z^2 + 0.064\ 08z + 0.009\ 721}{z^5 - 1.655z^4 + 0.740\ 8z^3}$$

在 MATLAB 语言中还提供了离散系统的连续化运算,简介如下。

调用格式:sysc ＝ d2c(sysd)

　　　　　sysc ＝ d2c(sysd,method)

调用说明:sysd 是将要连续化的离散时间系统;method 是采用的离散化算法,其功能与

c2d 指令一样。

例 2.4.2 考虑离散时间系统

$$H(z) = \frac{(z+0.2)}{(z+0.5)(z^2+z+0.4)}$$

系统的采样时间是 0.1 s。编写 MATLAB 指令：

$$H = zpk(-0.2, -0.5, 1, Ts) * tf(1, [1\ 1\ 0.4], Ts)$$

$$Hc = d2c(H)$$

则 MATLAB 的响应为

Warning：Model order was increased to handle real negative poles.

Zero/pole/gain：

$$Hc(s) = \frac{-33.655\ 6(s-6.273)(s^2+28.29s+1\ 041)}{(s^2+9.163s+637.3)(s^2+13.86s+1\ 035)}$$

本 章 小 结

（1）一个物理系统可以用任意阶微分方程来描述，适当地选择变量还可以用一阶微分方程组来表示，而微分方程数值解能处理的正是一阶微分方程组。因此本章研究的重点是将物理系统的数学描述转化为一阶微分方程组。对线性系统就是求其状态空间表达式。

（2）当仅仅研究线性系统的输入输出关系时，可用传递函数。所谓传递函数，是当物理系统的所有初始值为零时，其输出和输入的拉普拉斯变换之比。为了便于使用面向一阶微分方程的仿真程序，就有必要研究根据已知的系统传递函数求相应的状态空间表达式，即实现问题。值得注意的是，实现问题不是唯一的。

（3）在系统设计和分析过程中，经常遇到的是已知系统的结构图，要求研究系统中某个或某些参数的变化对系统的影响。本章研究的内容之一，就是对系统结构图不作简化而直接写出对应的状态空间表达式。

（4）离散时间系统在仿真技术中扮演着重要角色，因此本章也将连续系统的离散化方法作为一个重点，扼要地介绍了状态方程和传递函数的差分方程求法。

习 题

2-1 已知系统微分方程为

$$\frac{d^3 y}{dt^3} + 5\frac{d^2 y}{dt^2} + 8\frac{dy}{dt} + 4y = 2\frac{d^3 u}{dt^3} + 10\frac{d^2 u}{dt^2} + 17\frac{du}{dt} + 11u$$

将其转换成状态空间表达式。

2-2 已知系统微分方程为

$$\frac{d^3 y}{dt^3} + 7\frac{d^2 y}{dt^2} + 12\frac{dy}{dt} = \frac{d^2 u}{dt^2} + 3\frac{du}{dt} + 2u$$

$$y(0) = \dot{y}(0) = \ddot{y}(0) = 1, \quad u(0) = 2, \quad \dot{u}(0) = 4$$

将其转换成状态空间表达式,并求出状态变量的初值。

2-3 系统传递函数为

$$G(s) = \frac{s^2 + 2s + 15}{3s^3 + 6s^2 + 9s + 15}$$

求其可控标准型及可观标准型实现。

2-4 系统传递函数为

$$G(s) = \frac{s^2 + 4s + 5}{(s+1)(s^2 + 5s + 6)}$$

求其对角标准型实现。

2-5 系统传递函数为 $\dfrac{Y(s)}{U(s)} = \dfrac{2}{s^2 + 3s + 2}$,已知初始条件为 $y(0) = -1, \dot{y}(0) = 0$。将其转换成状态空间表达式,并求出状态变量的初值。

2-6 系统传递函数为 $G(s) = \dfrac{1}{(s+1)^3}$,求其约旦标准型实现。

2-7 已知系统结构图如下所示,求其状态空间表达式。

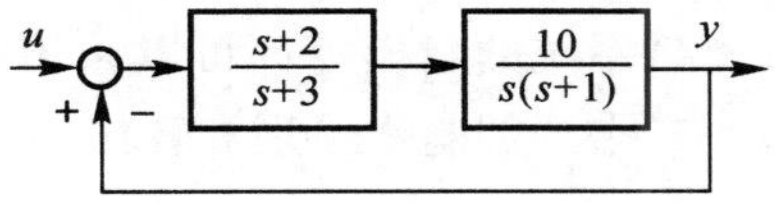

习题 2-7 图

2-8 已知状态空间方程为

$$\begin{bmatrix} \dot{x}_1 \\ \dot{x}_2 \\ \dot{x}_3 \end{bmatrix} = \begin{bmatrix} -1 & 0 & 0 \\ 0 & -2 & 0 \\ 0 & 0 & -3 \end{bmatrix} \begin{bmatrix} x_1 \\ x_2 \\ x_3 \end{bmatrix} + \begin{bmatrix} 3 \\ -6 \\ 3 \end{bmatrix} u$$

求其对应的离散系统矩阵 $\boldsymbol{\phi}(T), \boldsymbol{\phi}_m(T)$。

2-9 求出 $G(s) = \dfrac{2}{s^2 + 3s + 2}$ 对应的差分方程。

第 3 章　参数估计理论与算法

参数估计有较多的理论和不同的结构,它们的主要内容是解决估计准则和估计算法两个问题,常用的准则有最小二乘法、极大似然法、最小方差和鲁棒建模中的泛函数小化准则等。估计算法常分为两类:一类是迭代算法,属于离线算法;另一类是递推算法,是一种实时在线估计算法。

3.1　最小二乘法

最小二乘法大约是 1795 年高斯在他著名的星体运动轨道预报研究工作中提出来的。后来,最小二乘法成了估计理论的奠基石。由于最小二乘法原理简单,编写程序容易,所以颇受工程师们的重视,应用也相当广泛。如在水下航行器中的惯性仪表误差系数的辨识、多项式曲线拟合、为了控制而使用的线性离散系统的建模等都可以采用最小二乘法。本节以线性离散系统的数学模型为对象,研究最小二乘法的基本原理和算法。

3.1.1　最小二乘问题的提法和基本计算公式

设时不变动态过程的数学模型为

$$A(z^{-1})z(k) = B(z^{-1})u(k) + v(k) \tag{3.1.1}$$

式中:$u(k)$ 和 $z(k)$ 分别为系统的输入量和输出量;$v(k)$ 是噪声;$A(z^{-1})$ 和 $B(z^{-1})$ 是多项式,定义为

$$\left. \begin{array}{l} A(z^{-1}) = 1 + a_1 z^{-1} + a_2 z^{-2} + \cdots + a_n z^{-n} \\ B(z^{-1}) = 1 + b_1 z^{-1} + b_2 z^{-2} + \cdots + b_m z^{-m} \end{array} \right\} \tag{3.1.2}$$

现在的问题是如何利用系统的 $\{u(k), z(k)\}$ 序列,估计多项式 $A(z^{-1})$ 和 $B(z^{-1})$ 中的系数。

定义:

$$\left. \begin{array}{l} \boldsymbol{\theta} = [a_1, a_2, \cdots a_n, b_1, b_2, \cdots, b_m]^{\mathrm{T}} \\ \boldsymbol{h}(k) = [-z(k-1), \cdots, -z(k-n), u(k-1), \cdots, u(k-m)]^{\mathrm{T}} \end{array} \right\} \tag{3.1.3}$$

则可将式(3.1.1)化为一个标准的最小二乘格式

$$z(k) = \boldsymbol{h}^{\mathrm{T}}(k)\boldsymbol{\theta} + v(k) \tag{3.1.4}$$

当 $k = 1, 2, \cdots, L$ 时,式(3.1.4)可写成一个线性方程组。其矩阵形式为

$$\boldsymbol{Z}_L = \boldsymbol{H}_L \boldsymbol{\theta} + \boldsymbol{V}_L \tag{3.1.5}$$

式中

$$\boldsymbol{Z}_L = [Z(1), Z(2), \cdots, Z(L)]^{\mathrm{T}}$$
$$\boldsymbol{V}_L = [V(1), V(2), \cdots, V(L)]^{\mathrm{T}}$$

$$
\boldsymbol{H}_L = \begin{bmatrix} \boldsymbol{h}^{\mathrm{T}}(1) \\ \boldsymbol{h}^{\mathrm{T}}(2) \\ \vdots \\ \boldsymbol{h}^{\mathrm{T}}(L) \end{bmatrix} = \begin{bmatrix} -z(0) & \cdots & -z(1-n) & u(0) & \cdots & u(1-m) \\ -z(1) & \cdots & -z(2-n) & u(1) & \cdots & u(2-m) \\ \vdots & & \vdots & \vdots & & \vdots \\ -z(L-1) & \cdots & -z(L-n) & u(L-1) & \cdots & u(L-m) \end{bmatrix}
$$

根据式(3.1.5)的模型,最小二乘法的准则函数 $J(\boldsymbol{\theta})$ 可取为

$$
J(\boldsymbol{\theta}) = (\boldsymbol{Z}_L - \boldsymbol{H}_L\boldsymbol{\theta})^{\mathrm{T}}\boldsymbol{\Lambda}_L(\boldsymbol{Z}_L - \boldsymbol{H}_L\boldsymbol{\theta}) \tag{3.1.6}
$$

其中, $\boldsymbol{\Lambda}_L$ 为加权阵,一般取为正定对角阵。极小化 $J(\boldsymbol{\theta})$,可求出系数 $\boldsymbol{\theta}$ 的估计值 $\hat{\boldsymbol{\theta}}$ 。设 $\boldsymbol{\theta}_{WLS}$ 使得

$$
J(\boldsymbol{\theta}) \mid \hat{\boldsymbol{\theta}}_{WLS} = \min
$$

则

$$
\frac{\partial J}{\partial \boldsymbol{\theta}} \bigg| \boldsymbol{\theta}_{WLS} = \frac{\partial}{\partial \boldsymbol{\theta}}(\boldsymbol{Z}_L - \boldsymbol{H}_L\boldsymbol{\theta}) \tag{3.1.7}
$$

得

$$
(\boldsymbol{H}_L^{\mathrm{T}}\boldsymbol{\Lambda}_L\boldsymbol{H}_L)\hat{\boldsymbol{\theta}}_{WLS} = \boldsymbol{H}_L^{\mathrm{T}}\boldsymbol{\Lambda}_L\boldsymbol{Z}_L \tag{3.1.8}
$$

式(3.1.8)称为正则方程。当 $(\boldsymbol{H}_L^{\mathrm{T}}\boldsymbol{\Lambda}_L\boldsymbol{H}_L)$ 非奇异时,有

$$
\hat{\boldsymbol{\theta}}_{WLS} = (\boldsymbol{H}_L^{\mathrm{T}}\boldsymbol{\Lambda}_L\boldsymbol{H}_L)^{-1}\boldsymbol{H}_L^{\mathrm{T}}\boldsymbol{\Lambda}_L\boldsymbol{Z}_L \tag{3.1.9}
$$

又因为

$$
\frac{\partial^2 J(\boldsymbol{\theta})}{\partial \boldsymbol{\theta}^2} \bigg|_{\hat{\boldsymbol{\theta}}_{WLS}} = 2\boldsymbol{H}_L^{\mathrm{T}}\boldsymbol{\Lambda}_L\boldsymbol{H}_L \tag{3.1.10}
$$

而 $\boldsymbol{\Lambda}_L$ 是正定矩阵,故 $(\boldsymbol{H}_L^{\mathrm{T}}\boldsymbol{\Lambda}_L\boldsymbol{H}_L)$ 也是正定矩阵,即

$$
\frac{\partial^2 J(\boldsymbol{\theta})}{\partial \boldsymbol{\theta}^2} \bigg|_{\hat{\boldsymbol{\theta}}_{WLS}} > \boldsymbol{0} \tag{3.1.11}
$$

所以满足式(3.1.9)的 $\hat{\boldsymbol{\theta}}_{WLS}$ 使 $J(\boldsymbol{\theta})$ 取最小并且 $\hat{\boldsymbol{\theta}}_{WLS}$ 是唯一的。通过极小化式(3.1.6)所得出 $\hat{\boldsymbol{\theta}}_{WLS}$ 的方法称作加权最小二乘法。对应的估值 $\hat{\boldsymbol{\theta}}_{WLS}$ 称为加权最小二乘估计值。如果加权矩阵取 $\boldsymbol{\Lambda}_L = \boldsymbol{I}$,那么式(3.1.9)简化为

$$
\hat{\boldsymbol{\theta}}_{LS} = (\boldsymbol{H}_L^{\mathrm{T}}\boldsymbol{H}_L)^{-1}\boldsymbol{H}_L^{\mathrm{T}}\boldsymbol{Z}_L \tag{3.1.12}
$$

这时的 $\hat{\boldsymbol{\theta}}_{LS}$ 简称为最小二乘估计值,对应的方法叫作最小二乘法。

在获得一批数据之后,利用式(3.1.9)或式(3.1.12)可一次求得相应的系数估计值。这样处理问题的方法称为一次完成算法。它在理论研究方面有许多方便之处,但在计算时要碰到矩阵求逆的困难。尤其当待估计参数增加时,矩阵求逆运算计算量将急剧增加,甚至变成不可解问题。

3.1.2　最小二乘估计的几何意义和统计性质

根据巴拿赫空间的正交投影的定义,可对最小二乘估计作如下的几何解释。记

$$
\left. \begin{aligned} \boldsymbol{H}_L &= \begin{bmatrix} \boldsymbol{h}^{\mathrm{T}}(1) \\ \vdots \\ \boldsymbol{h}^{\mathrm{T}}(L) \end{bmatrix} = [h_1, h_2, \cdots, h_N], \quad N = n + m \\ \hat{\boldsymbol{Z}}_L &= \boldsymbol{H}_L\hat{\boldsymbol{\theta}}_{LS}, \boldsymbol{\varepsilon}_L = \boldsymbol{Z}_L - \hat{\boldsymbol{Z}}_L \end{aligned} \right\} \tag{3.1.13}
$$

若噪声 $\boldsymbol{V}_L$ 是白噪声向量,则输出估计值向量 $\hat{\boldsymbol{Z}}_L$ 是输出测量向量 $\boldsymbol{Z}_L$ 在由 $h_1, h_2, \cdots, h_N$ 所张成的空间上的正交投影,或者说输出残差向量 $\boldsymbol{\varepsilon}_L$ 垂直于由 $h_1, h_2, \cdots, h_N$ 所张成的空间,如图 3.1.1 所示,即输出向量 $\boldsymbol{Z}_L$ 可以分解为属于估计空间的估计向量 $\hat{\boldsymbol{Z}}_L$ 和垂直于估计空间的残差向量 $\boldsymbol{\varepsilon}_L$。

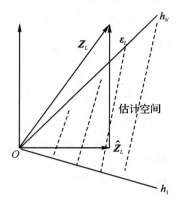

图 3.1.1　最小二乘估计的几何解释

在最小二乘估计算式式(3.1.9)或式(3.1.12)中,由于 $\boldsymbol{H}_L$ 和 $\boldsymbol{Z}_L$ 均具有随机性,故 $\hat{\boldsymbol{\theta}}_{WLS}$ 或 $\hat{\boldsymbol{\theta}}_{LS}$ 亦是随机向量。因此应该通过研究它们的统计性质,来研究估计量的"好"与"坏",以帮助确认估计算法的实用价值。

以下不加证明地给出最小二乘估计量统计性质的几个定理。

定理 3.1　若模型式(3.1.5)噪声向量 $\boldsymbol{V}_L$ 的均值为零,并且 $\boldsymbol{V}_L$ 和 $\boldsymbol{H}_L$ 是统计独立的,则加权最小二乘参数估计值是无偏估计值,即

$$E\{\boldsymbol{\theta}_{WLS}\} = \boldsymbol{\theta}_0 \tag{3.1.14}$$

其中,$\boldsymbol{\theta}_0$ 表示参数的真实值。

定理 3.2　若模型式(3.1.5)中的 $\boldsymbol{V}_L$ 是均值为零,协方差 $\mathrm{Cov}\{\boldsymbol{V}_L\} = \sum_n$,并且与 $\boldsymbol{H}_L$ 统计独立的噪声向量,则参数估计偏差的协方差阵为

$$\mathrm{Cov}\{\boldsymbol{\theta}_{WLS}\} = E\{(\boldsymbol{H}_L^{\mathrm{T}}\boldsymbol{\Lambda}_L\boldsymbol{H}_L)^{-1}\boldsymbol{H}_L^{\mathrm{T}}\boldsymbol{\Lambda}_L\sum_n\boldsymbol{\Lambda}_L\boldsymbol{H}_L(\boldsymbol{H}_L^{\mathrm{T}}\boldsymbol{\Lambda}_L\boldsymbol{H}_L)^{-1}\} \tag{3.1.15}$$

推论 3.1　在定理 3.2 的条件下,若取加权阵 $\boldsymbol{\Lambda}_L = \sum_n^{-1}$,则模型式(3.1.5)的参数估计值为

$$\boldsymbol{\theta}_{MV} = (\boldsymbol{H}_L^{\mathrm{T}}\sum_n^{-1}\boldsymbol{H}_L)^{-1}\boldsymbol{H}_L^{\mathrm{T}}\sum_n^{-1}\boldsymbol{Z}_L \tag{3.1.16}$$

相应的参数估计偏差的协方差阵是

$$\mathrm{Cov}\{\boldsymbol{\theta}_{MV}\} = E\{(\boldsymbol{H}_L^{\mathrm{T}}\sum_n^{-1}\boldsymbol{H}_L)^{-1}\} \tag{3.1.17}$$

推论 3.2　若模型式(3.1.5)中的 $\boldsymbol{V}_L$ 是均值为零的白噪声向量,且加权阵取 $\boldsymbol{\Lambda}_L = \boldsymbol{I}$,则参数估计偏差的协方差阵为

$$\mathrm{Cov}\{\boldsymbol{\theta}_{LS}\} = \sigma_n^2 E\{(\boldsymbol{H}_L^{\mathrm{T}}\boldsymbol{H}_L)^{-1}\} \tag{3.1.18}$$

其中,σ_n^2 是噪声 $\boldsymbol{V}_L$ 的方差,且定义 $\boldsymbol{\theta}_{LS} = \boldsymbol{\theta}_0 - \hat{\boldsymbol{\theta}}_{LS}$。

定理 3.3 在推论 3.2 条件下,最小二乘参数估计是一致收敛的,即

$$\lim_{L \to \infty} \hat{\boldsymbol{\theta}}_{LS} = \boldsymbol{\theta}_0 \text{(以概率 1)} \tag{3.1.19}$$

定理 3.4 在推论 3.2 条件下,并设噪声 $\boldsymbol{V}_L$ 服从正态分布,则最小二乘估计值 $\boldsymbol{\theta}_{LS}$ 是有效估计值,即参数估计偏差的协方差达到克拉马-劳不等式的下界

$$\text{Cov}\{\boldsymbol{\theta}_{LS}\} = \sigma_n^2 E\{(\boldsymbol{H}_L^{\mathrm{T}} \boldsymbol{H}_L)^{-1}\} = \boldsymbol{M}^{-1} \tag{3.1.20}$$

式中: $\boldsymbol{M}$ 为信息矩阵。

$$\boldsymbol{M} = E \left\{ \left[\frac{\partial \lg p(z_L / \boldsymbol{\theta})}{\partial \boldsymbol{\theta}} \right]^{\mathrm{T}} \left[\frac{\partial \lg p(z_L / \boldsymbol{\theta})}{\partial \boldsymbol{\theta}} \right] \bigg|_{\boldsymbol{\theta}_{LS}} \right\} \tag{3.1.21}$$

推论 3.3 在推论 3.1 条件下,并设噪声 $\boldsymbol{V}_L$ 服从正态分布,则马尔可夫参数估计 $\hat{\boldsymbol{\theta}}_{MV}$ 是有效估计,即

$$\text{Cov}\{\boldsymbol{\theta}_{MV}\} = E\{(\boldsymbol{H}_L^{\mathrm{T}} \boldsymbol{H}_L)^{-1}\} = \boldsymbol{M}^{-1} \tag{3.1.22}$$

定理 3.5 在推论 3.2 条件下,并设噪声 $\boldsymbol{V}_L$ 服从正态分布,则最小二乘参数估计值 $\boldsymbol{\theta}_{LS}$ 服从正态分布,即

$$\boldsymbol{\theta}_{LS} \sim N(\boldsymbol{\theta}_0, \sigma_n^2 E\{(\boldsymbol{H}_L^{\mathrm{T}} \boldsymbol{H}_L)^{-1}\}) \tag{3.1.23}$$

推论 3.4 在推论 3.1 条件下,并设噪声 $\boldsymbol{V}_L$ 服从正态分布,则马尔可夫参数估计 $\boldsymbol{\theta}_{MV}$ 服从正态分布,即

$$\boldsymbol{\theta}_{MV} \sim N(\boldsymbol{\theta}_0, \sigma_n^2 E\{(\boldsymbol{H}_L^{\mathrm{T}} \textstyle\sum_n^{-1} \boldsymbol{H}_L)^{-1}\}) \tag{3.1.24}$$

定理 3.6 在推论 3.2 条件下,噪声方差 σ_n^2 的估计值可按下式计算:

$$\sigma_n^2 = \frac{\boldsymbol{\varepsilon}_L^{\mathrm{T}} \boldsymbol{\varepsilon}_L}{L - \dim \boldsymbol{\theta}} \tag{3.1.25}$$

式中: $\dim \boldsymbol{\theta} = n_a + n_b$; $\boldsymbol{\varepsilon}_L$ 为输出残差。

3.1.3 最小二乘参数估计的递推算法

最小二乘一次完成算法在具体应用时,随着待估计参数和观测数据的增多,将不仅增加计算量和加大计算的困难性(刚性方程),还不能用于在线辨识。解决这个问题的办法是把它化成递推算法。其格式为:新的估计值＝老的估计值＋修正项。这样的优点有:

(1)每一步的计算量比较小,因而能够用较少的计算量完成较大的任务。

(2)具有跟踪时变参数的能力,可辨识含有时变参数的系统模型。

(3)在参数估计达到给定的精确度时算法可给出收敛终止的判据。

下面推导每获得一次新的预测数据就修正一次参数估计值的最小二乘递推算法公式。将式(3.1.12)重新写为

$$\hat{\boldsymbol{\theta}}_L = (\boldsymbol{H}_L^{\mathrm{T}} \boldsymbol{H}_L)^{-1} \boldsymbol{H}_L^{\mathrm{T}} \boldsymbol{Z}_L = \boldsymbol{P}(L) \boldsymbol{H}_L^{\mathrm{T}} \boldsymbol{Z}_L \tag{3.1.26}$$

式(3.1.26)是基于前次观测所获得的参数估值,考虑再增加一次新的观测 $\boldsymbol{Z}(L+1)$ 的情况。定义

$$\boldsymbol{P}(L) = (\boldsymbol{H}_L^{\mathrm{T}} \boldsymbol{H}_L)^{-1} \tag{3.1.27}$$

则

$$P(L+1) = \left[\begin{bmatrix} H_L \\ h^T(L+1) \end{bmatrix}^T \begin{bmatrix} H_L \\ h^T(L+1) \end{bmatrix} \right]^{-1} = [H_L^T H_L + h(L+1)h^T(L+1)]^{-1}$$
$$= [P^{-1}(L) + h(L+1)h^T(L+1)]^{-1} \tag{3.1.28}$$

又因为

$$\hat{\theta}_{L+1} = P(L+1)H_{L+1}^T Z_{L+1} = P(L+1) \begin{bmatrix} H_L \\ h^T(L+1) \end{bmatrix}^T \begin{bmatrix} Z_L \\ Z(L+1) \end{bmatrix}$$
$$= P(L+1)[H_L^T Z_L + h(L+1)Z(L+1)] \tag{3.1.29}$$

利用式(3.1.28)和矩阵求逆引理,式(3.1.29)第一项可化为

$$P(L+1)H_L^T Z_L = [P^{-1}(L) + h(L+1)h^T(L+1)]^{-1} H_L^T Z_L$$
$$= \left[I - P(L) \frac{h(L+1)h^T(L+1)}{1+h^T(L+1)P(L)h(L+1)} \right] P(L)H_L^T Z_L$$
$$= \hat{\theta}_N - K(L+1)h^T(L+1)\hat{\theta}_L \tag{3.1.30}$$

式(3.1.29)的第二项可化为

$$P(L+1)h(L+1)Z(L+1) = [P^{-1}(L) + h(L+1)h^T(L+1)]^{-1} h(L+1)Z(L+1)$$
$$= \left[I - P(L) \frac{h(L+1)h^T(L+1)}{1+h^T(L+1)P(L)h(L+1)} \right] P(L)h(L+1)Z(L+1)$$
$$= P(L)h(L+1)\left[1 - \frac{h(L+1)h^T(L+1)}{1+h^T(L+1)P(L)h(L+1)} \right] Z(L+1)$$
$$= P(L)h(L+1) \frac{1}{1+h^T(L+1)P(L)h(L+1)} Z(L+1)$$
$$= K(L+1)Z(L+1) \tag{3.1.31}$$

将式(3.1.30)和式(3.1.31)代入式(3.1.29)得

$$\hat{\theta}_{L+1} = \hat{\theta}_L + K(L+1)[Z(L+1) - h^T(L+1)\hat{\theta}_L]$$

由以上推导可得以下定理:

定理 3.7 最小二乘估计量可以用下列方程递推算法:

$$\hat{\theta}_{L+1} = \hat{\theta}_L + K(L+1)[Z(L+1) - h^T(L+1)\hat{\theta}_L] \tag{3.1.32}$$

式中

$$K(L+1) = P(L) \frac{h(L+1)}{1+h^T(L+1)P(L)h(L+1)} \tag{3.1.33}$$

$$P(L+1) = \left[I - P(L) \frac{h(L+1)h^T(L+1)}{1+h^T(L+1)P(L)h(L+1)} \right] P(L) \tag{3.1.34}$$

显见,递推算法比一次完成算法优越得多。因为在递推算法中$1+h^T(L+1)P(L)h(L+1)$是一个标量,所以省去了许多烦琐的矩阵求逆。

运用最小二乘递推算法估计参数θ时,需要知道初始值$P(0)$和$\hat{\theta}_0$。获得$P(0)$和$\hat{\theta}_0$的方法有两种:一种是根据式(3.1.28)直接计算$P(0)$,然后再由式(3.1.27)计算$\hat{\theta}_0$,其中L不必选得过大;另一种方法是令$\hat{\theta}_0 = 0$和$P_0 = CI$,其中C一个充分大的数,可以证明,经过一定次数的迭代之后,就能得到满意的参数估计量。

3.1.4 数据饱和现象

所谓"数据饱和"现象就是随着时间的推移,采集到的数据越来越多,新数据提供的信息被淹没在老数据的海洋之中,即算法从新数据中获得的信息量将下降,对估计参量失去修正能力。这时系数估计值可能与参数的真值之间的误差会越来越大,对时变参数系统将导致参数估计值不能跟踪时变参数的变化。

为了克服"数据饱和"现象,可以采用降低老数据置信度的办法来修改算法。这就是下面所要讨论的适应算法。适应算法很多,本书仅讨论遗忘因子法。这种方法不但能比较有效地克服"数据饱和"现象,而且也适用于时变参数系统的辨识。

遗忘因子法的思想是:使用遗忘因子给历史数据加权,达到人为地强调当前数据的作用。考虑估计准则

$$J_{L+1}(\hat{\boldsymbol{\theta}}) = \alpha J_L(\hat{\boldsymbol{\theta}}) + [\boldsymbol{Z}(L+1) - \boldsymbol{h}^{\mathrm{T}}(L+1)\hat{\boldsymbol{\theta}}]^2 \tag{3.1.35}$$

式中:α 称为遗忘因子,并且 $0 < \alpha < 1$。当 $\alpha = 1$ 时,式(3.1.15)是一个标准的最小二乘估计准则。不加证明地给出如下定理:

定理 3.8 遗忘因子的最小二乘估计量满足下列递推方程:

$$\hat{\boldsymbol{\theta}}_{L+1} = \hat{\boldsymbol{\theta}}_L + \boldsymbol{K}(L+1)[\boldsymbol{Z}(L+1) - \boldsymbol{h}^{\mathrm{T}}(L+1)\hat{\boldsymbol{\theta}}_L] \tag{3.1.36}$$

式中

$$\boldsymbol{K}(L+1) = \frac{\boldsymbol{P}(L)\boldsymbol{h}(L+1)}{\alpha + \boldsymbol{h}^{\mathrm{T}}(L+1)\boldsymbol{P}(L)\boldsymbol{h}(L+1)} \tag{3.1.37}$$

$$\boldsymbol{P}(L+1) = \frac{1}{\alpha}\left[\boldsymbol{I} - \boldsymbol{P}(L)\frac{\boldsymbol{h}(L+1)\boldsymbol{h}^{\mathrm{T}}(L+1)}{\alpha + \boldsymbol{h}^{\mathrm{T}}(L+1)\boldsymbol{P}(L)\boldsymbol{h}(L+1)}\right]\boldsymbol{P}(L) \tag{3.1.38}$$

遗忘因子法最小二乘估计量的计算流程图如图 3.1.2 所示。

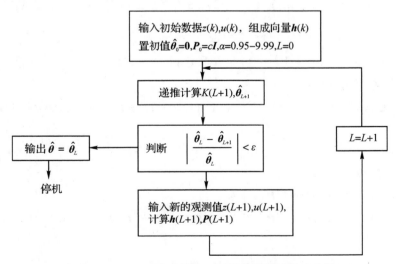

图 3.1.2 遗忘因子法最小二乘估计量的计算流程图

3.2　状态估计和卡尔曼滤波算法

卡尔曼滤波是状态估计的重要组成部分,由于其算法适用于计算机递推算法,因此在工程中得到广泛的应用。本节首先给出卡尔曼滤波的基本公式,进而给出非线性连续离散系统的广义卡而曼滤波公式。

3.2.1　卡尔曼滤波基本公式

一、线性离散系统

线性离散系统的状态方程和观测方程可由下式表示:

$$\left.\begin{aligned} x(k) &= \boldsymbol{\Phi}(k,k-1)x(k-1) + \boldsymbol{\Gamma}(k,k-1)w(k-1) \\ y(k) &= \boldsymbol{H}(k)x(k) + v(k) \end{aligned}\right\} \tag{3.2.1}$$

式中:x 是 n 维状态矢量,$x(0)$ 服从正态分布,$x(0) \sim N(x_0, p_0)$;w 是 q 维过程噪声;v 是 m 维观测噪声。假设 $w(k)$ 和 $v(k)$ 是互不相关的零均值高斯白噪声,即

$$\left.\begin{aligned} E[w(k)] &= 0, E[v(k)] = 0, E[w(k)v^{\mathrm{T}}(k)] = 0 \\ E[w(k)w^{\mathrm{T}}(\ell)] &= Q(k)\delta_{k\ell}, E[v(k)v^{\mathrm{T}}(k)] = R(k)\delta_{k\ell} \end{aligned}\right\} \tag{3.2.2}$$

式中:$Q(k)$ 为过程噪声协方差正定矩阵;$R(k)$ 为观测噪声协方差正定矩阵。则卡尔曼滤波算式如下:

状态预测方程:

$$\hat{x}(k \mid k-1) = \boldsymbol{\Phi}(k,k-1)\hat{x}(k-1 \mid k-1), \hat{x}(0 \mid 0) = \bar{x}(0) \tag{3.2.3}$$

状态校正方程:

$$\hat{x}(k \mid k) = \hat{x}(k \mid k-1) + K(k)[y(k) - H(k)\hat{x}(k \mid k-1)] \tag{3.2.4}$$

误差协方差阵预测方程:

$$\left.\begin{aligned} P(k \mid k-1) &= \boldsymbol{\Phi}(k,k-1)P(k-1 \mid k-1)\boldsymbol{\Phi}^{\mathrm{T}}(k,k-1) + \boldsymbol{\Gamma}(k,k-1)Q(k-1)\boldsymbol{\Gamma}^{\mathrm{T}}(k,k-1) \\ P(0 \mid 0) &= \boldsymbol{P}_0 \end{aligned}\right\} \tag{3.2.5}$$

误差协方差阵校正方程:

$$\begin{aligned} P(k \mid k) &= [I - K(k)H(k)]P(k \mid k-1) \\ &= [I - K(k)H(k)]P(k \mid k-1)[I - K(k)H(k)]^{\mathrm{T}} + K(k)R(k)K^{\mathrm{T}}(k) \end{aligned} \tag{3.2.6}$$

增益矩阵:

$$K(k) = P(k \mid k-1)H^{\mathrm{T}}(k)[H(k)P(k \mid k-1)H^{\mathrm{T}}(k) + R(k)]^{-1} \tag{3.2.7}$$

图 3.2.1 所示为卡尔曼滤波器的组成。图 3.2.2 为卡尔曼滤波计算流程图。

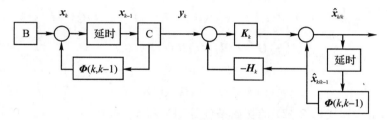

图 3.2.1　卡尔曼滤波器组成

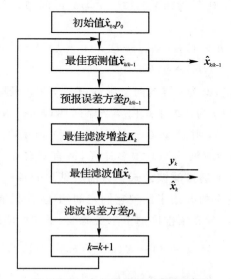

图 3.2.2　卡尔曼滤波计算流程图

二、线性连续系统

线性连续系统的状态方程和观测方程可由下式表示：

$$\left.\begin{array}{l} \dot{\boldsymbol{x}}(t) = \boldsymbol{F}(t)\boldsymbol{x}(t) + \boldsymbol{\Gamma}(t)\boldsymbol{w}(t), E[\boldsymbol{x}(t_0)] = x_0 \\ \boldsymbol{y}(t) = \boldsymbol{H}(t)\boldsymbol{x}(t) + \boldsymbol{v}(t) \end{array}\right\} \tag{3.2.8}$$

设随机过程 $\boldsymbol{x}(0)$、$\boldsymbol{w}(t)$ 和 $\boldsymbol{v}(t)$ 是互不相关的零均值高斯白噪声，其协方差阵分别为

$$\left.\begin{array}{l} E[\boldsymbol{x}(0)\boldsymbol{x}^{\mathrm{T}}(0)] = P_0 \\ E[\boldsymbol{w}(t)\boldsymbol{w}^{\mathrm{T}}(t)] = \boldsymbol{Q}(t)\delta(t-\tau), \boldsymbol{Q}(t) \geqslant 0 \\ E[\boldsymbol{v}(t)\boldsymbol{v}^{\mathrm{T}}(t)] = R(t)\delta(t-\tau), R(t) \geqslant 0 \end{array}\right\} \tag{3.2.9}$$

卡尔曼滤波算式：

状态最佳滤波方程：

$$\frac{\mathrm{d}\hat{\boldsymbol{x}}(t \mid t)}{\mathrm{d}t} = \boldsymbol{F}(t)\hat{\boldsymbol{x}}(t \mid t) + \boldsymbol{K}(t)[\boldsymbol{y}(t) - \boldsymbol{H}(t)\hat{\boldsymbol{x}}(t \mid t)] \tag{3.2.10}$$

误差协方差阵方程：

$$\frac{\mathrm{d}\boldsymbol{P}(t\mid t)}{\mathrm{d}t} = \boldsymbol{F}(t)\boldsymbol{P}(t\mid t) + \boldsymbol{P}(t\mid t)\boldsymbol{F}^{\mathrm{T}}(t) + \boldsymbol{\Gamma}(t)\boldsymbol{Q}(t)\boldsymbol{\Gamma}^{\mathrm{T}}(t) -$$
$$\boldsymbol{P}(t\mid t)\boldsymbol{H}^{\mathrm{T}}(t)\boldsymbol{R}^{-1}(t)\boldsymbol{H}(t)\boldsymbol{P}(t\mid t) \tag{3.2.11}$$

增益矩阵：

$$\boldsymbol{K}(t) = \boldsymbol{P}(t\mid t)\boldsymbol{H}^{\mathrm{T}}(t)\boldsymbol{R}^{-1}(t) \tag{3.2.12}$$

方程式(3.2.10)和式(3.2.12)的初始条件分别为和 $\boldsymbol{x}_0$ 和 $\boldsymbol{P}_0$。

三、非线性系统的卡尔曼滤波

现在考虑非线性动态系统在非线性量测情况下的滤波问题。系统的动态特性由带加动态噪声的随机差分方程描述。

$$\left.\begin{aligned} \boldsymbol{x}(k) &= \boldsymbol{\Phi}[\boldsymbol{x}(k-1),k-1] + \boldsymbol{\Gamma}[\boldsymbol{x}(k-1),k-1]\boldsymbol{w}(k-1) \\ \boldsymbol{y}(k) &= \boldsymbol{H}[\boldsymbol{x}(k),k] + \boldsymbol{v}(k) \end{aligned}\right\} \tag{3.2.13}$$

其中：$\boldsymbol{x}(k)$ 是 n 维的状态向量；$\boldsymbol{\Phi}$ 为 n 维的向量函数；$\boldsymbol{\Gamma}$ 是 $n\times q$ 矩阵函数；$\boldsymbol{y}(k)$ 是 m 维输出向量；$\boldsymbol{H}$ 是 m 维的向量函数；$\boldsymbol{w}(k)$ 为 q 维正态白噪声序列；$\boldsymbol{w}(k)\sim N(0,\boldsymbol{Q}(k))$，$\boldsymbol{v}(k)$ 为 m 维白噪声序列，$\boldsymbol{v}(k)\sim N(0,\boldsymbol{Q}(k))$，并且 $\boldsymbol{x}(0)$、$\boldsymbol{w}(k)$ 与 $\boldsymbol{v}(k)$ 相互独立。

用近似方法来研究非线性滤波问题有很多途径，但直到现在为止，对于一般的非线性系统，在理论上还没有得到严格的递推滤波公式。目前所见到的各种方法都是近似的，因而都不是最优的，而且也还没有理论上的办法来比较它们之间的优劣，只能造一些数值实例通过计算机进行仿真比较。下面仅向读者介绍推广的卡尔曼滤波，不加证明地给出以下算法。

$$\hat{\boldsymbol{x}}(k\mid k) = \hat{\boldsymbol{x}}(k\mid k-1) + \boldsymbol{K}(k)[\boldsymbol{y}(k) - \boldsymbol{H}(\hat{\boldsymbol{x}}(k\mid k-1)] \tag{3.2.14}$$

$$\hat{\boldsymbol{x}}(k\mid k-1) = \boldsymbol{\Phi}[\hat{\boldsymbol{x}}(k-1\mid k-1),k-1] \tag{3.2.15}$$

$$\boldsymbol{K}(k) = \boldsymbol{P}(k\mid k-1)\tilde{\boldsymbol{H}}^{\mathrm{T}}(k)[\tilde{\boldsymbol{H}}(k)\boldsymbol{P}(k\mid k-1)\tilde{\boldsymbol{H}}^{\mathrm{T}}(k) + \boldsymbol{R}(k)]^{-1} \tag{3.2.16}$$

$$\boldsymbol{P}(k\mid k-1) = \boldsymbol{\Phi}(k-1)\boldsymbol{P}(k-1\mid k-1)\tilde{\boldsymbol{\Phi}}^{\mathrm{T}}(k-1) + \boldsymbol{\Gamma}(\hat{\boldsymbol{x}}(k-1\mid k-1,k-1) +$$
$$\boldsymbol{\Gamma}(\hat{\boldsymbol{x}}(k-1\mid k-1,k-1)\boldsymbol{Q}(k-1)\boldsymbol{\Gamma}^{\mathrm{T}}(\hat{\boldsymbol{x}}(k-1\mid k-1,k-1)$$
$$\tag{3.2.17}$$

$$\boldsymbol{P}(k\mid k) = [\boldsymbol{I} - \boldsymbol{K}(k)\tilde{\boldsymbol{H}}(k)]\boldsymbol{P}(k\mid k-1) \tag{3.2.18}$$

$$\tilde{\boldsymbol{H}}(k) = \frac{\partial\boldsymbol{H}(k)}{\partial\hat{\boldsymbol{x}}(k\mid k-1)} \tag{3.2.19}$$

$$\tilde{\boldsymbol{\Phi}}(k-1) = \frac{\partial\boldsymbol{\Phi}(k-1)}{\partial\hat{\boldsymbol{x}}(k-1\mid k-1)} \tag{3.2.20}$$

方程式(3.2.15)和式(3.2.16)的初值分别为 $\boldsymbol{x}_0$ 和 $\boldsymbol{P}_0$。

3.2.2　非线性连续-离散系统的卡尔曼滤波

非线性连续-离散系统的状态方程和观测方程分别为

$$\dot{\boldsymbol{x}}(t) = \boldsymbol{f}(\boldsymbol{x}(t), \boldsymbol{u}(t), \boldsymbol{Q}; t) + \boldsymbol{\Gamma}\boldsymbol{W}(t) \tag{3.2.21}$$

$$\boldsymbol{y}(k) = \boldsymbol{h}(\boldsymbol{x}(k), \boldsymbol{u}(k), \boldsymbol{Q}; t_k) + \boldsymbol{v}(k) \tag{3.2.22}$$

方程中 $\boldsymbol{Q}$ 为系统参数,其他符号和意义同前。

目前大多数的状态估计和参数辨识算法所研究的模型大多是方程式(3.2.18)所描述的线性离散时间系统,并已给出很多成功的算法。但在实际工程应用中,尤其是对动力学系统的研究中,由于以下原因的考虑,往往需要直接研究非线性连续-离散时间模型的状态估计和参数辨识。

(1) 模型的准确性。在动力学系统中,若在平衡点附近线性化,将很难达到所允许的精度,更何况这样的平衡点有时根本不存在。

(2) 即使可以在平衡点处线性化,但要寻找线性化模型式(3.2.18)中的参数与非线性模型式(3.2.21)、式(3.2.22)中的参数之间的隐含关系也是一件不容易的事,尤其是对高阶、多参数非线性系统更是如此。

(3) 从模型式(3.2.21)、式(3.2.22)可以看出,这样的数学描述比较符合实际,因为对模型输出的测量大都在离散的时间集合上。

将卡尔曼滤波推广到式(3.2.21)、式(3.2.22)称之为广义卡尔曼滤波,这种滤波在水下自主航行器建模中有着广泛的应用。

状态预测方程:

$$\frac{\mathrm{d}}{\mathrm{d}t}\hat{\boldsymbol{x}}(t \mid t_{k-1}) = f(\hat{\boldsymbol{x}}(t \mid t_{i-1}), \boldsymbol{u}(t), \boldsymbol{\theta}; t), \ t_{k-1} \leqslant t \leqslant t_k \tag{3.2.23}$$

状态校正方程:

$$\left.\begin{aligned}\hat{\boldsymbol{x}}(k \mid k) &= \hat{\boldsymbol{x}}(k \mid k-1) + \boldsymbol{K}(k)\boldsymbol{\gamma}(k) \\ \boldsymbol{\gamma}(k) &= \boldsymbol{y}(k) - \boldsymbol{H}(k)\hat{\boldsymbol{x}}(k \mid k-1)\end{aligned}\right\} \tag{3.2.24}$$

误差协方差阵预测方程:

$$\frac{\mathrm{d}}{\mathrm{d}t}\boldsymbol{P}(t \mid t_{k-1}) + \boldsymbol{P}(t \mid t_{k-1})\boldsymbol{F}^{\mathrm{T}}(t) + \boldsymbol{\Gamma}\boldsymbol{Q}(t)\boldsymbol{\Gamma}^{\mathrm{T}} \tag{3.2.25}$$

误差协方差阵校正方程:

$$\boldsymbol{P}(k \mid k) = [\boldsymbol{I} - \boldsymbol{K}(k)\boldsymbol{H}(k)]\boldsymbol{P}(k \mid k-1) \tag{3.2.26}$$

增益矩阵:

$$\boldsymbol{K}(k) = \boldsymbol{P}(k \mid k-1)\boldsymbol{H}^{\mathrm{T}}(k)[\boldsymbol{H}(k)\boldsymbol{P}(k \mid k-1)\boldsymbol{H}^{\mathrm{T}}(k) + \boldsymbol{R}(k)]^{-1} \tag{3.2.27}$$

式中

$$\boldsymbol{F}(t) = \frac{\partial \boldsymbol{F}(0)}{\partial x}, \boldsymbol{H}(t) = \frac{\partial \boldsymbol{H}(0)}{\partial x} \tag{3.2.28}$$

图 3.2.3 是连续-离散系统的卡尔曼滤波算法流程图。

图 3.2.3　连续-离散系统的卡尔曼滤波算法流程图

3.3　极大似然辨识算法

在众多的动力系统参数辨识的准则和算法中,已经证明,有效的准则是极大似然准则,最常用的算法是修正牛顿-拉夫逊算法。本节主要向读者介绍这一方法在非线性动力系统建模中的实现和应用。

3.3.1　极大似然准则

对于给定观测量,系数估计的极大似然准则就是选取系数 $\hat{\theta}$ 使似然函数 L 达到最大值:

$$\hat{\theta} = \max_{\theta \in \Theta} L(\theta/y) \tag{3.3.1}$$

通常取给定 θ 下 y 的条件概率 $P(y/\theta)$ 为似然函数,因此所谓极大似然估计也就是选取系数 $\hat{\theta}$ 使 y 出现的条件概率达到最大值:

$$\hat{\theta} = \max_{\theta \in \Theta} P(y/\theta) \tag{3.3.2}$$

设观测数据序列为 $y = (y_1, \cdots, y_N)$,连续应用贝叶斯公式,可推得 $P(y_N/\theta)$ 的表达式为

$$P(y_N/\theta) = P(y_N, y_{N-1}/\theta) = P(y_N/y_{N-1}, \theta) P(y_N/\theta)$$

$$= \cdots = \prod_{i=1}^{N} P(y_i / y_{i-1}, \theta) \tag{3.3.3}$$

根据概率论中心极限定理,当观测数据足够多时,可假设 $P(y_i / y_{i-1}, \theta)$ 服从正态分布,并记其均值为

$$E(y_i / y_{i-1}, \theta) \stackrel{\text{def}}{=} \hat{y}(i/i-1) \tag{3.3.4}$$

显见,上式是在给定 $i-1$ 个观测量的条件下,第 i 个观测量的最优估计。设其方差可表示为

$$\text{Cov}(y_i / y_{i-1}, \theta) = E([y_i - \hat{y}(i/i-1)][y_i - \hat{y}(i/i-1)]^{\mathrm{T}})$$
$$\stackrel{\text{def}}{=} E[v/i)v^{\mathrm{T}}(i)] = \boldsymbol{B}(i) \tag{3.3.5}$$

故条件概率密度可写为

$$P(y_i / y_{i-1}, \theta) = \frac{1}{(2\pi)^{m/2} [\boldsymbol{B}(i)]^{1/2}} \exp\{-\frac{1}{2} \boldsymbol{V}^{\mathrm{T}}(i)\boldsymbol{B}^{-1}(i)\boldsymbol{V}(i)\} \tag{3.3.6}$$

为了计算上的方便,对 $P(y/\theta)$ 求极大值可改写为对 $\ln P(y/\theta)$ 求极大值,故式(3.3.2)可写成

$$\hat{\theta} = \max_{\theta \in \Theta} P(y/\theta) = \max_{\theta \in \Theta} \ln P(y/\theta) = \max_{\theta \in \Theta} \sum_{i=1}^{N} \ln P(y_i / y_{i-1}, \theta)$$
$$= \max_{\theta \in \Theta} \{-\frac{1}{2} \sum_{i=1}^{N} [\boldsymbol{V}^{\mathrm{T}}(i)\boldsymbol{B}^{-1}(i)\boldsymbol{V}(i) + \ln[\boldsymbol{B}(i)]]\} \tag{3.3.7}$$

显然,式(3.3.7)又等价于下列似然准则函数 J 取极小值:

$$J = \sum_{i=1}^{N} [\boldsymbol{V}^{\mathrm{T}}(i)\boldsymbol{B}^{-1}(i)\boldsymbol{V}(i) + \ln[\boldsymbol{B}(i)]] \tag{3.3.8}$$

可见似然准则函数 J 依赖于新息 $\boldsymbol{V}(i)$ 和新息协方差矩阵 $\boldsymbol{B}(i)$。而 $\boldsymbol{V}(i)$ 和 $\boldsymbol{B}(i)$ 均为系统的卡而曼滤波的输出。

可以证明,参数的极大似然是渐进无偏、渐进一致和渐进有效的,即当观测数据足够多时,极大似然辨识所得到的估计量的数学期望等于其真值并且以概率 1 收敛于真值,估计量的方差渐进地达到克拉美-罗下界。

3.3.2　非线性动力系统极大似然算法

动力学系统的非线性运动一般可由以下连续-离散非线性方程组描述:

$$\left.\begin{array}{l} \dot{\boldsymbol{x}}(t) = f(\boldsymbol{x}(t), \boldsymbol{u}(t), \boldsymbol{\theta}, t) + P(\boldsymbol{\theta}, t)\boldsymbol{w}(t) \\ \boldsymbol{y}(t_i) = h(\boldsymbol{x}(t_i), \boldsymbol{u}(t_i), \boldsymbol{\theta}, t_i) + \boldsymbol{V}(t_i) \end{array}\right\} \tag{3.3.9}$$

式中:$\boldsymbol{x}(t)$ 是 n 维状态矢量;$\boldsymbol{u}(t)$ 是 ℓ 维控制矢量;$\boldsymbol{\theta}$ 是 p 维系统未知参数矢量;$\boldsymbol{w}(t)$ 是 q 维过程噪声矢量;$\boldsymbol{V}(t_i)$ 是观测噪声矢量。各随机矢量的统计关系为

$$\left.\begin{array}{l} E(x_0) = \bar{x}_0, \quad E\{(x_0 - \bar{x}_0)(x_0 - \bar{x}_0)^{\mathrm{T}}\} = P_0 \\ E(\boldsymbol{w}(t)) = 0, \quad E(\boldsymbol{V}(t_i)) = 0, \quad E\{\boldsymbol{w}(t)\boldsymbol{V}^{\mathrm{T}}(t)\} = 0 \\ E\{\boldsymbol{w}(t)\boldsymbol{V}^{\mathrm{T}}(t)\} = Q\delta(t-\tau), \quad E\{\boldsymbol{V}(t_i)\boldsymbol{V}^{\mathrm{T}}(t_i)\} = R\delta_{ij} \end{array}\right\} \tag{3.3.10}$$

问题现在是根据观测序列 $\{\mu(t_i), y(t_i)\}$,在方程式(3.3.9)的约束下,使式(3.3.8)取极小

值。准则函数式(3.3.8)中的$V(i)$和$B(i)$是卡尔曼滤波器式(3.2.23)～式(3.2.27)的输出，定义为

$$V(i) = y(i) - h(\hat{x}(i/i-1), u(i), \theta, t_i) \tag{3.3.11}$$

$$B(i) = HP(i/i-1)H^T + R \tag{3.3.12}$$

泛函极值的迭代求解已有许多方法，如梯度法，共轭梯度法、牛顿法等，但在动力学系统辨识中，应用得最广的是牛顿-拉夫逊法。其基本原理是$\hat{Q}_k$与$\hat{Q}_{k+1}$满足下列递推关系：

$$\hat{Q}_{k+1} = \hat{Q}_k + M^{-1}(\partial J/\partial \theta) \tag{3.3.13}$$

其中：M为黑塞矩阵，定义为$M = \left(\dfrac{\partial^2 J}{\partial \theta_R \partial \theta_\ell}\right)$，有时也称为信息矩阵。此时问题已优化为给出$\dfrac{\partial J}{\partial \theta_R}$和$\dfrac{\partial^2 J}{\partial \theta_R \partial \theta_\ell}$的表达式。

方程式(3.3.8)、式(3.3.11)和式(3.3.12)分别对θ_k求偏导可得

$$\left. \begin{aligned} \frac{\partial J}{\partial \theta_R} &= \sum_{i=1}^{N} \left[2V^T(i)B^{-1}(i)\frac{\partial V(i)}{\partial \theta_R} + V^T(i)\frac{\partial B^{-1}(i)}{\partial \theta_R}V(i) + \frac{1}{B(i)}\frac{\partial B(i)}{\partial \theta_R} \right] \\ &= \sum_{i=1}^{N} \left[2V^T(i)B^{-1}(i)\frac{\partial V(i)}{\partial \theta_R} - V^T(i)B^{-1}(i)\frac{\partial B^{-1}(i)}{\partial \theta_R}B^{-1}(i)V(i) + \mathrm{tr}\left(B^{-1}(i)\frac{\partial B(i)}{\partial \theta_R}\right) \right] \end{aligned} \right\}$$
$$R = 1, 2, \cdots, p$$
$$\tag{3.3.14}$$

而

$$\frac{\partial V(i)}{\partial \theta_R} = -H\frac{\partial \hat{x}[i(i-1)]}{\partial \theta_R} - \frac{\partial h(\hat{x}(i/i-1), u(i), \theta, t_i)}{\partial \theta_R} \tag{3.3.15}$$

$$\frac{\partial B(i)}{\partial \theta_R} = \frac{\partial H}{\partial \theta_R}P(i/i-1)H^T + H\frac{\partial P(i/i-1)}{\partial \theta_R}H^T + HP(i/i-1)\frac{\partial H^T}{\partial \theta_R} + \frac{\partial R}{\partial \theta_R} \tag{3.3.16}$$

协方差偏导数由式(3.3.15)和式(3.3.16)对θ_k求导而得，其预测方程与校正方程分别为

$$\left. \begin{aligned} \frac{d}{dt}\left[\frac{\partial P(t/t_{i-1})}{\partial \theta_R}\right] &= \frac{\partial F}{\partial \theta_R}P(t/t_{i-1}) + F\frac{\partial P(t/t_{i-1})}{\partial \theta_R} + \frac{\partial P(t/t_{i-1})}{\partial \theta_R}F^T + \\ &\quad P(t/t_{i-1})\frac{\partial F^T}{\partial \theta_R} + \frac{\partial \Gamma}{\partial \theta_R}Q\Gamma^T + \Gamma Q\frac{\partial \Gamma^T}{\partial \theta_R} \end{aligned} \right\} \tag{3.3.17}$$

$$\frac{\partial P(0/0)}{\partial \theta_R} = \frac{\partial P_0(\theta)}{\partial \theta_R}$$

$$\frac{\partial P(i/i)}{\partial \theta_R} = [I - K(i)H]\frac{\partial P(i/i-1)}{\partial \theta_R} - \frac{\partial K(i)}{\partial \theta_R}HP(i/i-1) - K(i)\frac{\partial H}{\partial \theta_R}P(i/i-1) \tag{3.3.18}$$

并且

$$\frac{\partial K(i)}{\partial \theta_R} = \frac{\partial P(i/i-1)}{\partial \theta_R}H^T B^{-1}(i) + P(i/i-1)\frac{\partial H^T}{\partial \theta_R}B^{-1}(i) - K(i)\frac{\partial B(i)}{\partial \theta_R}B^{-1}(i) \tag{3.3.19}$$

式(3.3.15)中的 $\partial \hat{\boldsymbol{x}}/\partial \theta_k$ 称为灵敏度矩阵。可由式(3.2.23)和式(3.2.24)对 θ_k 求导得到灵敏度矩阵微分方程。

$$\frac{\mathrm{d}}{\mathrm{d}t}\left[\frac{\partial \boldsymbol{x}(t/t_{i-1})}{\partial \theta_R}\right] = \frac{\partial f(\hat{\boldsymbol{x}}(t/t_{i-1}),\boldsymbol{u}(t),\boldsymbol{\theta},t)}{\partial \theta_R} + \frac{\partial f(\hat{\boldsymbol{x}}(t/t_{i-1}),\boldsymbol{u}(t),\boldsymbol{\theta},t)}{\partial \hat{\boldsymbol{x}}(t/t_{i-1})} \cdot \frac{\partial \hat{\boldsymbol{x}}(t/t_{i-1})}{\partial \theta_R}$$

$$\left. \frac{\partial \hat{\boldsymbol{x}}(i/i)}{\partial \theta_R} = \frac{\partial \hat{\boldsymbol{x}}_0(\theta)}{\partial \theta_R} \right\}$$

$$(3.3.20)$$

上面给出了非线性系统式(3.3.9)参数估计的极大似然法全部计算公式和计算过程。图 3.3.1 是极大似然算法流程图。显见,对于一般的系统,这样的算法极其复杂和烦琐,不但计算量大,而且程序的编写也很复杂。但在实际工程系统中,针对某一具体的问题需要有很多不同的简化算法。

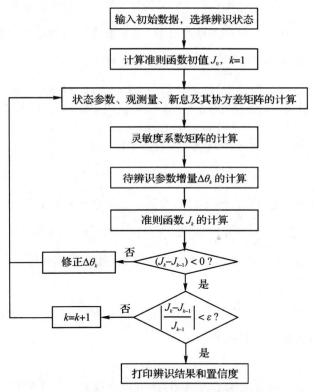

图 3.3.1 极大似然算法流程图

3.3.3 极大似然参数估计的近似算法

由 3.3.2 小节所给出的极大似然参数估计算法可以看出,在迭代计算时,需要计算状态参数、协方差矩阵以及状态对待估计参数的灵敏度。灵敏度计算的微分方程式(3.3.17)和式

(3.3.20) 的维数很高。例如对某水下自动航行器的纵向平面运动方程,状态的维数为 6 阶,参数的维数为 9 阶,灵敏度矩阵微分方程的维数为 54 阶。又因为灵敏度方程不能单独求解,需与式(3.2.21)、式(3.2.22) 和式(3.2.25) 联立求解。故总的维数将达到近 100 阶。即每一步迭代计算中,除了数目很大的代数方程外,还要求解一组高阶的微分方程。如果采样点数取 500 个,那么存放这些灵敏度系数就需要数万个浮点数,计算工作量之大,对计算速度和内存容量要求之高,舍入误差之大都是在参数估计中的难题。

在实际工程问题中,针对某一具体问题可以有不同的简化算法。例如对稳态线性系统,可以认为误差协方差阵和增益阵为常数。方程式(3.3.14) 和式(3.3.20) 就简化成

$$\frac{\partial J}{\partial \theta_k} = \sum_{i=1}^{N} \left[2 \boldsymbol{V}^{\mathrm{T}}(i) \boldsymbol{B}^{-1} \frac{\partial \boldsymbol{V}(i)}{\partial \theta_k} \right] \tag{3.3.21}$$

$$\frac{\partial^2 J}{\partial \theta_k \partial \theta_l} = \sum_{i=1}^{N} \left[2 \frac{\boldsymbol{V}^{\mathrm{T}}(i)}{\partial \theta_l} \boldsymbol{B}^{-1} \frac{\partial \boldsymbol{V}(i)}{\partial \theta_k} \right] \tag{3.3.22}$$

式(3.3.21)、式(3.3.22) 表明迭代求解 θ_k 时,只需新息 $\boldsymbol{V}(i)$ 和新息灵敏度 $\dfrac{\partial \boldsymbol{V}(i)}{\partial \theta_k}$,而新息灵敏度的计算可转换为对状态参数 x 的灵敏度计算,其灵敏度矩阵微分方程的维数为 $n \times p$ 阶。

利用差商来近似微,即 $\dfrac{\partial x}{\partial \theta} \approx \dfrac{\Delta x}{\Delta \theta}$,也是一种简化算法。

若系统过程噪声为零,初始状态完全已知,即 $w(t)$ 和 $p(0)$ 为零,则显然协方差阵 $p(t/t_{i-1})$ 和 $p(i/i)$ 恒等于零。由式(3.3.11) 知新息成了输出误差:

$$\boldsymbol{V}(i) = y(i) - h \left[\boldsymbol{x}(i), \boldsymbol{u}(i), 0, t_i \right] \tag{3.3.23}$$

由式(3.3.12) 得 $\boldsymbol{B}(i) = \boldsymbol{R}$,似然准则式(3.3.8) 可写为

$$J = \sum_{i=1}^{N} \left[\boldsymbol{V}^{\mathrm{T}}(i) \boldsymbol{R}^{-1} \boldsymbol{V}(i) + \ln |\boldsymbol{R}| \right] \tag{3.3.24}$$

当新息协方差阵 $\boldsymbol{R}$ 为已知时,极大似然准则等价于下式极小化:

$$J_1 = \frac{1}{N} \sum_{i=1}^{N} \left[\boldsymbol{V}^{\mathrm{T}}(i) \boldsymbol{R}^{-1} \boldsymbol{V}(i) \right] = \mathrm{trace} \left[\boldsymbol{R}^{-1} \boldsymbol{D}(\hat{\theta}) \right] \tag{3.3.25}$$

若新息方差 $\boldsymbol{R}$ 未知,求式(3.3.24) 关于 $\boldsymbol{R}$ 的导数,并令其等于零,得到新息协方差阵 $\boldsymbol{R}$ 的估计值:

$$\hat{\boldsymbol{R}} = \frac{1}{N} \sum_{i=1}^{N} \boldsymbol{V}^{\mathrm{T}}(i) \boldsymbol{V}(i) = \boldsymbol{D}(\hat{\theta}) \tag{3.3.26}$$

同时极大似然准则等价于下式极小化:

$$J_2 = \lg \left[\boldsymbol{D}(\hat{\theta}) \right] \tag{3.3.27}$$

通过使 J_1 或 J_2 这样的标量函数为极小,即可求出参数的最优估计。需要指出的是,提出像 J_1 或 J_2 这样的估计准则时,并没有要求事先知道观测数据的联合概率分布,也没有对观测量的分布作任何假设。这就是说,按这种假设的极大似然法估计参数,并不需要观测量的先验统计知识。

3.3.4 极大似然递推算法

前面研究了极大似然算法的基本原理、准则函数和牛顿-拉夫逊算法,并给出了极大似然

的递推算法。该算法具有许多较好的特性。但若将其应用于水下自航器的自适应控制和基于诊断目的的过程监视以及快变参数的辨识中,则无法实现。在递推算法中,观测数据是逐次补充到观测数据集合中去的,其算法可根据新观测的数据信息不断修正待估计参数,以提高参数估计准度。

下面,我们不加推导地给出极大似然递推算法。

极大似然递推算法的系统方程和观测方程仍然是式(3.3.9)。其验前统计特性依然如方程式(3.3.10)的描述。则算法的全部算式为

$$
\left.
\begin{aligned}
&\hat{\theta}(k) = \hat{\theta}(k-1) + K(k)\boldsymbol{v}(k) \\
&K(k) = P(k-1)\frac{\partial \boldsymbol{v}}{\partial \theta}\left(\boldsymbol{B} + P(k-1)\frac{\partial \boldsymbol{v}}{\partial \theta}\right)^{-1} \\
&P(k) = \left(\boldsymbol{I} - K(k)\frac{\partial^{\mathrm{T}} \boldsymbol{v}}{\partial \theta}\right)P(k-1) \\
&\boldsymbol{v}(k) = y(k) - h(x, u, \theta(k-1), t_k)
\end{aligned}
\right\}
\tag{3.3.28}
$$

式中:$\boldsymbol{B}$ 为新息 $\boldsymbol{v}(k)$ 协方差矩阵,当不知噪声的统计特性时,可根据式(3.3.26)估算。灵敏度矩阵 $\dfrac{\partial \boldsymbol{v}}{\partial \theta}$ 可由式(3.3.15)和相应算式计算,当假设过程噪声为零时,其计算将更加简单。 图 3.3.2 是极大自然辨识递推算法流程图。其中收敛准则可取递推辨识的最后 5 个点的 $\Delta\theta$ 计算出 $\Delta\theta$ 的均值,收敛准则可取为

$$
E\{\Delta\theta\} = \left| \sum_{i=k-4}^{k+1} K(i)\boldsymbol{v}(i) \right| < \varepsilon
\tag{3.3.29}
$$

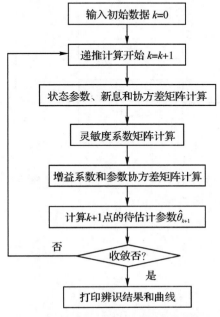

图 3.3.2　极大似然辨识递推算法流程图

本 章 小 结

本章主要讨论了系统参数辨识中最常用的最小二乘估计法和极大似然估计法。这两种辨识方法在工程上都较容易实现,尤其是相应的递推算法非常适合计算机编程,给定初始条件,通过新息更新参数估计结果。最小二乘法的突出优点是鲁棒性强,缺点是如果模型噪声不是白噪声,最小二乘估计一般不再是一致估计;对于极大似然估计法而言,则需要构造一个数据和未知参数为自变量的似然函数,并通过极大化来得到参数的估计。

习　　题

3-1　已知对象模型为 $y(k)+a_1 y(k-1)+a_2 y(k-2)=b_0 u(k)+b_1 u(k-1)+e(k)$,其中 $a_1=-1.3,a_2=0.7,b_0=1,b_1=-0.5,e(k)$ 为方差为1的正态分布近似白噪声序列,$u(k)$ 为输入序列,采用 M 序列,幅度为1,采用最小二乘法递推算法进行参数估计。

3-2　考虑如下模型:

$$y(t)=\frac{z^{-1}+0.5z^{-2}}{1-1.3z^{-1}+0.3z^{-2}}u(t)+w(t)$$

其中 $w(t)$ 为零均值、方差为1的白噪声。根据模型生成的输入/输出数据 $u(k)$ 和 $y(k)$,采用具有遗忘因子的最小二乘法($\lambda=0.95$)进行参数估计。

3-3　系统模型如下图所示,试用极大似然递推算法辨识系统的参数集。

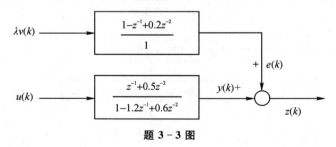

题 3-3 图

其中 $v(k)$ 为随机信号,输入信号为幅值 ± 1 的 M 序列或随机信号。要求画出程序流程图,输出程序和辨识中的参数、误差曲线。

第4章 数值积分法在系统仿真中的应用

从控制理论中可知,对于一个连续时间系统,可以在时域、频域中描述其动态特性。然而,在工程和科学研究中所遇到的实际问题往往很复杂,在很多情况下都不可能给出描述动态特性的微分方程解的解析表达式,多数只能用近似的数值方法求解。随着计算机硬件、软件和数值理论的发展,微分方程的数值解方法已成为当今研究、分析、设计系统的一种有力工具。即使频域中的系统模型,也可以将其变换为时域中的模型。

本章重点讨论数值积分法在系统仿真中的应用,介绍其仿真算法及仿真程序的设计。4.1节介绍在系统仿真中常用的几种数值积分法,并由此引出数值积分法的误差分析方法。4.2节讨论刚性系统的概念与仿真时要注意的问题。4.3节研究实时仿真算法,它在半实物仿真中是至关重要的。4.4节讨论分布参数系统仿真的数值积分算法。4.5节研究面向微分方程的仿真程序设计。

4.1 在系统仿真中常用的数值积分法

4.1.1 欧拉法和改进的欧拉法

欧拉法是最简单的单步法,它是一阶的,精度较差,但由于公式简单,而且有明显的几何意义,有利于初学者在直观上学习数值解 $y(t_n)$ 是怎样逼近微分方程的精确解 $y(t)$ 的,所以在讨论微分方程初值问题的数值解时通常先讨论它。

1.递推方程

考虑初值问题

$$\frac{\mathrm{d}y}{\mathrm{d}t} = f(t, y), \quad y(t_0) = y_0 \tag{4.1.1}$$

对式(4.1.1)所示的初值问题,其解 $y(t)$ 是一连续变量 t 的函数,现在要以一系列离散时刻的近似值 $y(t_1), y(t_2), \cdots, y(t_n)$ 来代替,其中 $t_i = t_0 + ih$, h 称为步长,是相邻两点之间的距离。

若把方程式(4.1.1)在 (t_i, t_{i+1}) 区间上积分,则可得

$$y(t_{i+1}) - y(t_i) = \int_{t_i}^{t_{i+1}} f(t, y)\mathrm{d}t \tag{4.1.2}$$

式(4.1.2)等号右端的积分,一般是很难求出的,其几何意义为曲线 $f(t, y)$ 在区间 (t_i, t_{i+1}) 上的面积。当 (t_i, t_{i+1}) 充分小时,可用矩形面积来近似代替:

$$\int_{t_i}^{t_{i+1}} f(t, y)\mathrm{d}t = hf(t_i, y(t_i))$$

因此,式(4.1.2)可以近似为

$$y(t_{i+1}) = y(t_i) + hf(t_i, y(t_i))$$

写成递推式为

$$y(t_{n+1}) = y(t_n) + hf(t_n, y(t_n)) \quad n = 0, 1, 2, \cdots, N \tag{4.1.3}$$

已知 $y(0) = y_0$，所以由式 (4.1.3) 可以求出 $y(t_1)$，然后求出 $y(t_2)$。依此类推，其一般规律为：由前一点 t_i 上的数值 $y(t_i)$ 可以求得后一点 t_{i+1} 上的数值 $y(t_{i+1})$。这种算法称为单步法。又因为式 (4.1.3) 可以直接由微分方程式 (4.1.1) 的已知初始值 y_0 作为递推计算时的初值，而不需要其他信息，因此单步法是一种自启动算法。

2.几何意义

欧拉法的几何意义十分清楚。通过点 (t_0, y_0) 作积分曲线的切线，其斜率为 $f(t_0, y_0)$，如图 4.1.1 所示。此切线与过 t_1 平行于 y 轴的直线交点即为 y_1，再过点 (t_1, y_1) 作积分曲线的切线 $f(t_1, y_1)$，它与过 t_2 平行于 y 轴的直线的交点即为 y_2。这样可得一条过 (t_0, y_0)，(t_1, y_1)，(t_2, y_2)，$\cdots$ 各点的折线，称为欧拉折线。

点 (t_{i+1}, y_{i+1}) 位于方程式 (4.1.1) 的解曲线在点 (t_i, y_i) 的切线上，而不是在初值问题式 (4.1.1) 的解曲线上，更不是在解曲线 $y(t)$ 在点 $(t_i, y(t_i))$ 的切线上。

3.误差分析

理论上由欧拉法所得的解 $y(t_n)$，当 $n \to \infty$ 时收敛于微分方程的精确解 $y(t)$。由于一般都是以一定的步长进行计算的，所以用数值方法求得的解在 t_n 点的近似值 $y(t_n)$ 与微分方程 $y(t)$ 之间就有误差。

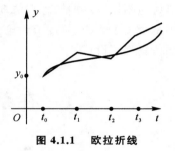

图 4.1.1 欧拉折线

数值仿真的误差一般分截断误差和舍入误差两种。截断误差与采用的计算方法有关，而舍入误差则由计算机的字长所决定。

截断误差：将 $y(t_n + h)$ 在 $t = t_n$ 点进行泰勒级数展开，即

$$y(t_n + h) = y(t_n) + hf(t_n, y_n) + \frac{h}{2!}h^2 f'(t_n, y_n) + \cdots \tag{4.1.4}$$

将式 (4.1.4) 在 $R_n = \frac{1}{2!}h^2 f'(t_n, y_n) + \cdots$ 以后截断，即得式 (4.1.3) 的欧拉公式。R_n 称为局部截断误差，它与 h^2 成正比，即

$$R_n = O(h^2) \tag{4.1.5}$$

另外，解以 $t = 0$ 开始继续到 $t = t_n$，所积累的误差称为整体误差。一般情况整体误差比局部误差要大，其值不易估计。欧拉法的整体截断误差与 h 成正比，即为 $O_1(h)$。

舍入误差：舍入误差是由于计算机进行计算时，数的位数有限所引起的，一般舍入误差与 h^{-1} 成正比，即为 $O_2(h^{-1})$。

最后得到欧拉法总误差表示为

$$\varepsilon_n = O_1(h) + O_2(h^{-1}) \tag{4.1.6}$$

由式 (4.1.6) 可以看出，步长 h 增加，截断误差 $O_1(h)$ 增加，而舍入误差 $O_2(h^{-1})$ 减小。反之，截断误差 $O_1(h)$ 减小，而舍入误差 $O_2(h^{-1})$ 加大。其关系如图 4.1.2 所示。

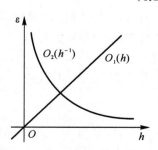

图 4.1.2 欧拉法误差关系

4.稳定性

求解微分方程的另一个重要问题是数值解是否稳定。为了考查欧拉法的稳定性,研究方程 $\dfrac{\mathrm{d}y}{\mathrm{d}t} = \lambda y$,$\lambda$ 为微分方程的特征根。此方程的欧拉解为

$$y(t_{n+1}) = y(t_n) + \lambda h y(t_n) = (1 + \lambda h) y(t_n) \tag{4.1.7}$$

显见,方程式(4.1.7)是一个离散时间系统,因此根据离散时间系统的稳定性可知,在区域 $|1 + \lambda h| \leqslant 1$ 中,系统式(4.1.7)是稳定的,欧拉法也是绝对稳定的。

若不满足 $|1 + \lambda h| \leqslant 1$ 的条件,则尽管原系统微分方程是稳定的,但是利用差分方程式(4.1.7)求得的数值解是不稳定的。因此利用欧拉法保证数值解是稳定的,其步长限制条件是

$$|\lambda h| < 2 \tag{4.1.8}$$

分析欧拉法的几何意义、稳定性和误差的基本思想对其他数值积分法也是适用的。

5.改进的欧拉法(预测-校正法)

对积分公式式(4.1.2)利用梯形面积公式计算其右端积分,得到

$$y(t_{i+1}) = y(t_i) + \frac{h}{2} \big[f(t_i, y(t_i)) + f(t_{i+1}, y(t_{i+1})) \big]$$

将上式写成递推差分格式为

$$y_{n+1} = y_n + \frac{h}{2}(f_n + f_{n+1}) \tag{4.1.9}$$

从式(4.1.9)可以看出,用梯形法计算式(4.1.1)时,在计算 y_{n+1} 时,需要知道 f_{n+1},而 $f_{n+1} = f(t_{n+1}, y_{n+1})$ 又依赖于 y_{n+1} 本身,因此,要首先利用欧拉法计算每一个预估的 y_{n+1}^p,以此值代入原方程式(4.1.1)计算 f_{n+1}^p,最后利用式(4.1.9)求修正后的 y_{n+1}^c。因此改进的欧拉法可描述为

预测:
$$y_{n+1}^p = y_n + h f(t_n, y_n)$$

校正:
$$y_{n+1}^c = y_n + \frac{h}{2} \big[f(t_n, y_n) + f^p(t_{n+1}, y_{n+1}^p) \big], \quad n = 0, 1, 2, \cdots \tag{4.1.10}$$

欧拉法每计算一步只需对 f 调用一次。而改进的欧拉法由于加入校正过程,计算量较欧拉法增加一倍,付出这种代价的目的是为了提高计算精度。

4.1.2　龙格-库塔法

欧拉法是将 $\dot{y} = f(t, y)$,$y(t_1) = y(0)$ 在 t_n 点附近的 $y(t_n + h)$ 经泰勒级数展开并截去 h^2 以后各项得到的一阶一步法,所以精度较低。如果将展开式式(4.1.4)多取几项以后截断,就得到精度较高的高阶数值解,但直接使用泰勒展开式要计算函数的高阶导数。龙格-库塔法是采用间接利用泰勒展开式的思路,即用在 n 个点上的函数值 f 的线性组合来代替 f 的导数,然后按泰勒展开式确定其中的系数,以提高算法的阶数。这样既能避免计算函数的导数,同时又保证了计算精度。由于龙格-库塔法具有许多优点,所以在许多仿真程序包中,它是最基本的算法之一。

1.显式龙格-库塔法

对于初值问题式(4.1.1),假设其精确解是充分光滑的,故可将其解 $y(t)$ 在 t_n 附近用泰勒

级数展开,即

$$y(t_n + h) = y(t_n) + h\dot{y}(t_n) + \frac{1}{2!}h^2\ddot{y}(t_n) + \frac{1}{3!}h^3\dddot{y}(t_n) + \cdots \tag{4.1.11}$$

依据偏导数关系

$$\left.\begin{array}{l} \dot{y} = f \\ \ddot{y} = f_y\dot{y} + f_t = f_y f + f_t \\ \dddot{y} = f_{yy}f^2 + f_{yt}f + f_y f_y f + f_y f_t + f_{ty}f + f_{tt} = f_{yy}f^2 + f_y^2 f + 2f_{yt}f + f_y f_t + f_{tt} \end{array}\right\} \tag{4.1.12}$$

将式(4.1.12)代入式(4.1.11),得

$$y(t_n + h) = y(t_n) + hf + \frac{1}{2!}h^2(f_y f + f_t) + \frac{1}{3!}h^3(f_{yy}f^2 + f_y^2 f +$$

$$2f_{yt}f + f_y f_t + f_{tt} + \cdots \tag{4.1.13}$$

又设原问题的数值解公式为

$$\left.\begin{array}{l} y_{n+1} = y_n + \sum_{i=1}^{r} W_i K_i \\ K_i = hf\left(t_n + c_i h, y_n + \sum_{j=1}^{i-1} a_{ij} K_i\right) \end{array}\right\} \tag{4.1.14}$$

式中　　W_i—— 待定的权因子;

　　　　r—— 解公式的阶数;

　　　　K_i—— 不同点的导数和步长的乘积;

c_i, a_{ij}—— 待定系数,而且 $c_1 = 0, i = 2, \cdots, r$。

方程式(4.1.13)和式(4.1.14)是两个基本方程,由此可以导出不同阶次的龙格-库塔公式。

当 $r = 1$ 时,由式(4.1.13)可得

$$y(t_n + h) = y(t_n) + hf \tag{4.1.15}$$

由式(4.1.14)可得

$$y_{n+1} = y_n + W_1 K_1 = y_n + W_1 hf(t_n, y_n) \tag{4.1.16}$$

比较式(4.1.15)和式(4.1.16)得 $W_1 = 1$。故 1 阶龙格-库塔公式为

$$y_{n+1} = y_n + hf(t_n, y_n) \tag{4.1.17}$$

当 $r = 2$ 时,由式(4.1.14)可得

$$\left.\begin{array}{l} y_{n+1} = y_n + W_1 K_1 + W_2 K_2 \\ K_1 = hf(t_n, y_n) \quad K_2 = hf(t_n + c_2 h, y_n + a_{21} K_1) \end{array}\right\} \tag{4.1.18}$$

根据二元函数泰勒公式,可将 K_2 在 (t_n, y_n) 附近展开为

$$K_2 = hf(t_n, y_n) + c_2 h^2 f_t + a_{21} K_1 hf_y$$

将 K_1, K_2 代入式(4.1.18)的 y_{n+1} 中,整理得

$$y_{n+1} = y_n + (W_1 + W_2)hf(t_n, y_n) + W_2 c_2 h^2 f_t + W_2 a_{21} h^2 f f_y$$

将所得各项与式(4.1.13)同类项的系数比较,有

$$W_1 + W_2 = 1 \quad W_2 c_2 = \frac{1}{2} \quad W_2 a_{21} = \frac{1}{2}$$

取 $c_2 = 1$,得

$$W_1 = W_2 = \frac{1}{2} \qquad a_{21} = 1$$

故得 2 阶龙格-库塔法计算公式为

$$\left.\begin{array}{l} y_{n+1} = y_n + \dfrac{1}{2}(K_1 + K_2) \\ K_1 = hf(t_n, y_n) \quad K_2 = hf(t_n + h, y_n + K_1) \end{array}\right\} \tag{4.1.19}$$

由于式(4.1.13)中只取了 h, h^2 两项,而将 h^2 以上的高阶项忽略了,所以这种计算方法的截断误差正比于 h^3。

图 4.1.3 所示是 2 阶龙格-库塔法的几何表示。图中:L_1 是过点 (t_n, y_n) 的切线,其斜率为 f_n;L_2 是过点 $(t_n + h, y_n + hf_n)$ 以 $f(t_n + h, y_n + hf_n)$ 为斜率作的直线, 现取 $\dfrac{1}{2}[f_n + f(t_n + h, y_n + hf_n)]$ 为斜率,过点 (t_n, y_n) 作切线 L,则 t_{n+1} 处的近似解位于切线 L 上。

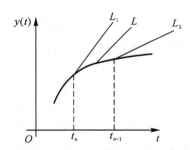

图 4.1.3　2 阶龙格-库塔法几何表示

显然,由于下一时刻的变化量并不是取前一时刻的变化率与步长的乘积,而是取了 t_n 及 t_{n+1} 两时刻的斜率平均值与步长相乘,所以计算精度比欧拉法高。

利用式(4.1.14)仿照上述完全相同的方法,对式(4.1.1)给出的初值问题,可得 3 阶、4 阶龙格-库塔公式。

3 阶龙格-库塔公式:

$$\left.\begin{array}{l} y_{n+1} = y_n + \dfrac{1}{6}(K_1 + 4K_2 + K_3) \\ K_1 = hf(t_n, y_n) \\ K_2 = hf\left(t_n + \dfrac{h}{3}, y_n + \dfrac{K_1}{3}\right) \\ K_3 = hf\left(t_n + \dfrac{2}{3}h, y_n + \dfrac{2}{3}K_2\right) \end{array}\right\} \tag{4.1.20}$$

4 阶龙格-库塔公式:

$$\left.\begin{aligned}
y_{n+1} &= y_n + \frac{1}{6}(K_1 + 2K_2 + 2K_3 + K_4) \\
K_1 &= hf(t_n, y_n) \\
K_2 &= hf\left(t_n + \frac{h}{2}, y_n + \frac{K_1}{2}\right) \\
K_3 &= hf\left(t_n + \frac{h}{2}, y_n + \frac{K_2}{2}\right) \\
K_4 &= hf(t_n + h, y_n + K_3)
\end{aligned}\right\}
\tag{4.1.21}$$

对于大部分实际工程问题,4 阶龙格-库塔公式已可满足要求,它的截断误差正比于 h^5。4 阶龙格-库塔法除了计算精度较高外,还具有一些其他的优点,如编程容易,稳定性好,能自启动等,故在系统仿真中得以广泛应用。

2.龙格-库塔法的稳定区域

前面,以 1 阶微分方程为例,研究了欧拉法的稳定区域。现在仍采用 1 阶方程 $\dot{y} = \lambda y$,用类似的方法分析各阶龙格-库塔公式的稳定区域。

将方程 $\dot{y} = \lambda y$ 作泰勒级数展开,可得

$$y_{n+1} = y_n + \sum_{j=1}^{r} \frac{h^j}{j!} y_n^{(j)} + O(h^{r+1}) \tag{4.1.22}$$

当 $\dot{y} = \lambda y$ 时,有 $y^{(j)} = \lambda^{(j)} y$,代入式(4.1.22),得

$$y_{n+1} = \left[1 + \lambda h + \frac{1}{2!}(\lambda h)^2 + \cdots + \frac{1}{r!}(\lambda h)^r\right] y_n + O(h^{r+1}) \tag{4.1.23}$$

令 $\bar{h} = \lambda h$,代入式(4.1.23),可得使该式稳定的条件为

$$\lambda_1 = \left|1 + \bar{h} + \frac{1}{2!}\bar{h}^2 + \cdots + \frac{1}{r!}\bar{h}^r\right| < 1 \tag{4.1.24}$$

使用龙格-库塔公式时,选取步长 h 应使 $\bar{h}$ 落在稳定区域内。如果选用的步长 h 超出了稳定区域,在计算过程中会产生很大的误差,从而得到不稳定的数值解。这种对积分步长有限制的数值积分法称为条件稳定积分法。另外,还可以看出,步长 h 的大小除与所选用算法的阶数有关外,还与方程本身的性质有关。从 4 阶龙格-库塔法稳定条件 $\lambda h = -2.78$ 可以得出,系统的特征根越大,需要的积分步长就越小。这一点可以作为选择步长 h 的依据。数值积分步长的选择是一个重要的问题,又是一个较为复杂的问题,在很大程度上取决于仿真工程师的经验。

4.1.3　线性多步法

上面所述的数值解法均为单步法。在计算中只要知道 y_n,$f_n(t_n, y_n)$ 的值,就可递推算出 y_{n+1}。也就是说,根据初始条件可以递推计算出相继各时刻的 y 值,所以这种方法都可以自启动。这里要介绍的是另一类算法,即多步法。用这类算法求解时,可能需要 y 及 $f(t, y)$ 在 t_n,t_{n-1},t_{n-2},… 各时刻的值。显然多步法计算公式不能自启动,并且在计算过程中占用的内存较大,但可以提高计算精度和速度。

一、亚当斯-贝希霍斯显式多步法

为了解决式(4.1.2)中的积分问题,采用亚当斯-贝希霍斯显式多步法(简称亚当斯法),它

利用一个插值多项式来近似代替 $f(t,y(t))$。在 t_n 点以前的 k 个节点上,用多项式 $P_{k,n}(t)$ 近似表示 $f(t,y(t))$,k 称为多项式阶数。根据牛顿后插公式

$$P_{k,n}(t)=f_n+\frac{(t-t_n)}{h}\nabla f_n+\cdots+\frac{(t-t_n)(t-t_{n-1})\cdots(t-t_{n+1-k})}{h^k k!}\nabla^k f_n$$

$$(4.1.25)$$

式中
$$\left.\begin{aligned}
&\nabla^0 f_n=f_n\\
&\nabla f_n=f_n-f_{n-1}\\
&\nabla^2 f_n=\nabla(f_n-f_{n-1})=f_n-2f_{n-1}+f_{n-2}\\
&\cdots\cdots\\
&\nabla^k f_n=\nabla^{k-1}f_n-\nabla^{k-1}f_{n-1}
\end{aligned}\right\}$$

$$(4.1.26)$$

并设 $t-t_n=sh$,用 $P_{k,n}(t)$ 近似代替式(4.1.2)中的 $f(t,y)$,经过简单的推导,可得亚当斯法的计算公式为

$$y(t_{n+1})=y(t_n)+h\sum_{i=0}^{k-1}v_i\nabla^i f_n$$

$$(4.1.27)$$

式中
$$\left.\begin{aligned}
&v_0=1\\
&v_i=\frac{1}{it}\int_0^1 s(s+1)\cdots(s+i-1)\,\mathrm{d}s,\quad i\geqslant 1
\end{aligned}\right\}$$

$$(4.1.28)$$

在式(4.1.27)中,当 $k=1$ 时,可得欧拉公式

$$y(t_{n+1})=y(t_n)+h\int_0^1 f_n\mathrm{d}s=y(t_n)+hf_n$$

当 $k=2$ 时,得到 2 阶亚当斯多步法的计算公式,式(4.1.28)各系数为

$$v_0=1\quad v_1=\int_0^1 s\mathrm{d}s=\frac{1}{2}$$

将 v_0,v_1 代入式(4.1.27),得

$$y(t_{n+1})=y(t_n)+\frac{1}{2}h(3f_n-f_{n-1})$$

$$(4.1.29)$$

当 $k=3$ 时,式(4.1.29)的系数 v_2 为

$$v_2=\frac{1}{2!}\int_0^1 s(s+1)\mathrm{d}s=\frac{5}{12}$$

故可得 3 阶亚当斯公式

$$y(t_{n+1})=y(t_n)+hf_n+\frac{1}{2}h\nabla f_n+\frac{5}{12}h\nabla^2 f_n$$

整理上式得

$$y(t_{n+1})=y(t_n)+\frac{1}{12}h(23f_n-16f_{n-1}+5f_{n-2})$$

$$(4.1.30)$$

由式(4.1.29)和式(4.1.30)可看出,如果在 t_n 点已知 y_n,f_n,f_{n-1},f_{n-2},那么以后求得的 y_{n+1} 的值是 $k-1$ 步以前各导数的线性组合,各导数都以显式形式出现在式(4.1.29)或式(4.1.30)中,所以称为显式线性多步法。

图 4.1.4 所示是 2 阶亚当斯公式的程序框图,并给出用 C 语言编写的程序,使用时,只需编

写主程序和求导数的子程序。

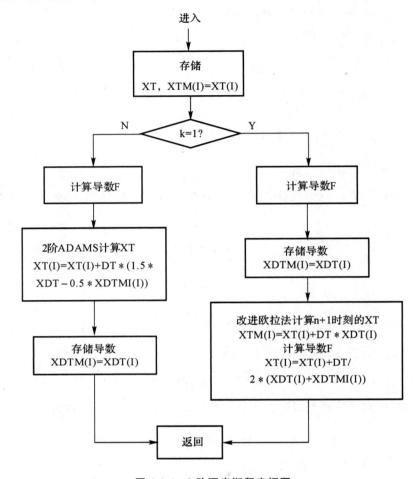

图 4.1.4　2 阶亚当斯程序框图

ADAMS 子程序：

```
for(i=1;i<=N;i++)
  XTMI(i)=X(i);
if(k==1)
{diff( );/*计算导数子程序*/
  for(i=1;i<=N;i++)
    {XDTI(i)=XDT(i);X(i)=X(i)+DT*XDT(i);}
  diff( );
  for(i=1;i<=N;i++)
    X(i)=XTMI(i)+0.5*DT*(1/XDT(i)+XDT(i));
return;
}
  else {
    diff( );
```

```
        for(i=1;i<=N;i++)
    {XT(i)=XT(i)+DT*(1.5*XDT(i)-0.5*XDTI(i));XDTI(i)=XDT(i);}
        return;
    }
```

二、亚当斯-莫尔顿隐式多步法

根据插值理论可以得出,插值节点的选择对精度有直接的影响。同样阶数的内插公式比外插公式更为精确。牛顿前插公式为

$$P_{k,n}(t)=f_{n+1}+\frac{(t-t_{n+1})}{h}\nabla f_{n+1}+\cdots+\frac{(t-t_{n-1})(t-t_n)\cdots(t-t_{n+2-k})}{h^k k}\nabla^k f_{n+1}$$

$$(4.1.31)$$

式中, ∇f_n 为向前插分算子,定义为

$$\left.\begin{array}{l}\nabla^0 f_{n+1}=f_{n+1}\\\nabla^1 f_{n+1}=f_{n+1}-f_n\\\cdots\cdots\\\nabla^i f_{n+1}=\nabla(\nabla^{i-1}f_{n+1})=\nabla^{i-1}f_{n+1}-\nabla^{i-1}f_n\end{array}\right\}$$

$$(4.1.32)$$

用牛顿前插公式近似代替式(4.1.2)中的 $f(t,y(t))$,仿照显式多步法的推导过程,可以得到亚当斯-莫尔顿隐式多步法的计算公式

$$y_{n+1}=y_n+h\sum_{i=0}^{k-1}\beta_{k,i}f_{n-i+1}$$

$$(4.1.33)$$

式中,系数 $\beta_{k,i}$ 的值见表 4.1.1。

表 4.1.1　隐式多步法系数表

k	β	0	1	2	3	4	5
0	β_{0i}	1					
1	$2\beta_{1i}$	1	1				
2	$12\beta_{2i}$	5	8	-1			
3	$24\beta_{3i}$	9	19	-5	1		
4	$720\beta_{4i}$	251	646	-264	106	-19	
5	$1\,440\beta_{5i}$	475	1\,427	-789	482	-173	27

如果将亚当斯方法的显式公式与隐式公式联合使用,前者提供预测值,后者将预测值加以校正,使其更精确,这就是预测-校正法。常用的 4 阶亚当斯预测-校正法的计算公式为

预测:　　　　$$y_{n+1}^p=y_n+\frac{h}{24}(55f_n-59f_{n-1}+37f_{n-2}-9f_{n-3})$$

$$(4.1.34)$$

校正:　　　　$$y_{n+1}^c=y_n+\frac{h}{24}(9f_{n+1}+19f_n-5f_{n-1}+f_{n-2})$$

$$(4.1.35)$$

计算步骤为:

(1) 利用单步法计算式(4.1.34)中的附加值 $f_{n-3},f_{n-2},f_{n-1},f_n$。

(2) 计算预测值 y_{n+1}^p。

(3) 计算 $f_{n+1}^p=f(t_{n+1},y_{n+1}^p)$。

（4）计算 y_{n+1}^c。

预测-校正法的程序框图如图 4.1.5 所示。

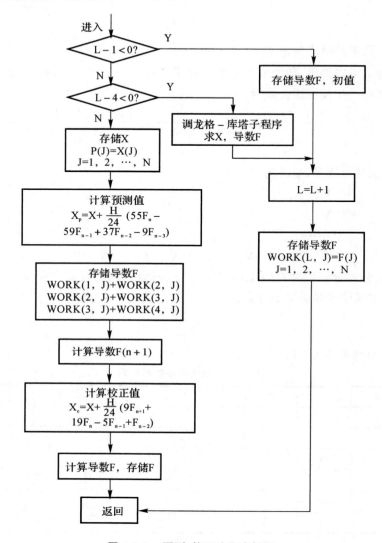

图 4.1.5　预测-校正法程序框图

4.1.4　MATLAB 语言中的常微分方程求解指令和使用方法

在 MATLAB 语言中提供了许多求解各种类型常微分方程的不同算法，如 ode23，ode45，ode23s 等。命令 ode45 采用由德国学者费尔别格对龙格-库塔方法的改进算法，它经常称为 5 阶龙格-库塔-费尔别格法。它的计算公式为一个 5 阶 6 级方法，即在每一个计算步长内对右函数进行 6 次求值，以保证更高的精度和数值稳定性。另外用一个 4 阶 5 级方法求 $\hat{y}_{m+1}$，就是用 $\hat{y}_{m+1} - y_{m+1}$ 来估计误差。这一套计算公式被认为是对非刚性系统进行仿真最为有效的方法之一。由于它是 5 阶精度、4 阶误差，因此称为 4 阶 /5 阶龙格-库塔-费尔别格（RKF）方法，简

称为 RKF45 法 。对方程式(4.1.1),假设当前的步长为 h_k,则定义下面的 6 个 K_i 变量:

$$K_i = f(x_k + \sum_{j=1}^{i-1} \beta_{ij} K_j, t_k + \alpha_i h), \quad i = 1, 2, \cdots, 6 \tag{4.1.36}$$

式中,t_k 为当前计算时刻,而中间参数 α_i,β_{ij} 及其他参数由表 4.1.2 给出。这样,下一步状态变量可以由下式求出:

$$x_{k+1} = x_k + h \sum_{i=1}^{6} \gamma_i K_i$$

当然直接采用这一方法是定步长方法,而在 MATLAB 语言中使用的 ode45 指令采用的是变步长解法,并引入误差量

$$E_m = \hat{y}_{m+1} - y_{m+1} = h \sum_{i=1}^{6} (\gamma_i - \gamma_i^*) K_i \tag{4.1.37}$$

来控制步长的大小。

表 4.1.2　4 阶/5 阶 RKF 算法系数表

α_i	β_{ij}					γ_i	γ_i^*
0						16/135	25/216
1/4	1/4					0	0
3/8	3/35	9/32				6 656/12 825	1 408/2 565
12/13	1 932/2 197	−7 200/2 197	7 296/2 197			28 561/56 430	2 197/4 104
1	439/216	−8	3 680/513	−845/4 104		−9/50	−1/5
1/2	−8/27	2	−3 544/2 565	1 859/4 104	−11/40	2/55	0

1978 年,Shampine 提出一套改进的龙格-库塔公式,它每步只计算 4 次右函数,却能够获得 4 阶精度与 3 阶误差估计,简称为 RKS34 算法。具体公式如下:

$$y_{m+1} = y_m + \frac{1}{8} h(K_1 + 3K_2 + 3K_3 + K_4) \tag{4.1.38}$$

式中

$$K_1 = f(t_m, y_m)$$

$$K_2 = f\left(t_m + \frac{h}{3}, y_m + \frac{h}{3} K_1\right)$$

$$K_3 = f\left(t_m + \frac{2h}{3}, y_m + \frac{h}{3}(-K + 3K_2)\right)$$

$$K_4 = f(t_m + h, y_m + h(K_1 - K_2 + K_3))$$

另外,引入了一个 3 阶公式

$$\hat{y}_{m+1} = y_m + \frac{h}{32}(3K_1 + 15K_2 + 9K_3 + K_4 + 4K_5)$$

式中　　　　　$$K_5 = f\left(t_m + h, y_m + \frac{h}{8}(K_1 + 3K_2 + 3K_3 + K_4)\right)$$

K_5 正好是下一次计算 y_{m+1} 时的 K_1,因此只是在第一步要多计算一次右函数 f,以后仍每步计算 4 次右函数 f。RKS34 算法的误差估计为

$$E_m = \hat{y}_{m+1} - y_{m+1} = \frac{h}{32}(-K_1 + 3K_2 - 3K_3 - 3K_4 + 4K_5) \tag{4.1.39}$$

MATLAB 的常微分方程求解指令主要包括解函数、参数选择函数和输出函数。解函数用于指定数值积分的算法,参数选择函数用于指定最大、最小步长,残差容忍度等与数值积分计算相关的选择,输出函数用于计算结果的图形化显示。具体指令如下:

(1)ODE 解函数:

- ode45:此方法被推荐为首选方法。
- ode23:这是一个比 ode45 低阶的方法。
- ode113:用于更高阶或大的标量计算。
- ode23t:用于解决难度适中的问题。
- ode23s:用于解决难度较大的微分方程组,对于系统中存在常量矩阵的情况也有用。
- ode15s:与 ode23 相同,但要求的精度更高。
- ode23tb:用于解决难度较大的问题,对于系统中存在常量矩阵的情况也有用。

其实,对常微分方程来说,初值问题的数值解法是多种多样的,除了这里介绍的 RKF 方法外,比较常用的还有欧拉法、亚当斯法、吉尔法,它们的侧重应用范围不一样,一些方法侧重于一般问题的仿真,而另一些方法侧重刚性方程的仿真。在 Simlink 环境中,以内部函数的方式实现了其中一些仿真算法。相关的算法将在以后介绍。

(2)参数选择函数:

- odeset:产生/改变参数结构。
- odeget:得到参数数据。

有许多设置对 odeset 控制的 ODE 解是非常有用的,读者可以参见该指令的帮助文件。

(3)输出函数:

- odeplot:时间列输出函数。
- odephas2:二维相平面输出函数。
- odephas3:三维相平面输出函数。
- odeprint:命令窗打印输出函数。

例 4.1.1 利用 ode45 求解下面方程组:

$$\dot{x}_1 = x_1 - 0.1x_1x_2 + 0.01t \quad x_1(0) = 30$$
$$\dot{x}_2 = -x_2 + 0.02x_1x_2 + 0.04t \quad x_2(0) = 20$$

分析 这个方程组用在人口动力学中。可以认为是单一化的捕食者-被捕食者模式。例如,狐狸和兔子。x_1 表示被捕食者,x_2 表示捕食者。如果被捕食者有无限的食物,并且不会出现捕食者,于是有 $\dot{x}_1 = x_1$,这个式子是以指数形式增长的。大量的被捕食者将会使捕食者的数量增长;同样,越来越少的捕食者会使被捕食者的数量增长。

解 创建 fun 函数,将此函数保存在 M 文件 fun.m 中:

```
function fun=fun(t,x)
fun=[x(1)-0.1*x(1)*x(2)+0.01*t; -x(2)+0.02*x(1)*x(2)+0.04*t];
```

然后在 MATLAB 的命令窗口中调用 ode45 指令或类似指令:

```
[t,x]=ode45('fun',[0,20],[30;20]);
plot(t,x);
```

xlabel('time t0＝0,tt＝20');
ylabel('x values x1(0)＝30,x2(0)＝20');
grid

得到解的图形如图 4.1.6 所示。

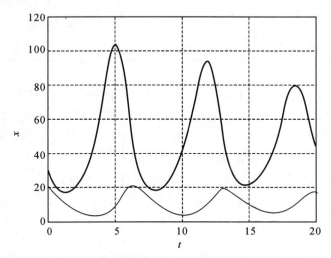

图 4.1.6　由函数 fun 定义的微分方程解的图形

4.2　刚性系统的特点及算法

在工程实践中,研究化工系统、电子网络、控制系统时,常常会碰见这样的情形:一个高阶系统中常有不同的时间常数相互作用着。以惯性导航为例,修正回路时间常数大,稳定回路时间常数小。导弹、鱼雷等航行器的运动也是如此,质点加减速运动较慢,偏航与俯仰运动较快。所有这些现象,主要是由于系统模型中的一些小参数,如小时间常数、小质量等存在而引起的。描述这种系统的微分方程,在数学上常常称为刚性方程,这种系统就称为刚性系统。

现以 2 阶微分方程组为例,讨论刚性系统以及它在数值求解上的特点。

$$\begin{bmatrix} \dfrac{\mathrm{d}y_1}{\mathrm{d}t} \\ \dfrac{\mathrm{d}y_2}{\mathrm{d}t} \end{bmatrix} = \boldsymbol{A} \begin{bmatrix} y_1 \\ y_2 \end{bmatrix} \begin{bmatrix} 998 & 1\,998 \\ -999 & -1\,999 \end{bmatrix} \begin{bmatrix} y_1 \\ y_2 \end{bmatrix} \tag{4.2.1}$$

$\boldsymbol{A}$ 的两个特征值为 $\lambda_1 = -1, \lambda_2 = -1\,000$。

满足初始条件 $\boldsymbol{y}(0) = \begin{bmatrix} 1 & 0 \end{bmatrix}^{\mathrm{T}}$ 的解为

$$\left. \begin{aligned} y_1(t) &= 2\mathrm{e}^{-t} - \mathrm{e}^{-1\,000t} \\ y_2(t) &= -\mathrm{e}^{-t} + \mathrm{e}^{-1\,000t} \end{aligned} \right\} \tag{4.2.2}$$

于是方程式(4.2.2)的解由对应于 λ_1 和 λ_2 的分量组成,但由于 λ_2 对应系统的最小时间常数,它很快地便无足轻重。表 4.2.1 给出了系统式(4.2.1)的解方程式(4.2.2)的具体数值。其中 y_1^*, y_2^* 表示忽略最小时间常数 λ_2 时,系统的简化解。

表 4.2.1　系统式(4.2.1)的解

t	$y_1(t) = 2e^{-t} - e^{-1\,000t}$	$y_1^*(t) = 2e^{-t}$	$y_2(t) = -e^{-t} + e^{-1\,000t}$	$y_2^*(t) = -e^t$
0	1	2	0	-1
0.001	1.63	1.998	$-0.631\,121$	-0.990
0.01	1.980 05	1.980 099 6	$-0.990\,00$	$-0.990\,05$
0.1	1.809 675	1.809 675	$-0.904\,837$	$-0.904\,837$

从表 4.2.1 可以看出,系统式(4.2.1)在 0.01 s 时,系统的精确解和简化解几乎一致,也就是说,在 0.01 s 以后,可以完全忽略 λ_2,精确系统和简化系统是没有差别的。但在 $t=0$ 初始时刻,简化系统的初始条件为 $y(0) = [2 \quad -1]^T$,精确系统和简化系统差别是非常大的,不能够忽略 λ_2 的影响。这就是系统的边界层效应,即奇异摄动系统。

对于代数方程也同样存在刚性的问题,例如方程 $\boldsymbol{Ax} = \boldsymbol{b}$ 如下:

$$\begin{bmatrix} 4.1 & 2.8 \\ 9.7 & 6.6 \end{bmatrix} \begin{bmatrix} x_1 \\ x_2 \end{bmatrix} = \begin{bmatrix} 4.1 \\ 9.7 \end{bmatrix} \tag{4.2.3}$$

该方程的解为:$x_1=1$,$x_2=0$。如果将 $\boldsymbol{b}$ 摄动为 $\boldsymbol{b} + \delta\boldsymbol{b} = [4.11 \quad 9.7]^T$,那么方程的解就变为 $x_1=0.34$,$x_2=0.97$。显见,由于 $\boldsymbol{b}$ 摄动引起解的摄动就比较大。该方程的系数矩阵的特征值为 $-0.009\,34$ 和 -10.709,两个特征值的比很大。

一个刚性系统可以这样描述,对于 n 阶微分方程组

$$\frac{d\boldsymbol{y}}{dt} = \boldsymbol{f}(t, \boldsymbol{y}) \quad \boldsymbol{y}(\alpha) = \boldsymbol{\eta} \tag{4.2.4}$$

式中,$\boldsymbol{y} = [y_1 \quad \cdots \quad y_2]^T$,$\boldsymbol{f} = [f_1 \quad \cdots \quad f_n]^T$,$\boldsymbol{\eta} = [\eta_1 \quad \cdots \quad \eta_n]^T$ 为 n 维向量,其系统的雅可比矩阵定义为

$$\frac{\partial f}{\partial y} = \begin{bmatrix} \dfrac{\partial f_1}{\partial y_1} & \cdots & \dfrac{\partial f_n}{\partial y_1} \\ \vdots & & \vdots \\ \dfrac{\partial f_1}{\partial y_n} & \cdots & \dfrac{\partial f_n}{\partial y_n} \end{bmatrix} = \boldsymbol{J}$$

$\boldsymbol{J}$ 的特征值实部表示系统衰减的速率,其最大特征值和最小特征值实部之比,即

$$\rho = \max_{1 \leqslant k \leqslant n} |\operatorname{Re} \lambda_k| \, / \min_{1 \leqslant k \leqslant n} |\operatorname{Re} \lambda_k| \tag{4.2.5}$$

作为系统刚性程度的度量。当 ρ 的值很大时系统称为刚性系统,或称为 stiff 系统。但 ρ 值具体多大才称系统为刚性系统,要根据具体的物理系统和仿真算法来定。

从 4.1 节可知,从数值解稳定性的要求出发,希望计算步长比较小,即 $|\lambda_i h|$ 需要小于一个小量,而这个 λ_i 应该是系统的最大特征值。例如,对于欧拉法来说,这个量就是 1 000,所以 $|1\,000h| < 2$,因此 h 的最大值只能为 $1/500$。虽然对于对应 λ_2 的解分量,h 很快就没有实际价值了,但是在整个积分区间,由于受到绝对稳定的限制,h 又必须取得很小。而解的总时间又取决于最小的特征值 λ_1。因此当一个系统的矩阵的特征值范围变化很大时,数值求解会引起很大的困难。

由此可以看到,对这样的系统作仿真,其最大的困难是,积分步长由最大的特征值来确定,

最小的特征值决定数值求解总的时间。例如,一个系统的 $\max|\operatorname{Re}\lambda_k|=10^6$, $\min|\operatorname{Re}\lambda_k|=1$, 则用 4 阶龙格-库塔法求解步长 $h<\dfrac{2.7}{10^6}$,即积分 1 s 需要的步数 $M>\dfrac{10^6}{2.7}$,这样大的计算工作量将带来很大的舍入误差。因此刚性方程在实践中的普遍性和重要性已得到广泛的重视,这种方程的数值解已成为常微分方程数值求解研究的重点。

微分方程数值解中对步长 h 的限制并不是物理本质上的原因,它仅是为保证数值解稳定而采取的措施。而刚性方程求数值解时,要解决稳定性和计算次数的矛盾,就应对 h 不加限制。

到目前为止,已提出不少解刚性方程的数值方法,基本上分为显式公式、隐式公式和预测校正型。

显示公式常用雷纳尔法。其着眼点是,在保证稳定的前提下,尽可能地扩大稳定区域。这一方法的优点是,它是显式的,所以便于程序设计。对一般条件好的方程,它就还原为 4 阶龙格-库塔方法,而对刚性方程它又有增加稳定性的好处。

众所周知,隐式方程都是稳定的,故都适合于解描述刚性系统的方程组,如隐式的龙格-库塔法。但这种方法每计算一步都需要进行迭代,故计算量大,在工程上使用有一定困难。因此在解刚性方程时,常采用罗森布罗克提出的半隐式龙格-库塔法。

预测-校正型中常用的解刚性方程的方法是吉尔算法。吉尔首先引进刚性稳定性的概念,它可以满足稳定性,而降低对 h 的要求。吉尔算法是一个通用的方法,它不仅适用于解刚性方程组,也适用于解非刚性方程组。

关于以上方程的详细描述可参看有关资料。

4.3　实时仿真算法

前两节介绍的微分方程数值积分法,主要是针对非实时仿真应用的。但是在半实物仿真和计算机控制中,有实物介入整个仿真系统,因此要求计算机中的仿真模型的仿真时间,必须与所介入的实物运行时间一致。这时,计算机接收动态输入,并产生实时动态输出。计算机的输入与输出通常为固定采样步长 h 的数列。假设在计算机上仿真的连续动力学系统由下列非线性常微分方程描述:

$$\frac{\mathrm{d}y}{\mathrm{d}t}=f(y,u,t)\quad y(t_0)=y_0 \tag{4.3.1}$$

其计算机的输入序列是 u,由实物经计算机的输入接口输入给计算机 $u=u(kh)$, $k=0,1$, $2,\cdots$。计算机从时刻 kh 开始,根据用户所采用的不同仿真算法,利用 $y(kh)$, $u(kh)$ 和 kh 时刻以前的数值计算出 $y_{k+1}=y(kh+h)$。很明显,实物仿真算法的第一个要求是计算机求解方程式(4.3.1)一步解 y_{k+1} 所需要的实际时间必须少于或等于 h 秒,以便与实物的运行时间同步。第二是计算机在 kh 时刻求解方程时,不能要求从实物上取得 kh 时刻的值,即计算机的输入也必须满足实时仿真的条件,这是必需的。比如,前面介绍的龙格-库塔法仿真计算公式是不适用于实时仿真的。

对系统式(4.3.1)采用 2 阶龙格-库塔公式求解,其递推方程可写为

$$
\left.\begin{array}{l}
y_{n+1} = y_n + \dfrac{1}{2}(k_1 + k_2) \\[2mm]
k_1 = hf(t_n, y_n) \\[2mm]
k_2 = hf(t_n + h, y_n + k_1)
\end{array}\right\} \tag{4.3.2}
$$

式中：f 为函数，外部输入为 $u(t)$。由于算法在一个仿真步长中计算两次右函数，所以可假定在 $\dfrac{h}{2}$ 时间内计算机正在计算右函数 $f(0)$。因此，整个计算流程如图 4.3.1 所示，即由于当 $t_n + h = t_{n+1}$ 时才具备计算 k_2 的条件，所以 y_{n+1} 要到 $t_{n+1} + \dfrac{h}{2}$ 时才能计算出来，并输入到外部设备。也就是说，计算机输出要迟后半个计算步距。

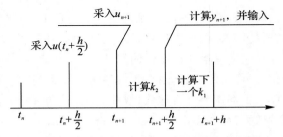

图 4.3.1　2 阶龙格–库塔法的计算流程

与此类似，4 阶龙格–库塔公式也不适用于实时仿真。读者可自行分析。

为了适用于实时仿真计算，一般经常采用以下方法：

（1）选择亚当斯多步法。在这类算法中，为计算 y_{n+1}，只要求知道 t_n 和 t_n 以前的各类右函数。对于 t_n 以前的各类右函数值，可以事先存储于内存中；而 t_n 时刻的右函数和外部输入，均可在 $t_n + h$ 这一段时间内计算出来，或由外部设备输入给计算机，所以 y_{n+1} 不会被延迟。如果用隐式算法，可用显式法计算预估值。

（2）合理地选择龙格–库塔计算公式中的系数，使之适用于实时仿真。在方程式（4.1.18）中，令 $W_1 = 0$，可得 $W_2 = 1$，$c_2 = \dfrac{1}{2}$，$a_{21} = \dfrac{1}{2}$，此时，式（4.3.2）化为

$$
\left.\begin{array}{l}
y_{n+1} = y_n + hk_2 \\[2mm]
k_1 = f(t_n, y_n) \\[2mm]
k_2 = f\left(t_n + \dfrac{h}{2}, y_n + \dfrac{h}{2}k_1\right)
\end{array}\right\} \tag{4.3.3}
$$

其计算流程如图 4.3.2 所示。

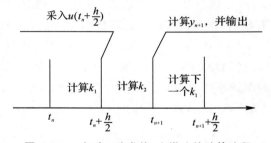

图 4.3.2　实时 2 阶龙格–库塔法的计算流程

下面给出一个高阶的龙格-库塔法计算公式,供读者选用:

$$
\left.
\begin{aligned}
y_{n+1} &= y_n + \frac{h}{24}(-k_1 + 15k_2 - 5k_3 + 5k_4 + 10k_5) \\[4pt]
k_1 &= f(t_n, y_n) \\[4pt]
k_2 &= f\left(t_n + \frac{h}{5}, y_n + \frac{h}{5}k_1\right) \\[4pt]
k_3 &= f\left(t_n + \frac{2h}{5}, y_n + \frac{2h}{5}k_1\right) \\[4pt]
k_4 &= f\left(t_n + \frac{2h}{5}, y_n - \frac{2h}{5}k_1 + hk_2\right) \\[4pt]
k_5 &= f\left(t_n + \frac{4h}{5}, y_n + \frac{3h}{10}k_1 + \frac{h}{2}k_4\right)
\end{aligned}
\right\}
\tag{4.3.4}
$$

(3) 利用已知的值进行外推。例如,在 2 阶龙格-库塔公式式(4.3.2)中,为避免 $\frac{h}{2}$ 的迟后,可以在 t_n 时利用 $u(t_n)$ 和 $u(t_{n-1})$ 等值来外推 $\hat{u}(t_{n+1})$。若 $\hat{u}(t_{n+1})$ 能在 $t_n + \frac{h}{2}$ 时刻外推出来,那么 y_{n+1} 就可以在 t_{n+1} 时计算出来。有关外推算法计算公式很多,读者可参看有关的计算方法书籍。为了便于读者选用,在此给出几个递推公式:

$$
\left.
\begin{aligned}
\hat{u}(t_m + ah) &= u(t_m) + a\left[u(t_m) - u(t_{m-1})\right] \\[4pt]
\hat{u}(t_m + ah) &= u(t_m) + ahu(t_m) \\[4pt]
\hat{u}(t_m + ah) &= \left[1 + (3/2)a + (1/2)a^2\right]u(t_m) - (2a + a^2)u(t_{m-1}) + \\
&\quad \left[(1/2)a + (1/2)a^2\right]u(t_{m-2}) \\[4pt]
\hat{u}(t_m + ah) &= (1 - a^2)u(t_m) + a^2 u(t_{m-1}) + (a + a^2)hu(t_m)
\end{aligned}
\right\}
\tag{4.3.5}
$$

采用外推算法不仅会带来附加误差,还要增加计算量,所以比较下来还是选择实时算法为佳。

由于实时仿真一般不采用变步长方法,即不采用估计每步误差,去控制计算机步长,而是采用定步长,所以,某一计算方法在选取某一步长后,应对所可能引起的动态误差作定量的分析,以判断所选用算法的阶次和步长是否合适。这种动态误差分析是一件非常困难的工作,尤其是对非线性系统。有兴趣的读者可参考有关文献。

4.4　分布参数系统的数字仿真

前面介绍的是常微分方程(ODE)的数字仿真以及模型,它们属于集中参数性质。但是有相当一类动力学问题属于分布参数性质,比如热传导问题、振动问题等,描述这类问题需要用偏微分方程(PDE)形式。本书除介绍 PDE 模型的基本性质外,还将介绍 PDE 的数值解法及其仿真等内容。

4.4.1 模型形式和性质

研究 PDE 的人,最先感受到的是两点:

首先是 PDE 形式比 ODE 形式更为自然,对物理世界的描述能力更强。事实上,物理世界是由空间和时间组成的,因而其特性将随着这些变量而变化。在 ODE 描述的集中系统理论中,则认为物理世界是由一个以某种特定方式相互连接的不同元素的阵列组成的。元素的物理维数和位置并不直接影响系统性能分析。但在有一些情况下,却不能用简便的集中元素思想,而必须考虑真实世界系统的分布特性,即空间和时间的分布,如电磁学结构分析、热和质量的传递、大地勘探、天气预报等。

其次是 PDE 形式的复杂性。必须认识到,分布参数系统问题比集中系统问题在处理上难得多。在 ODE 情况下,人们可以借助于计算机技术来解决难以分析的问题。而对于 PDE,现有的计算能力还差得很远。除早期的有限插分法外,近年来,又研究出许多其他方法。线上法是将 PDE 变换成一组 ODE 来求解。模型逼近法是将 PDE 的解看成由一个无限级数所组成。此外还有近似变换法、数值积分法等。但尽管如此,由于 PDE 是建立在物理世界的时空观基础上的,计算能力还是受到维数太大的影响。例如,天气预报,必须在一个二维的地球表面范围内,在许多高度上、许多时间间隔上,求解天气方程组。若将近似网格折半,就意味着表面点数呈 4 倍、时间间隔点数呈 2 倍、高度平面点数呈 2 倍的计算法复杂性上升。研究一个 433 km 网格的半球 24 h 的天气预报问题,平均需要约10^{11}次数值运算。若将近似网格再折半,其计算量将再增加 16 倍。由此可见 PDE 的计算工作量之大。

若只用 1 阶微分,对于确定的情况,其 PDE 具有如下的形式:

$$F_0(\phi, p, z, t)\frac{\partial \phi}{\partial t} + \sum_{i=1}^{k} F_i(\phi, p, z, t)\frac{\partial \phi}{\partial z_i} = f(\phi, p, u, z, t) \tag{4.4.1}$$

从方程式(4.4.1)可明显地看出,除了时间变量外,还有 k 个空间独立变量,即 $z \in Z \in \mathbf{R}^k$。该开连通集 Z 称为"场",虽然场对物理世界的描述更自然些,但其解法令人望而生畏。限于本书的研究范围,我们仅考虑由下式所描述的系统仿真问题,其他问题可类似求解。

$$\frac{\partial u}{\partial t} - b\frac{\partial^2 u}{\partial x^2} = 0, \quad 0 < x < l, 0 < t < T \tag{4.4.2}$$

$$u\mid_{t=0} = \phi(x), \quad 0 < x < l \tag{4.4.3}$$

$$u\mid_{x=0} = u_1(t) \quad u\mid_{x=1} = u_2(t), \quad 0 < t < T \tag{4.4.4}$$

显然,也应满足相容性条件,即

$$\phi(0) = u_1(0) \quad \phi(1) = u_2(0)$$

此问题也经常称为热传导的第一边值问题。

4.4.2 差分解法

为了对由 PDE 所描述的分布参数系统进行仿真,核心问题是对 PDE 进行数值求解。差分解法是常用的方法之一。它是在时间与空间两个方向将变量离散化,因而得到一组代数方程。若利用已经给出的初始条件及边界条件逐排求解,则可将系统中的状态任意时刻、任一空间位置上的值全部计算出来。

以式(4.4.2)为例,为了用有限差分法求解上述问题,将求解区域 $G: 0 < x < 1, 0 < t < T$ 用二族平行于坐标轴的直线

$$x = x_j = jh, \quad j = 0, 1, 2, \cdots, N \left.\vphantom{\begin{matrix}a\\b\end{matrix}}\right\}$$
$$t = t_n = n\tau, \quad n = 0, 1, 2, \cdots, J \tag{4.4.5}$$

分割成矩形网格 $G_{n,\tau}$,如图 4.4.1 所示,其中 h, τ 分别为 x 方向和 t 方向的步长,交点 (x_j, t_n) 称为节点。在 $t = t_n$ 上,全体节点 $\{|(x_j, t_n)|_{j=0,1,\cdots,N}\}$ 称为差分网格的第 n 层。

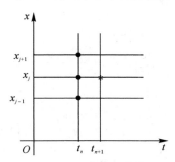

图 4.4.1　x-t 平面矩阵网格图

假定对所要求的解 $u(x, t)$ 有足够的光滑性,用 u_j^n, $\left(\dfrac{\partial u}{\partial t}\right)_j^n$, $\left(\dfrac{\partial^2 u}{\partial x^2}\right)_j^n$ 分别表示边值问题式

(4.4.2) 的解 $u(x, t)$ 及其偏导数 $\dfrac{\partial u}{\partial t}, \dfrac{\partial^2 u}{\partial x^2}$ 在节点 (x_j, t_n) 处的值。构造逼近式(4.4.2)的差分格式的一种简单方法是根据泰勒展开的"逐项逼近法",即用适当的差商逐项去逼近式(4.4.2)中相应的微商。

一、显式差分格式

如果逼近式取

$$\frac{u(x_j, t_{n+1}) - u(x_j, t_n)}{\tau} = \left(\frac{\partial u}{\partial t}\right)_j^n + \frac{\tau}{2}\frac{\partial^2 u}{\partial t^2}(x_j, t_n + \theta\tau_1), \ 0 < \theta_1 < 1 \tag{4.4.6}$$

$$\frac{u(x_{j+1}, t_n) - 2u(x_j, t_n) + u(x_{j-1}, t_n)}{h^2} = \left(\frac{\partial^2 u}{\partial t^2}\right)_j^n + \frac{h^2}{12}\frac{\partial^4 u}{\partial x^4}(x_j + \theta_2 h, t_n), \ -1 < \theta_2 < 1$$

$$\tag{4.4.7}$$

将式(4.4.6)、式(4.4.7) 代入式(4.4.2),并舍去截断误差项,则得差分方程

$$\frac{1}{\tau}(u_j^{n+1} - u_j^n) - \frac{b^2}{n^2}(u_{j+1}^n - 2u_j^n + u_{j-1}^n) = 0, \quad j = 1, 2, \cdots, N-1 \tag{4.4.8}$$

这一差分方程的逼近误差为 $O(\tau + h^2)$,称此逼近关于 τ 是 1 阶的,关于 h 是 2 阶的。初始条件和边界条件式(4.4.2)也需相应的逼近,即

$$u_j^0 = \phi(x_j), \quad j = 1, 2, \cdots, N-1 \tag{4.4.9}$$

$$\left.\begin{matrix} u_0^n = u_1(n\tau) \\ u_N^n = u_2(n\tau) \end{matrix}\right\}, \quad N = 0, 1, 2, \cdots, J \tag{4.4.10}$$

于是,式(4.4.9)、式(4.4.10)构成逼近边值问题式(4.4.2)、式(4.4.3)的差分格式。由式

(4.4.8) 可解出

$$u_j^{n+1} = ru_{j+1}^n + (1-2r)u_j^n + ru_{j-1}^n, \quad j = 1,2,\cdots,N-1 \tag{4.4.11}$$

式中，$r = a^2\tau/h^2$。

由式(4.4.11) 可以看出，第 $n+1$ 层任一内节点处的值 u_j^{n+1} 可以由 3 个相邻节点处的值 $u_{j-1}^n, u_j^n, u_{j+1}^n$ 决定，如图 4.4.1 所示。显然，方程组可以按 t 方向逐层求解。由于这种格式关于 u_j^{n+1} 可以明显解出来，因此称为显格式。

二、隐式差分格式

如果在节点 (x_j, t_{n+1}) 作如下逼近：

$$\frac{u(x_j, t_{n+1}) - u(x_j, t_n)}{\tau} = \left(\frac{\partial u}{\partial t}\right)_j^{n+1} + \frac{\tau}{2}\frac{\partial^2 u}{\partial t^2}(x_j, t_{n+1} + \theta_1\tau), \quad 0 < \theta_1 < 1 \tag{4.4.12}$$

$$\frac{u(x_{j+1}, t_{n+1}) - 2u(x_j, t_{n+1}) + u(x_{j-1}, t_{n+1})}{h^2} = \left(\frac{\partial^2 u}{\partial t^2}\right)_j^{n+1} + \frac{h^2}{12}\frac{\partial^4 u}{\partial x^4}(x_j + \theta_2 h, t_{n+1}), \quad -1 < \theta_2 < 1 \tag{4.4.13}$$

将它们代入式(4.4.2) 并略去截断误差，则得

$$\frac{u_j^{n+1} - u_j^n}{\tau} - a^2\frac{u_{j+1}^{n+1} - 2u_j^{n+1} + u_{j-1}^{n+1}}{h^2} = 0, \quad j = 1,2,\cdots,N-1 \tag{4.4.14}$$

这一格式的逼近误差为 $O(\tau + h^2)$。它同式(4.4.9)、式(4.4.10) 联立即第二种差分格式，与式(4.4.9) ～ 式(4.4.11) 一样可以简写为

$$\left.\begin{array}{l} -ru_{j-1}^{n+1} + (1+2r)u_j^{n+1} - ru_{j+1}^{n+1} = u_j^n \\ u_j^0 = \phi(x_j), \quad j = 1,2,\cdots,N-1 \\ \left.\begin{array}{l} u_0^n = u_1(n\tau) \\ u_N^n = u_2(n\tau) \end{array}\right\}, \quad n = 0,1,2,\cdots,J \end{array}\right\} \tag{4.4.15}$$

式(4.4.9)、式(4.4.10)、式(4.4.15) 是关于 $n+1$ 层上未知量 $u_1^{n+1}, u_2^{n+1}, \cdots, u_{N-1}^{n+1}$ 的联立线性方程组，它的求解不像显格式那样简单，需用求解线性代数方程组的办法（例如追赶法）去解。由于这种格式不能直接明显地解出 u_j^{n+1}，因此称为隐格式。

以后将看到，隐格式的最大优点是无条件稳定的，如把它与显格式式(4.4.10)、式(4.4.11) 相结合，还可以构成无条件稳定，而且逼近阶次更高的六点对称格式。

三、六点对称格式

如果把差分方程式(4.4.7) 和式(4.4.14) 结合起来，作它们的线性组合，可得一新的差分方程

$$\frac{u_j^{n+1} - u_j^n}{\tau} = \theta a^2\frac{u_{j+1}^{n+1} - 2u_j^{n+1} + u_{j-1}^{n+1}}{h^2} + (1-\theta)a^2\frac{u_{j+1}^n - 2u_j^n + u_{j-1}^n}{h^2} \tag{4.4.16}$$

此差分方程用到相邻两层 6 个节点上的函数值，通常叫六点差分方程，式(4.4.9)、式(4.4.10)、式(4.4.16) 称为六点差分格式。当 $\theta = \frac{1}{2}$ 时的情况特别重要，称为六点对称差分格式。这时差分方程式(4.4.16) 简化为

$$\frac{u_j^{n+1} - u_j^n}{\tau} = \frac{a^2}{2h^2}(u_{j+1}^{n+1} - 2u_j^{n+1} + u_{j-1}^{n+1} + u_{j+1}^n - 2u_j^n + u_{j-1}^n) \tag{4.4.17}$$

它可以看作对点作中心差商的结果。由于

$$\frac{u(x_j, t_{n+1}) - u(x_j, t_n)}{\tau} = \left(\frac{\partial u}{\partial t}\right)_j^{n+1/2} + O(\tau^2) \tag{4.4.18}$$

因此格式式(4.4.17)的截断误差为 $O(\tau^2 + h^2)$，即对 t 的逼近阶次已提高一次。下面还会看到，这种格式还是无条件稳定的，因此得到广泛的应用。

六点对称格式式(4.4.17)、式(4.4.19)、式(4.4.10)可简写为

$$\left.\begin{aligned}
&-\frac{r}{2}u_{j-1}^{n+1} + (1+r)u_j^{n+1} - \frac{r}{2}u_{j+1}^{n+1} = \frac{r}{2}u_{j-1}^n + (1-r)u_j^n + \frac{r}{2}u_{j+1}^n \\
&u_j^0 = \phi(x_j), \quad j = 1, 2, \cdots, N-1 \\
&\left.\begin{aligned}u_0^n &= \mu_1(n\tau)\\u_N^n &= \mu_2(n\tau)\end{aligned}\right\}, \quad n = 0, 1, 2, \cdots, J
\end{aligned}\right\} \tag{4.4.19}$$

它对于 $n = 0, 1, \cdots, J-1$ 可以用逐次追赶法求解。

四、差分格式算法的稳定性和收敛性

采用差分格式求解 PDE 时，若时间步长 τ 和空间步长 h 选择不合适，就有可能产生数值计算发散的现象，即也存在稳定性问题。对于 PDE 数值解的稳定性问题，可以参照数值积分法中有关稳定性分析的方法来研究。在此不加证明地给出 3 个有关稳定性的定理。

定理 4.4.1　差分格式式(4.4.11)、式(4.4.9)、式(4.4.10)是稳定的充要条件为 r 满足不等式 $r \leqslant \dfrac{1}{2}$。

定理 4.4.2　差分格式式(4.4.15)、式(4.4.9)、式(4.4.10)对任何 $r > 0$ 的值都是稳定的，即它是无条件稳定的。

定理 4.4.3　差分格式式(4.4.16)、式(4.4.9)、式(4.4.10)，当 $0 \leqslant \theta < \dfrac{1}{2}$ 时，稳定性条件是 $r \leqslant \dfrac{1}{2(1-2\theta)}$；而当 $\theta \geqslant \dfrac{1}{2}$ 时，则它是无条件稳定的。

以下定理是关于差分格式的收敛性的：

定理 4.4.4　假设边值问题式(4.4.2)、式(4.4.3)、式(4.4.4)的解 $u(x, t)$ 在区域 G 中存在并连续，且具有有界的偏导数 $\dfrac{\partial^2 u}{\partial x^2}, \dfrac{\partial^4 u}{\partial x^4}$，则差分格式式(4.4.15)、式(4.4.9)、式(4.4.10)的解 u 收敛于边值问题的解 u。

4.4.3　线上求解法

偏微分方程的另一种解法是线上求解法，或称连续-离散空间法。它是将偏微分方程的空间变量 X 进行离散化，而时间变量仍保持连续，因此可将偏微分方程转化为一组常微分方程。由于对常微分方程可利用已知的数值解法来求解，特别是可以利用已经编制好的各种仿真程序来求解，所以线上求解法被广泛用于分布参数系统的仿真。

仍以方程式(4.4.2)为例。若将 x 轴以 h 为步长分布 M 份,即 $h = \dfrac{1}{M}$,则有

$$\left.\frac{\mathrm{d}u}{\mathrm{d}t}\right|_m = b\left.\frac{\partial^2 u}{\partial x^2}\right|_m, \quad m = 0, 1, \cdots, M \tag{4.4.20}$$

共 $M+1$ 个常微分方程。其中 $\dfrac{\partial^2 u}{\partial t^2}$ 可以用差分来近似,即有

$$\left.\frac{\partial^2 u}{\partial x^2}\right|_m = f_m(u, t) \approx [u_{m+1}(t) - 2u_m(t) + u_{m-1}(t)]/h^2 \tag{4.4.21}$$

式(4.4.20)中的 $u_{m+1} = u[(m+1)h, t]$,$u_m(t) = u(mh, t)$,$u_{m-1}(t) = u[(m-1)h, t]$。

将式(4.4.21)代入式(4.4.20),可得 $M+1$ 个常微分方程

$$\frac{\mathrm{d}u_m}{\mathrm{d}t} = f_m(u, t), \quad m = 0, 1, \cdots, M \tag{4.4.22}$$

只要求出 $f_m(u, t)$,就可很方便地解出这 $M+1$ 个常微分方程。比如用欧拉法,则有

$$u_{m,1} = u_{m,0} + \tau f_m(u_{m,0}, t_0) \quad u_{m,2} = u_{m,1} + \tau f_m(u_{m,1}, t_1) \tag{4.4.23}$$

其中 $u_{m,0}$ 可由初始条件求出,而 $f_m(u_{m,0}, t_0)$ 则可由初始条件及边界条件求得。

实际上,只要写出式(4.4.22)的微分方程,则调用任何一种微分方程数值求解程序均可。由于首先是求出 $t_1 = t_0 + \Delta t$ 这一时刻空间各点($m = 0, 1, 2, \cdots, M$)的值,然后再求出 $t = t_1 + \Delta t$ 这一时刻空间各点的值,因此被称为线上求解法。

线上求解法的具体步骤可归结如下:

(1)将空间变量从起始点到终点分成 M 份;

(2)用差分来近似对空间变量求导(这里要利用边界条件);

(3)从起始时刻开始,利用给定的初始条件用数值积分法求出下一时刻空间各点的函数值;

(4)用差分来近似对空间变量求导;

(5)计算下一时刻空间各点的函数值;

(6)重复(4)(5)两步,直到规定的时刻为止。

可见,采用线上求解法完全可以利用原有的数值积分法和系统仿真程序,而只要增加一些差分计算子程序即可。图 4.4.2 所示是线上求解法仿真程序框图。

线上求解法的优点是方法直观,程序简单,比较容易被工程技术人员所掌握。但它也有不足,主要是:

(1)误差不易控制。数值积分法由于有误差估计,可以用改变积分步长使计算精度限制在某个范围,但线上求解法所引起的误差不易估计,所以整个系统仿真的精度就难以控制。

(2)差分公式很多,在使用时选择哪一种公式不仅会影响计算精度,而且会影响计算时间。因此要根据问题的需求和计算机的字长做出选择。

(3)空间离散的间距取多大也是线上求解法的一个重要问题,同样也要根据计算的精度和仿真时间的要求来选择。

总之,线上求解法对于比较熟悉常微分方程系统仿真的工程技术人员来讲,是一种比较简单方便的方法。有兴趣的读者可以参考有关偏微分方程的数值解方面的文献。

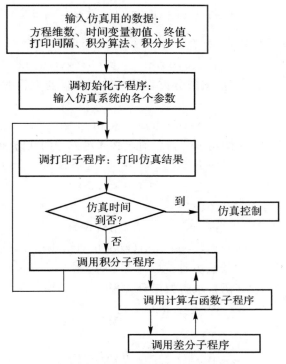

图 4.4.2　线上求解法仿真程序框图

4.4.4　MATLAB 语言在偏微分方程解法中的应用

鉴于偏微分方程数值解在科学研究和数学计算中越来越重要的地位,本小节将介绍 MATLAB 中专门用来求解偏微分方程的软件包——PDE Toolbox。由于篇幅所限和教材内容的原因,以及偏微分方程解法本身的复杂性,我们仅对一些简单的、基本的算法和指令给出解法算例。更深入的内容读者可以参考 PDE Toolbox 的帮助文件和其他参考书。

一、偏微分方程组求解

MATLAB 使用指令 pdepe( )求解由方程式(4.4.1)描述的一阶偏微分方程组,但是为了统一,在 MATLAB 语言中将这样的一阶偏微分方程的两点边值问题统一描述为

$$c\left(x,t,u,\frac{\partial u}{\partial x}\right)\frac{\partial u}{\partial t}=x^{-m}\frac{\partial}{\partial x}\left[x^{m}f\left(x,t,u,\frac{\partial u}{\partial x}\right)\right]+s\left(x,t,u,\frac{\partial u}{\partial x}\right) \qquad (4.4.24)$$

式中,$m=0,1,2$ 分别对应平面、圆柱和球形;$c(\ )$ 的对角元素为零或正数。利用 MATLAB 指令求解该方程,首先必须建立描述方程式(4.4.24)结构、边界条件和初始条件的 3 个 M 文件。

· 描述偏微分方程的函数。该 M 文件的格式为

$$\text{function } [c,f,s]=\text{pdefun}(x,t,u,ux)$$

其中 ux 是 u 对 x 的偏导数。该文件返回列向量 c,f,s。

· 描述边界条件的函数。方程的边界条件是 $t_0 \leqslant t \leqslant t_f$ 和 $a \leqslant x \leqslant b$,间隔$[a,b]$ 必须是有限的。如果 $m>0$,那么 $a \geqslant 0$。另外,必须首先将边界条件写成统一格式,为

$$p(x,t,u) + q(x,t,u)f\left(x,t,u,\frac{\partial u}{\partial x}\right) = 0 \qquad (4.4.25)$$

描述该边界条件的 M 文件格式为

$$\text{function } [pa,qa,pb,qb] = pdebc(x,t,u,ux)$$

· 描述初值的函数。因为一般偏微分方程的初始条件仅与方程的状态有关,故描述初值的 M 文件格式为

$$\text{function } u0 = pdein(x)$$

完成上述 3 个 M 文件后,在调用求解指令前还必须对方程的状态和时间作网格化处理,即

$$a = x_1 < x_2 < \cdots < x_n = b$$
$$t_0 = t_1 < t_2 < \cdots < t_n = t_f$$

例如:$x = 0:0.05:1$, $t = 0:0.05:2$。

偏微分方程的求值可以利用指令 pdepe( ),调用格式为

$$\text{sol} = pdepe(m,@pdefun,@pdebc,@pdein,x,t);$$

利用绘图指令,如 surf 可以绘出方程式(4.4.24) 的解。

例 4.4.1 利用 MATLAB 语言求解偏微分方程

$$\left.\begin{array}{l} \dfrac{\partial u_1}{\partial t} = 0.024\dfrac{\partial^2 u_1}{\partial x^2} - F(u_1 - u_2) \\[3mm] \dfrac{\partial u_2}{\partial t} = 0.17\dfrac{\partial^2 u_2}{\partial x^2} + F(u_1 - u_2) \end{array}\right\} \qquad (4.4.26)$$

其中:
$$F(x) = e^{5.73x} - e^{-11.46x}$$

初始条件:$u_1(x,0) = 1$, $u_2(x,1) = 0$。

边界条件:$\dfrac{\partial u_1}{\partial x}(0,t) = 0$, $u_2(0,t) = 0$, $u_1(1,t) = 1$, $\dfrac{\partial u_2}{\partial x}(1,t) = 0$。

解 首先将式(4.4.26) 改写为方程式(4.4.24) 描述的标准格式:

$$\begin{bmatrix} 1 \\ 1 \end{bmatrix}\frac{\partial}{\partial t}\begin{bmatrix} u_1 \\ u_2 \end{bmatrix} = \frac{\partial}{\partial x}\begin{bmatrix} 0.024\dfrac{\partial u_1}{\partial x} \\[3mm] 0.17\dfrac{\partial u_2}{\partial x} \end{bmatrix} + \begin{bmatrix} -F(u_1 - u_2) \\ F(u_1 - u_2) \end{bmatrix}$$

显见
$$m = 0$$

并且
$$c = \begin{bmatrix} 1 \\ 1 \end{bmatrix}, \quad f = \begin{bmatrix} 0.024\dfrac{\partial u_1}{\partial x} \\[3mm] 0.17\dfrac{\partial u_2}{\partial x} \end{bmatrix}, \quad s = \begin{bmatrix} -F(u_1 - u_2) \\ F(u_1 - u_2) \end{bmatrix}$$

描述偏微分方程式(4.4.26)的 MATLAB 的 M 文件函数可以写成

```
function [c,f,s]=pdefun(x,t,u,du)
    c=[1;1];
    y=u(1)-u(2);
    F=exp(5.73 * y)-exp(-11.46 * y);
    s=F * [-1;1];
    f=[0.024 * du(1);0.17 * du(2)];
```

再将方程的边界条件写成如式(4.4.25)那样的标准格式。

左边界：$\begin{bmatrix} 0 \\ u_2 \end{bmatrix} + \begin{bmatrix} 1 \\ 0 \end{bmatrix} f = \begin{bmatrix} 0 \\ 0 \end{bmatrix}$。

右边界：$\begin{bmatrix} u_1 - 1 \\ 0 \end{bmatrix} + \begin{bmatrix} 0 \\ 1 \end{bmatrix} f = \begin{bmatrix} 0 \\ 0 \end{bmatrix}$。

描述偏微分方程式(4.4.26)的边界条件的 MATLAB 的 M 文件函数可以写成

```
function [pa,qa,pb,qb]=pdebc(xa,ua,xb,ub,t)
pa=[0;ua(2)];
qa=[1;0];
pb=[ub(1)-1;0];
qb=[0;1];
```

方程的初始条件描述函数为

```
function u0=pdein(x)
u0=[1;0];
```

做完上述工作后,在 MATLAB 命令窗口键入以下命令就可以完成计算：

```
x=0:0.05:1;
t=0:0.05:2;
m=0;
sol=pdepe(m,@c7mpde,@c7mpic,@c7mpbc,x,t);
surf(x,t,sol(:,:,1))
```

其中命令 surf 的功能是图形显示,方程式(4.4.26)的解图形如图 4.4.3 所示。

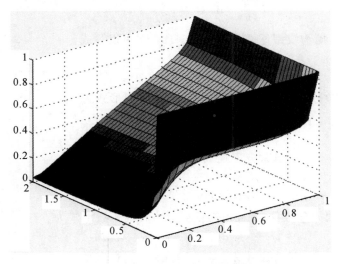

图 4.4.3　方程式(4.4.26)的解图形

二、2 阶偏微分方程的数学描述和求解

1. 2 阶偏微分方程的数学描述

首先使用在场论中经常使用的几个定义：

- 梯度
$$\boldsymbol{\nabla} u = \left[\frac{\partial}{\partial x_1}, \frac{\partial}{\partial x_2}, \cdots, \frac{\partial}{\partial x_n}\right] u \tag{4.4.27}$$

式中,$\boldsymbol{\nabla}$ 称为哈密顿算子。

- 散度
$$\mathrm{div}\boldsymbol{v} = \left(\frac{\partial}{\partial x_1} + \frac{\partial}{\partial x_2} + \cdots + \frac{\partial}{\partial x_n}\right)\boldsymbol{v} \tag{4.4.28}$$

梯度和散度的混合运算可以写成
$$\mathrm{div}(c\,\boldsymbol{\nabla} u) = \left[\frac{\partial}{\partial x_1}\left(c\,\frac{\partial u}{\partial x_1}\right) + \frac{\partial}{\partial x_2}\left(c\,\frac{\partial u}{\partial x_2}\right) + \cdots + \frac{\partial}{\partial x_n}\left(c\,\frac{\partial u}{\partial x_n}\right)\right] \tag{4.4.29}$$

如果 c 为常数,那么式(4.4.29)可以简化为
$$\mathrm{div}(c\,\boldsymbol{\nabla} u) = c\left(\frac{\partial^2}{\partial x_1^2} + \frac{\partial^2}{\partial x_2^2} + \cdots + \frac{\partial^2}{\partial x_n^2}\right)u = c\Delta u \tag{4.4.30}$$

式中,Δ 称为 Laplace 算子。

在此定义下再考虑几种常见的偏微分方程的数学描述,其中 a,c,d 为不同型别偏微分方程系数,其可以是常值,也可以是微分向量的函数。

(1)椭圆型偏微分方程:椭圆型偏微分方程的一般表示形式为
$$-\mathrm{div}(c\,\boldsymbol{\nabla} u) + au = f(x,t) \tag{4.4.31}$$

式中,$u = u(x_1, x_2, \cdots, x_n, t) = u(x,t)$。

如果 c 为常数,椭圆型偏微分方程式(4.4.31)可以写成
$$-c\left(\frac{\partial^2}{\partial x_1^2} + \frac{\partial^2}{\partial x_2^2} + \cdots + \frac{\partial^2}{\partial x_n^2}\right)u + au = f(x,t) \tag{4.4.32}$$

(2)抛物线型偏微分方程:抛物线型偏微分方程的一般形式为
$$d\,\frac{\partial u}{\partial t} - \mathrm{div}(c\,\boldsymbol{\nabla} u) + au = f(x,t) \tag{4.4.33}$$

如果 c 为常数,抛物线型偏微分方程式(4.4.33)可以写成
$$d\,\frac{\partial u}{\partial t} - c\left(\frac{\partial^2 u}{\partial x_1^2} + \frac{\partial^2 u}{\partial x_2^2} + \cdots + \frac{\partial^2 u}{\partial x_n^2}\right) + au = f(x,t) \tag{4.4.34}$$

(3)双曲型偏微分方程:双曲型偏微分方程的一般形式为
$$d\,\frac{\partial^2 u}{\partial t^2} - \mathrm{div}(c\,\boldsymbol{\nabla} u) + au = f(x,t) \tag{4.4.35}$$

如果 c 为常数,双曲型偏微分方程式(4.4.35)可以写成
$$d\,\frac{\partial^2 u}{\partial t^2} - c\left(\frac{\partial^2 u}{\partial x_1^2} + \frac{\partial^2 u}{\partial x_2^2} + \cdots + \frac{\partial^2 u}{\partial x_n^2}\right) + au = f(x,t) \tag{4.4.36}$$

(4)特征值型偏微分方程:特征值型偏微分方程的一般形式为
$$-\mathrm{div}(c\,\boldsymbol{\nabla} u) + au = \lambda d u \tag{4.4.37}$$

如果 c 为常数,特征值型偏微分方程式(4.4.35)可以写成
$$-c\left(\frac{\partial^2 u}{\partial x_1^2} + \frac{\partial^2 u}{\partial x_2^2} + \cdots + \frac{\partial^2 u}{\partial x_n^2}\right) + au = \lambda d u \tag{4.4.38}$$

2.应用 MATLAB 求解 2 阶偏微分方程的基本方法

利用 MATLAB 求解 2 阶偏微分方程的一般步骤如下:

(1)题目定义:由方程式(4.4.33)和式(4.4.35)可以看出,参量 d,c,a,f 是 2 阶偏微分方程

的主要参量,只要这几个参量确定,就可以定下偏微分方程的结构。此外要做的事是确定偏微分方程的求解区域,即边界条件。在 PDE ToolBox 中有许多类似 circleg.m 的 M 文件定义了不同的边界形状,使用前可以借助 help 命令查看,或参考其他资料。

(2)求解域的网格化:通常采用命令 initmesh 进行初始网格化,还可以采用命令 refinemesh 进行网格的细化和修整。这些命令的用法同样可以使用 help 命令,如[p,e,t]＝initmesh(g),这里的参量 p,e,t 提供给下面的问题求解时使用。

(3)问题的求解:在 PDE 工具箱中有许多求解在上面提到的不同类型的 2 阶偏微分方程的指令,主要有:

· assempde

调用格式为:u＝assempde(b,p,e,t,c,a,f)

该命令用来求解椭圆型偏微分方程式(4.4.31),求解的边界条件由函数 b 确定,网格类型由 p,e 和 t 确定,c,a,f 是椭圆型偏微分方程式(4.4.31)的参量。

· hyperbolic

调用格式为:u1＝hyperbolic(u0,ut0,tlist,b,p,e,t,c,a,f,d)

该命令用来求解双曲型偏微分方程式(4.4.35)。

· parabolic

调用格式为:u1＝parabolic(u0,tlist,b,p,e,t,c,a,f,d)

该命令用来求解抛物线型偏微分方程式(4.4.33)。

· pdeeig

调用格式为:[v,l]＝ pdeeig(b,p,e,t,c,a,d,r)

该命令用来求解特征值型偏微分方程式(4.4.37)。

· pdenonlin

调用格式为:[u,res]＝ pdenonlin(b,p,e,t,c,a,f)

该命令使用具有阻尼的 Newton 迭代法,在由参量 p,e,t 确定的网格上求解非线性椭圆型偏微分方程式(4.4.31)。

· poisolv

该命令在一个矩形网格上求解 Poisson 方程。

(4)结果处理:与 MATLAB 的主要特色一样,在 PDE 工具箱中提供了丰富的图形显示,因此用户不但可以对产生的网格进行图形显示和处理,对求解的数据也可以选择多种图形显示和处理方法,甚至包括对计算结果的动画显示。用户可以参考相关资料来使用。

3.应用实例

在这里给出一个简单的例子,来说明利用 PDE 工具箱求解偏微分方程的方法。在 MATLAB 的 PDE 帮助文件中和在线演示中提供了 8 个计算实例,可供读者仔细参考。

例 4.4.2　最小表面问题求解。

最小表面问题方程可以表示为

$$-\mathbf{\nabla}\left(\frac{1}{\sqrt{1+\mathbf{\nabla}\mid u\mid^{2}}\,\mathbf{\nabla}u}\right)=0$$

边界条件为 $u＝x^2$。显见,这是一个非线性问题,用命令 pdenonlin 来求解。

```
clc
%        Let's solve the minimal surface problem
%        −div( 1/sqrt(1+grad|u|^2) * grad(u) ) = 0
%        with u=x^2 on the boundary

g='circleg'; % The unit circle
b='circleb2'; % x^2 on the boundary
c='1./sqrt(1+ux.^2+uy.^2)';
a=0;
f=0;
rtol=1e−3; % Tolerance for nonlinear solver
pause % Strike any key to continue.
clc
%        Generate mesh
[p,e,t]=initmesh(g);
[p,e,t]=refinemesh(g,p,e,t);

%        Solve the nonlinear problem
u=pdenonlin(b,p,e,t,c,a,f,'tol',rtol);

%        Solution
pdesurf(p,t,u);
pause % Strike any key to end.
```

计算结果如图 4.4.4 所示。

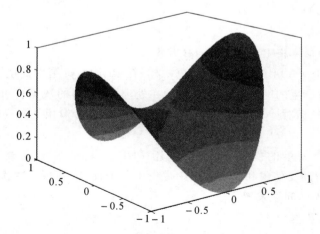

图 4.4.4 最小表面问题求解结果

三、偏微分方程求解界面

在 MATLAB 中的 PDE Toolbox 包括一个图形用户界面（GUI），在 MATLAB 窗口运行

pdetool 就进入 PDE Toolbox,如图 4.4.5 所示。GUI 主要部分是菜单、对话框和工具条。考虑到本书的篇幅和主要内容,读者可以参考 PDE Toolbox 的在线帮助和其他资料,在此不再详述。

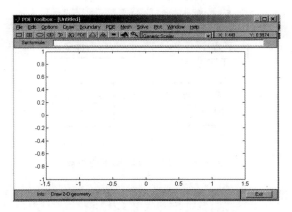

图 4.4.5　PDE Toolbox 用户界面

4.5　面向微分方程的仿真程序设计

一、数字仿真程序的构成

一般来讲,系统设计人员所面临的物理系统的数学模型,可以是微分方程、传递函数或其他形式。如果数学模型是 1 阶微分方程组的形式,设计人员就可以选择前述方法中的一种进行仿真运算,否则还必须作模型变换。为了使系统设计人员摆脱复杂的程序设计工作,而将精力集中于系统性能的研究和分析上,国内外的仿真学者研制成了多种专门用于系统分析的程序包和各种仿真语言。系统设计人员只要熟悉所选的仿真程序的使用方法就可以了。但是由于种种原因,如用户的模型特殊性、通用程序包的计算速度等,也常常需要设计人员来设计适用于自己的仿真程序,或者根据自己问题的需要,修改已有的仿真程序包或仿真语言。组成程序包的一般原则:仿真程序应使设计人员使用方便,便于输入及改变参数,便于观察仿真结果,甚至进行自动设计,选择最佳参数;同时要求所组成的仿真程序应在该专业领域内具有一定的通用性和灵活性,并充分利用计算机的各种外部设备。

一般的仿真程序的组成可以用图 4.5.1 来表示。图中每个方块表示它应具有的功能及相互关系。每个方块的功能大致如下:

(1)主程序:实现对整个仿真计算的逻辑控制。

(2)输入或预制参数块:输入系统的参数初值、计算步长、计算时间等参数。

(3)运行管理块:这是数字仿真程序的核心,对仿真计算进行时间控制,以保证计算机按要求进行计算及输出。

(4)计算块:根据被仿真的系统及所选的仿真方法编写的计算程序。

(5)输出及显示块:将仿真结果以数据或图表的形式输出给用户。

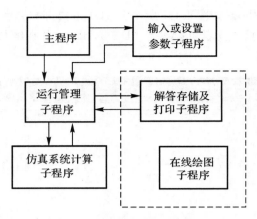

图 4.5.1　简单仿真程序的组成

二、面向微分方程的系统仿真程序的组成

一个实际的系统在数字计算机上进行仿真计算,一般要经过这样 4 个步骤:

(1)写出实际系统的数学模型。

(2)将它转变成能在计算机上进行运转的仿真模型。

(3)编出仿真程序。

(4)对仿真模型进行修改校核。

这里涉及 3 个实体:实际系统、数学系统、计算机。在 3 个实体间共有两次模型化,见图 4.5.2。第一次是将实际系统抽象为数学模型,常称之为系统建模和系统辨识,它是一门独立的课程。第二次是将数学模型变成计算机可接受的仿真模型,称之为二次模型化,是进行仿真研究的内容之一。常用的数学模型一般有 1 阶微分方程组和传递函数两种形式。如果仿真模型是 1 阶微分方程组,那么仿真程序一般直接对方程组求解,即由用户在指定位置上填写仿真模型。

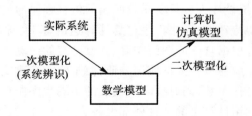

图 4.5.2　仿真数学模型的建立

比如要仿真的系统为

$$\left.\begin{aligned}
\dot{x}_1 &= \dot{x}_3 \\
\dot{x}_2 &= x_4 \\
\dot{x}_3 &= -\frac{k}{x_1^2} + x_1 x_4 \\
\dot{x}_4 &= -\frac{2 x_3 x_4}{x_1}
\end{aligned}\right\} \tag{4.5.1}$$

假设仿真程序是采用 C 语言编写的,则用户按以下规格写仿真模型:

```
void differential(float,int)
{d[0]=y[2];
d[1]=y[3];
d[2]=-k/(y[0]*y[0]+y[0]*y[3]);
d[3]=-2*y[2]*y[3]/y[0];
}
```

有了这一子程序,再根据仿真任务的需求,编写主程序。主程序要完成系统参数的输入、仿真参数的输入,以及参量、指针的初始化等功能。联同后面的龙格-库塔法求解子程序,一起编译求解。

如果仿真模型是写成传递函数的形式,即已知

$$G(s)=\frac{Y(s)}{U(s)}=\frac{c_0 s^{n-1}+c_1 s^{n-2}+\cdots+c_{n-1}}{s^n+a_1 s^{n-1}+\cdots+a_n} \tag{4.5.2}$$

那么用户要首先将它转变为 1 阶微分方程组的形式,然后再仿真求解。当然也可以根据控制理论的模型转化算法,编写一段子程序,将其变换过程交与计算机完成。

三、龙格-库塔法积分子程序

积分子程序是系统仿真程序的核心,其编写的质量高低直接影响全部程序的运行,在此介绍一个采用 C 语言编写的龙格-库塔法积分子程序。

假定系统的数学模型是用向量形式给定的 1 阶微分方程组,即

$$\frac{\mathrm{d}\boldsymbol{y}}{\mathrm{d}t}=\boldsymbol{F}(\boldsymbol{y},t) \quad \boldsymbol{y}(t_0)=\boldsymbol{y}(0) \tag{4.5.3}$$

式中　　　　　　　$\boldsymbol{y}=\begin{bmatrix}y_1 & y_2 & \cdots & y_n\end{bmatrix}^\mathrm{T} \quad \boldsymbol{F}=\begin{bmatrix}f_1 & f_2 & \cdots & f_n\end{bmatrix}^\mathrm{T}$

此时,4 阶龙格-库塔公式可以写成向量形式,即

$$y_{n+1}=y_n+\frac{1}{6}(\boldsymbol{K}_1+2\boldsymbol{K}_2+2\boldsymbol{K}_3+\boldsymbol{K}_4) \tag{4.5.4}$$

$$\left.\begin{aligned}
\boldsymbol{K}_1&=hf(y_n,t)\\
\boldsymbol{K}_2&=hf(t_n+0.5h,y_n+0.5\boldsymbol{K}_1)\\
\boldsymbol{K}_3&=hf(t_n+0.5h,y_n+0.5\boldsymbol{K}_2)\\
\boldsymbol{K}_4&=(t_n+h,y_n+\boldsymbol{K}_3)
\end{aligned}\right\} \tag{4.5.5}$$

式中

$$\boldsymbol{K}_1=\begin{bmatrix}k_{11} & k_{12} & \cdots & k_{1n}\end{bmatrix}^\mathrm{T} \quad \boldsymbol{K}_2=\begin{bmatrix}k_{21} & k_{22} & \cdots & k_{2n}\end{bmatrix}^\mathrm{T}$$

$$\boldsymbol{K}_3=\begin{bmatrix}k_{31} & k_{32} & \cdots & k_{3n}\end{bmatrix}^\mathrm{T} \quad \boldsymbol{K}_4=\begin{bmatrix}k_{41} & k_{42} & \cdots & k_{4n}\end{bmatrix}^\mathrm{T}$$

k_{ij} 表示第 j 个方程式的第 i 个龙格-库塔法计算系数。

对于高阶微分方程式,理论上都可以化为 1 阶常微分方程组式(4.5.3)。根据式(4.5.3)编写的子程序,其计算顺序按式(4.5.4)的顺序,由前一步计算出的 y_n 值,分别算出 $\boldsymbol{K}_1,\boldsymbol{K}_2,\boldsymbol{K}_3,$ $\boldsymbol{K}_4$ 4 个系数,返回时,计算下一步 y_{n+1} 的值。整个计算过程分为 4 个部分,分别为:

(1)第一次计算导数时采用 t_n,y_n,并计算出 $\boldsymbol{K}_1$ 值,为计算 y_{n+1} 和 $\boldsymbol{K}_2$ 做准备。

(2)第二次计算导数 f 时,在 $t_n+0.5h$ 和 $y_n+0.5\boldsymbol{K}_1$ 处进行计算。由第二次计算的导数值来计算 $\boldsymbol{K}_2$。

（3）第三次计算导数时，$t = t_n + 0.5h$，$y = y_n + 0.5K_2$，并得到 K_3。

（4）最后一次计算导数时，$t = t_n + h$，$y = y_n + K_3$，由此得到 K_4，最后计算出 y_{n+1} 值。

由以上计算过程可以看出，计算导数 f 时的方程全部用 $\dot{y} = f(y, t)$，需要重复计算 4 次给定方程的导数，每次计算，方程不变，只是 y 和 t 发生变化。因此计算导数部分应编写成一个子程序。

本 章 小 结

（1）系统的动态特性通常是用高阶微分方程或 1 阶微分方程组来描述的。一般而言只有极少数微分方程能用初等方法求得其解析解，多数只能用近似数值法求解。利用数字计算机求解微分方程主要使用数值积分法，它是系统仿真的最基本解法。本章重点讨论了数值积分法在系统仿真中的应用问题。

（2）在系统仿真中，常用的有常微分方程的数值积分法、欧拉法、龙格-库塔法和线性等分法等。数值积分法的分类方式很多，常用的有单步法和多步法、显式法和隐式法。使用这些解法时，要注意其特点。

（3）实时仿真解法是半实物仿真所必须满足的条件，但并非所有的解法都适用于实时解法。应用时，必须仔细选择能满足实时要求的解法和公式。

（4）有相当一类动力学系统无法用常微分方程来描述，而要用偏微分方程来描述，例如，热传导问题、振动问题等，这类系统被称为分布参数系统。这类系统的数值求解更难，主要的解法有差分解法和线上求解法。

习 题

4-1 设一微分方程为

$$\dot{y} + y^2 = 0$$

初始条件为 $y(0) = 1$。试编写一个程序，用欧拉法求其数值解。

4-2 已知一单位反馈系统，其开环传递函数为

$$G(s) = \frac{10}{s(s+1)(0.5s+1)}$$

输入 $u(t) = 1(t)$。试用 4 阶龙格-库塔法编写一个程序，对该系统进行仿真。

4-3 分别用欧拉法及 4 阶龙格-库塔法计算系统

$$G(s) = \frac{100(5s+1)}{(10s+1)(s+1)(0.15s+1)}$$

在阶跃函数下的过渡过程：

（1）选择相同的步距 $h = 0.05$，试比较计算结果。

（2）选择不同的步距：欧拉法 $h = 0.001$，2 阶龙格-库塔法 $h = 0.01$，4 阶龙格-库塔法 $h = 0.05$，试比较计算结果。

4-4　有一微分方程 $T\dfrac{\mathrm{d}y}{\mathrm{d}t}+y=ku$，列出用欧拉法和 2 阶龙格-库塔法解 $y(t)$ 的差分，并讨论步距应选择在什么范围。若步距选择得比 $2T$ 大，将会产生什么结果？试说明其原因。

4-5　试用 4 阶龙格-库塔法仿真下图所示系统。

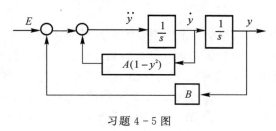

习题 4-5 图

图中：$E=I(t)$，$A=0.1$，$B=1.0$。

已知：步长为 0.001，仿真时间为 5；初始条件为 $y_1(0)=\dot{y}_1(0)=0$，$y_2(0)=\dot{y}_2(0)=0$。

第 5 章　面向结构图的数字仿真法

对一个控制系统进行研究,其中一个很重要的问题就是考察系统中一些参数改变对系统动态性能的影响,面向微分方程的仿真方法很难得到这一点。这主要是因为由小回路的传递函数得到的全系统大回路的传递函数之间的参数对应关系将变得非常复杂。其次,将复杂系统中诸多小回路化简求出总的系统模型也是十分麻烦的,更何况对于非线性系统,或难以用非数学模型描述的系统,则无法找到系统的总的闭环模型。

本章介绍两种由一些典型环节构成的复杂系统仿真的方法。在这类仿真程序中,先将仿真这些典型环节特性的仿真子程序编制好;在仿真时,只要输入各典型环节的参数以及环节间的连接关系的参数便可以作系统的仿真。这就是面向结构图的数字仿真法,它可以解决上述困难,且具有一些优点:

(1)很容易改变某些参数环节,便于研究各环节参数对系统的影响。

(2)不需要计算出总的传递函数,并且可以直接得到各个环节的动态性能。

(3)系统中含有非线性环节时也比较容易处理。

本章 5.1 节介绍面向结构图仿真各典型环节仿真模型的确定。5.2 节介绍面向结构图模型离散相似法仿真的方法。5.3 节介绍系统中含有典型非线性环节的处理方法。

5.1　典型环节仿真模型的确定

在第 2 章 2.4 节中已经介绍了状态方程离散化的方法,即对一个状态方程加入虚拟的采样器和保持器,当采样频率合适时可实现信号重构。面向结构图仿真方法,其基本思想就是将结构图化简为由各个典型环节组成,然后在各个典型环节前加入虚拟的采样器和保持器,使各环节独自构成一个便于计算机仿真的差分方程。本节介绍各个典型环节对应的离散状态方程的系数矩阵 $\phi(T)$,$\phi_m(T)$,$\hat{\phi}_m(T)$ 的求解方法。

1.积分环节

积分环节如图 5.1.1 所示,其传递函数可写为

$$G(s) = \frac{Y(s)}{U(s)} = \frac{a_0}{s} \tag{5.1.1}$$

状态方程为

$$\left. \begin{array}{c} \dot{x} = a_0 u \\ y = x \end{array} \right\} \tag{5.1.2}$$

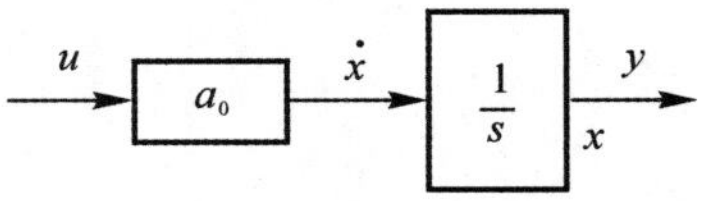

图 5.1.1　积分环节结构图

根据式(2.4.9)可得

$$\begin{cases} \phi(T) = e^{At} = 1 \\ \phi_m(T) = \int_0^T e^{A(T-t)} B \, d\tau = \int_0^T a_0 \, d\tau = a_0 T \\ \hat{\phi}_m(T) = \int_0^T \tau e^{A(T-t)} B \, d\tau = \int_0^T \tau B \, d\tau = a_0 T^2 \end{cases}$$

式中,$A = 0, B = a_0$。

离散状态方程为

$$\left. \begin{aligned} x(n+1) &= x(n) + a_0 T u(n) + a_0 T^2 \dot{u}(n) \quad x(0) = y(0) \\ y(n+1) &= x(n+1) \end{aligned} \right\} \tag{5.1.3}$$

2.比例积分环节

比例积分环节如图 5.1.2 所示。显见,其状态方程与积分环节一致,不同的是输出方程,传递函数可写为

$$G(s) = \frac{c + ds}{bs} = \frac{a_0}{s} + a_0 a_1 \tag{5.1.4}$$

式中,$a_0 = c/b, a_1 = d/c$。

根据式(2.4.9),比例积分环节的状态方程和输出方程可写为

$$\left. \begin{aligned} \dot{x} &= a_0 u \\ y &= x + a_0 a_1 u \end{aligned} \right\} \tag{5.1.5}$$

显见,$\phi(T), \phi_m(T), \hat{\phi}_m(T)$ 同积分环节一样,仅离散状态方程中的输出方程与式(5.1.3)不一样,即

$$\left. \begin{aligned} x(n+1) &= x(n) + a_0 T u(n) + \frac{1}{2} a_0 T^2 \dot{u}(n) \quad x(0) = y(0) \\ y(n+1) &= x(n+1) + a_0 a_1 u(n+1) \end{aligned} \right\} \tag{5.1.6}$$

3.惯性环节

惯性环节的结构图如图 5.1.3 所示,其传递函数可写为

$$G(s) = \frac{c}{a + bs} = \frac{a_0}{s + a_1} \tag{5.1.7}$$

式中,$a_0 = c/b, a_1 = a/b$。

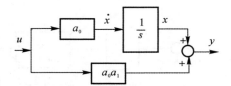

图 5.1.2 比例积分环节结构图

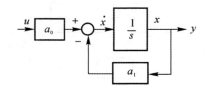

图 5.1.3 惯性环节结构图

惯性环节的状态方程和输出方程为

$$\left.\begin{array}{l} \dot{x} = a_1 x + a_0 u \\ y = x \end{array}\right\} \tag{5.1.8}$$

根据式(2.4.9),其差分方程的各项系数为

$$\left\{\begin{array}{l} \phi(T) = \mathrm{e}^{a_1 t} \\ \phi_m(T) = \int_0^T a_0 \mathrm{e}^{-a_1(T-\tau)} \mathrm{d}\tau = (a_0/a_1)(1 - \mathrm{e}^{-a_1 T}) \\ \hat{\phi}_m(T) = \int_0^T \tau a_0 \mathrm{e}^{-a_1(T-\tau)} \mathrm{d}\tau = (a_0/a_1)T + (a_0/a_1^2)(\mathrm{e}^{-a_1 T} - 1) \end{array}\right.$$

离散状态方程为

$$\left.\begin{array}{l} x(n+1) = \phi(T)x(n) + \phi_m(T)u(n) + \hat{\phi}_m(T)\dot{u}(n) \\ y(n+1) = x(n+1) \\ x(0) = y(0) \end{array}\right\} \tag{5.1.9}$$

4.比例惯性环节

比例惯性环节的结构图如图 5.1.4 所示。传递函数可写为

$$G(s) = \frac{c+ds}{a+bs} = a_0 + \frac{a_0(a_2 - a_1)}{s + a_1} \tag{5.1.10}$$

式中,$a_0 = d/b$,$a_1 = a/b$,$a_2 = c/d$。

状态方程和输出方程为

$$\left.\begin{array}{l} \dot{x} = a_1 x + a_0 u \\ y = (a_2 - a_1)x + a_0 u \end{array}\right\} \tag{5.1.11}$$

显见,状态方程与惯性环节一样,故 $\phi(T)$,$\phi_m(T)$,$\hat{\phi}_m(T)$ 的计算也一样,仅输出方程不一样,故得离散状态方程为

$$\left.\begin{array}{l} x(n+1) = \phi(T)x(n) + \phi_m(T)u(n) + \hat{\phi}_m(T)\dot{u}(n) \\ y(n+1) = (a_2 - a_1)x(n+1) + a_0 u(n+1) \\ x(0) = (c/d)y(0) \end{array}\right\} \tag{5.1.12}$$

除上述几种典型环节外,常用的还有 2 阶环节 $G(s) = \dfrac{b}{a_0 s^2 + a_1 s + a_2}$,它可由图 5.1.5 所示结构组成。

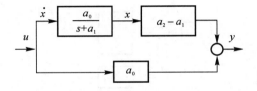

图 5.1.4　比例惯性环节结构图

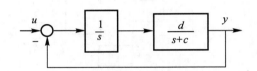

图 5.1.5　2 阶环节等效结构图

可见高阶环节均可用前述几种典型环节获得。

5.2　结构图离散相似法仿真

面向结构图模型的离散相似法仿真除了需要建立典型环节的差分式外，还需要建立能描述系统连接方式的方程。在 5.1 节的基础上，本节将进一步介绍系统连接矩阵的建立和面向结构图模型的离散相似法仿真方法以及计算程序的实现。

一、连接矩阵

5.1 节介绍了环节离散化方法以及所得到的差分方程模型的形式，但这仅仅表示了各个单独环节输入和输出之间的关系。为了实现面向结构图离散相似法仿真，还必须把这些环节按照系统结构图的要求连接起来，以保证正确的计算次序。设系统的第 i 个环节输入、输出分别用 $u_i, y_i (i=1,2,\cdots,n)$ 表示，y_0 为系统的外部输入量，则

$$U = W_1 y + W_0 y_0 \tag{5.2.1}$$

可把式（5.2.1）写成

$$U = \begin{bmatrix} W_0 & W_1 \end{bmatrix} \begin{bmatrix} y_0 \\ y \end{bmatrix} = WY \tag{5.2.2}$$

式中，W 是一个 $n \times (n+1)$ 维长方矩阵。这是把表示输入信号与系统连接情况的 W_0 矩阵放在原连接矩阵的第一列，也就是

$$W = \begin{bmatrix} W_{10} & W_{11} & \cdots & W_{1n} \\ W_{20} & W_{21} & \cdots & W_{2n} \\ \vdots & \vdots & & \vdots \\ W_{n0} & W_{n1} & \cdots & W_{nn} \end{bmatrix}$$

W_{ij} 表示第 j 个环节输入之间的连接方式。

而 Y 是一个 $(n+1) \times 1$ 的列矢量，$Y = \begin{bmatrix} y_0 & y_1 & y_2 & \cdots & y_n \end{bmatrix}^T$。例如，有一系统如图 5.2.1 所示。如果已知各环节的传递函数，那么很容易将其离散化，各个环节的输入-输出关系为

$$\begin{bmatrix} u_1 \\ u_2 \\ u_3 \\ u_4 \end{bmatrix} = \begin{bmatrix} 1 & 0 & 0 & -1 & 0 \\ 0 & 1 & 0 & 0 & -1 \\ 0 & 0 & 1 & 0 & 0 \\ 0 & 0 & 1 & 0 & 0 \end{bmatrix} \begin{bmatrix} y_0 \\ y_1 \\ y_2 \\ y_3 \\ y_4 \end{bmatrix} \tag{5.2.3}$$

$$U = W \cdot Y \tag{5.2.4}$$

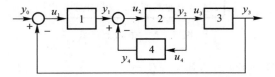

图 5.2.1　系统结构图

二、仿真程序的设计

把不同类型环节的离散系数的计算分别编成子程序。在程序中引入一个标志参数 $H(I)$，表示该典型环节的类型，假设一个通用程序只包括下列 4 种典型环节，且 $H(I)$ 与典型环节对应关系如下：

当 $H(I)=0$ 时，表示第 I 个环节为积分环节 $\dfrac{c}{s}$。

当 $H(I)=1$ 时，表示第 I 个环节为比例积分环节 $\dfrac{c+ds}{bs}$。

当 $H(I)=2$ 时，表示第 I 个环节为惯性环节 $\dfrac{c}{a+bs}$。

当 $H(I)=3$ 时，表示第 I 个环节为比例惯性环节 $\dfrac{c+ds}{a+bs}$。

由前述可知，对于 $H(I)=0$ 和 $H(I)=1$ 两种典型环节，计算状态变量 x 的公式相同，只是它们的输出变量计算公式不同。而同样对于 $H(I)=2$ 和 $H(I)=3$ 的典型环节，也是计算状态变量 x 的公式相同，仅仅是输出方程不同。在步长取定后，典型环节的离散系数 $\phi(T)$，$\phi_m(T)$，$\hat{\phi}_m(T)$，就仅是典型环节的参数（时间常数、放大增益）的函数，可以预先根据典型环节的类型分别编成子程序，仿真时即可根据 $H(I)$ 方便地调用。

系统的连接情况，仍用连接矩阵 $\boldsymbol{W}$ 来描述。

面向系统结构图离散化仿真的工作流程图如图 5.2.2 所示。

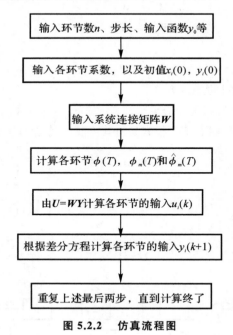

图 5.2.2　仿真流程图

按系统的典型环节离散化仿真，其主要优点：

（1）各个环节的离散状态方程系数计算简单，而且可以一步求出，不像龙格-库塔法那样，每一步都要重新计算龙格-库塔系数，因而计算量相对来说较小。

（2）由于各个环节的输入量 u_i、输出量 y_i 每一步都可求出，所以很容易推广到含有非线性环节的系统仿真中去。

该方法的主要缺点是计算精度低。因为每个环节的输入实际上都是使用了它们的近似值（矩形近似或梯形近似），故仅有 1 阶或 2 阶精度，这会带来计算误差，而且环节越多，误差越大。这一点下面还将进一步分析。需要指出的是，当输入采用梯形近似法时，需要用到 $u(n+1)$ 来求取 $u(n)$，$u(n) = [u(n+1) - u(n)]/T$，这通常是难以办到的。于是在仿真中有时只得采用简单的向后差分的方法来计算 $\dot{u}(n)$，即 $\dot{u}(n) = [u(n) - u(n-1)]/T$。由于 $\dot{u}(n)$ 本来的定义是表示在 $nT \sim (n+1)T$ 区间输入信号的平均变化速度，所以用向后差分的方法来计算 $\dot{u}(n)$，实际上是用前一个周期 $(n-1)T \sim nT$ 的输入信号的平均变化速度来近似代替周期 $nT \sim (n+1)T$ 的输入信号变化速度，相差一个采样周期。这显然会使计算误差增大。

三、仿真算例及分析

用该程序求某 4 阶系统（结构图见图 5.2.3）在阶跃函数作用下的过渡过程。

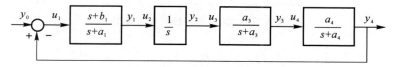

图 5.2.3　4 阶系统结构图

确定典型环节类型和环节编号，本例从左到右顺序排号，第一块类型号 $H(1) = 3$，第二块类型号 $H(2) = 0$，第三块类型号 $H(3) = 2$，第四块类型号 $H(4) = 2$，根据图 5.2.3 所示可写出连接矩阵为

$$W = \begin{bmatrix} 1 & 0 & 0 & 0 & -1 \\ 0 & 1 & 0 & 0 & 0 \\ 0 & 0 & 1 & 0 & 0 \\ 0 & 0 & 0 & 1 & 0 \end{bmatrix}$$

根据经验公式 $T = \dfrac{1}{(30 \sim 50)\omega_c}$，可达到 0.5% 左右的精度，ω_c 为系统开环频率特性的剪切频率。在此例中，$\omega_c = 1$，$T = \dfrac{1}{(30 \sim 50)\omega_c} = 0.033 \sim 0.02s$，因此可选 $T = 0.025s$。输入数据有：

环节序号	a	b	c	d	x 初始值	y 初始值
1	a_1	1	b_1	1	0	0
2	0	1	1	0	0	0
3	a_3	1	a_3	0	0	0
4	a_4	1	a_4	0	0	0

连接矩阵

$$W = \begin{bmatrix} 1 & 0 & 0 & 0 & -1 \\ 0 & 1 & 0 & 0 & 0 \\ 0 & 0 & 1 & 0 & 0 \\ 0 & 0 & 0 & 1 & 0 \end{bmatrix}$$

仿真参数

采样周期	仿真时间	打印、显示时间间隔	输出环节号 1…
0.01	10	1	1

输入以上 3 组参数后,便可在计算机上仿真。

四、采用补偿器提高模型精度和稳定性的方法

系统的离散化过程,就是在连续系统中加入虚拟的采样开关和保持器。由于保持器不可能完整无误地将连续信号重构出来,因此必然会产生仿真误差。一般来讲,采样间隔越大,仿真的误差也就越大。为了减少误差,很自然地就想到是否能在这个仿真模型中加入校正补偿环节。一般所加入的补偿器应尽可能好地抵消经过采样-保持器所造成的失真。补偿器常常采用超前的 $\lambda e^{\gamma sT}$ 的形式,其中 λ, γ 可以根据实际情况选取。整个仿真模型如图 5.2.4 所示。

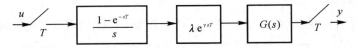

图 5.2.4　加校正的数字仿真模型

下面以积分环节为例来说明这种方法的基本原理。

假定 $G(s) = \dfrac{1}{s}$,则按图 5.2.4 所示构成的仿真模型的 $G(z)$ 为

$$G(z) = Z\left(\frac{1 - e^{-sT}}{s} e^{\gamma sT} \frac{\lambda}{s}\right) = \left(\frac{z-1}{z}\right)\lambda Z\left(\frac{e^{\gamma sT}}{s^2}\right) \tag{5.2.5}$$

对 $e^{\gamma sT}$ 作一次近似,即取

$$e^{\gamma sT} \approx 1 + \gamma Ts \tag{5.2.6}$$

则式(5.2.5) 变成

$$G(z) = \left(\frac{z-1}{z}\right)\lambda Z\left(\frac{1 + \gamma sT}{s^2}\right) = \left(\frac{z-1}{z}\right)\lambda\left[\frac{Tz}{(z-1)^2} + \frac{\gamma Tz}{z-1}\right] = T\lambda\left[\frac{\gamma z + (1-\lambda)}{z-1}\right] \tag{5.2.7}$$

写成差分方程为

$$y_n = y_{n-1} + \lambda T[\gamma u_n + (1-\gamma)u_{n-1}] \tag{5.2.8}$$

选择不同的 γ 和 λ,可得各种不同数值积分公式。比如:

选 $\lambda = 1, \gamma = 0$,则有 $y_n = y_{n-1} + Tu_{n-1}$(欧拉公式);

选 $\lambda = 1, \gamma = \dfrac{1}{2}$,则有 $y_n = y_{n-1} + \dfrac{T}{2}(u_n + u_{n-1})$(梯形公式);

选 $\lambda = 1, \gamma = 1$,则有 $y_n = y_{n-1} + Tu_n$(超前欧拉公式)。

在梯形公式及超前欧拉公式中都有 y_n 项,一般它是未知的,在计算 y_n 时只知道 y_{n-1}。为此,可以先对输入信号加一拍延滞,然后再加大 γ,补偿这种延滞所造成的误差,如图 5.2.5 所示,则有

$$G(s) = T\lambda\left[\frac{\gamma + (1-\gamma)z^{-1}}{z-1}\right] \tag{5.2.9}$$

$$y_n = y_{n-1} + T\lambda[\gamma u_n + (1-\gamma)u_{n-1}] \tag{5.2.10}$$

选 $\lambda = 1, \gamma = \dfrac{2}{3}$，根据式(5.2.10)可得

$$y_n = y_{n-1} + \frac{T}{2}(3u_{n-1} - u_{n-2}) \tag{5.2.11}$$

这就是亚当斯公式。

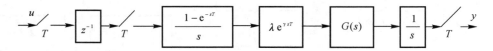

图 5.2.5　补偿延滞造成的误差

由于 λ, γ 可调,故将式(5.2.8)及式(5.2.10)称为可调整的数值积分公式。把这种方法用于复杂系统的快速仿真,就可以得出允许较大步距、又有一定精度的仿真模型。通常将这种方法称为可调的数值积分法。

当将这种方法用于复杂系统时,为获得仿真模型,其基本步骤如下:

(1) 在系统的输入端加虚拟的采样器及保持器,然后加上补偿环节,如图 5.2.4 所示。

(2) 求出该图所示的离散化系统的脉冲传递函数 $G(z)$,并列出它的差分方程,这就是仿真模型。

(3) 用高阶的龙格-库塔法计算该系统的响应,将它作为一个标准解,然后给出不同的 λ, γ,计算仿真模型的响应,并将它与标准解进行比较,直到误差达到最小为止。

利用上述步骤仅仅是计算出了系统的输入量 y。如果不仅对 y 感兴趣,而且对于系统中的其他变量也有兴趣,那么就必须将系统分成几个部分,每部分都要加虚拟的采样器及保持器。至于校正补偿环节则按一般系统的校正原则,可以对每一个小闭环加一个 $\lambda e^{\gamma sT}$。调整时,一般是先调外环的。调整的目标是要求所获得的仿真模型在较大的计算步距时仍能最好地与实际模型相接近。

5.3　非线性系统的数字仿真

在 5.2 节中曾提到,利用离散相似法编制的仿真程序虽然精度低,但是却可以十分方便地推广应用到这类非线性系统中去,其主要原因是在仿真计算程序中,每走一步,各个环节的输入量及输出量都将重新计算一次。因此非线性环节子程序很容易加入仿真程序中去。下面首先介绍典型的非线性环节的仿真。

一、非线性环节仿真子程序

1.饱和非线性

完成图 5.3.1 所示饱和非线性特性输入、输出之间的仿真程序,可采用图 5.3.2 所示的仿真流程图,并相应地编制子程序在使用中调用。

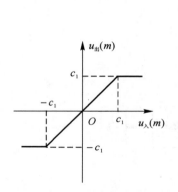

图 5.3.1 饱和非线性特性

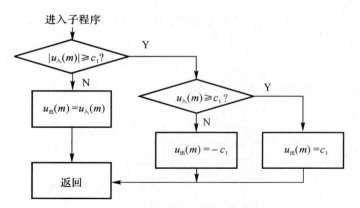

图 5.3.2 饱和非线性仿真程序流程图

2.失灵区非线性

图 5.3.3 所示的失灵区非线性特性输入、输出之间的仿真流程图如图 5.3.4 所示。

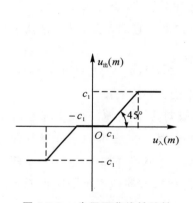

图 5.3.3 失灵区非线性特性

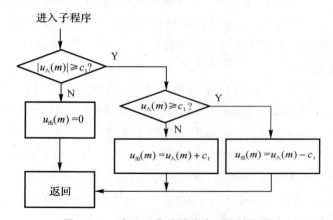

图 5.3.4 失灵区非线性仿真程序流程图

3.齿轮间隙(磁滞回环)非线性(见图 5.3.5)

设 $u_{\lambda}^0(m)$ 为上一次的输入，$u_{出}^0(m)$ 为上一次的输出。若 $u_{\lambda}^0(m) - u_{出}^0(m) > 0$，且 $u_{出}^0(m) \leqslant u_{\lambda}^0(m) - C_1$，则

$$u_{出}^0(m) = u_{\lambda}^0(m) - C_1$$

即，若只满足前一个条件，而不满足后一个条件，则是工作在由左边的特性过渡到右边的特性上。

若 $u_{\lambda}^0(m) - u_{出}^0(m) < 0$，且 $u_{出}^0(m) \geqslant u_{\lambda}^0(m) + C_1$，则

$$u_{出}^0(m) = u_{\lambda}^0(m) + C_1$$

其他情况，$u_{出}(m) = u_{出}^0(m)$，即输出维持不变，正好

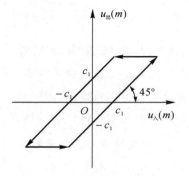

图 5.3.5 齿轮间隙非线性特性

在走间隙这一段。程序流程图见图5.3.6。

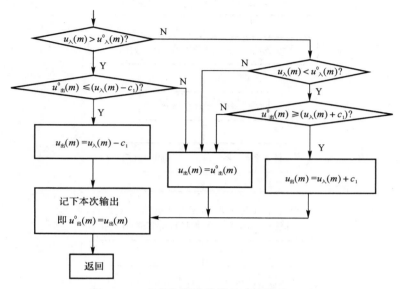

图 5.3.6　齿轮间隙非线性仿真程序流程图

二、含有非线性环节的离散相似法仿真程序的计算方法

当系统中有上述典型环节时,5.2 节讲的离散相似法仿真程序要作如下修改:

(1) 对每个环节要增设一个参数 $Z(I)$,表示第 I 个环节的入口或出口有哪种类型的非线性环节。

(2) 对每个环节要增设一个参数 $C(I)$,表示第 I 个环节的入口的那个非线性环节的参数 C_i。当第 I 个环节入口没有非线性时,$C(I)=0$。

因此在输入数据时,对于每一个非线性环节都要同时送 $A(I)$,$B(I)$,$C(I)$,$D(I)$,$Y(I)$,$X(I)$,$Z(I)$,$S(I)$ 8个数据。其中 $A(I)$,$B(I)$,$C(I)$,$D(I)$ 为线性环节 $\dfrac{Y_i}{X_i}=\dfrac{C_i+D_i s}{A_i+B_i s}$ 的系数,$Z(I)$ 的含义为:

$Z(I)=0$:表示该环节前、后无非线性环节。

$Z(I)=1$:表示该环节前有饱和非线性环节。

$Z(I)=2$:表示该环节前有失灵区非线性环节。

$Z(I)=3$:表示该环节前有齿轮间隙非线性环节。

$Z(I)=4$:表示该环节后有饱和非线性环节。

$Z(I)=5$:表示该环节后有失灵区非线性环节。

$Z(I)=6$:表示该环节后有齿轮间隙非线性环节。

$S(I)$ 的意义可以参见图 5.3.1、图 5.3.5 所示的非线性参数 c_1。

(3) 一个完整的面向结构图的离散相似法仿真程序框图如图 5.3.7 所示。

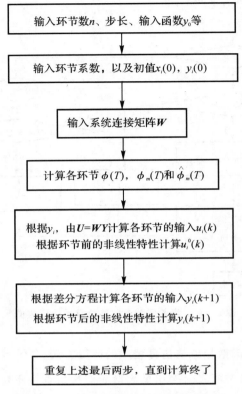

图 5.3.7　离散相似法仿真程序框图

三、非线性系统仿真举例

有一个 4 阶非线性系统仿真结构图如图 5.3.8 所示。试分析当阶跃输入 $u=10$ 时,以下 3 种情况下的系统输出响应及结果:①无非线性环节;②非线性环节为饱和特性(见图 5.3.1),且 $c_1=5$;③非线性环节为失灵区特性(见图 5.3.3),且 $c_1=1$。

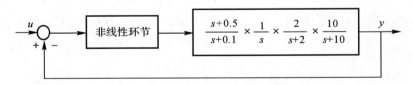

图 5.3.8　4 阶非线性系统结构图

第一步:确定系统各个环节号。本例除第一个环节前有非线性环节外,其余都为线性环节。

第二步:根据图 5.3.9 所示写出连接矩阵为

$$\begin{bmatrix} u_1 \\ u_2 \\ u_3 \\ u_4 \end{bmatrix} = \begin{bmatrix} 1 & 0 & 0 & 0 & -1 \\ 0 & 1 & 0 & 0 & 0 \\ 0 & 0 & 1 & 0 & 0 \\ 0 & 0 & 0 & 1 & 0 \end{bmatrix} \begin{bmatrix} y_0 \\ y_1 \\ y_2 \\ y_3 \\ y_4 \end{bmatrix}$$

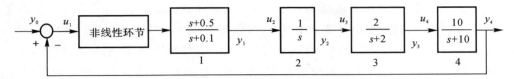

图 5.3.9　4 阶非线性系统仿真框图

第三步:运行程序,根据提示输入数据。输入的数据有:

(1) 各环节参数,按第二种情况考虑,非线性环节为饱和特性,即

$A(i)$	$B(i)$	$C(i)$	$D(i)$	$u_0(i)$	$y_0(i)$	$Z(i)$
0.1	1	0.5	1	0	0	1
0	1	1	0	0	0	0
2	1	2	0	0	0	0
10	1	10	0	0	0	0

(2) 输入连接矩阵数据,即

$$\boldsymbol{W} = \begin{bmatrix} 1 & 0 & 0 & 0 & -1 \\ 0 & 1 & 0 & 0 & 0 \\ 0 & 0 & 1 & 0 & 0 \\ 0 & 0 & 0 & 1 & 0 \end{bmatrix}$$

(3) 输入仿真参数。根据经验公式,采样周期按各环节最小的时间常数的 $\frac{1}{10}$ 选取,本例中最小时间常数为 0.1,故采样周期选为 0.01。仿真时间取 10 s,且观察第 1 号、4 号环节输出,因此输入仿真参数如下:

采样周期	仿真时间	打印、显示时间间隔	输出环节号…
0.01	10	1	1,4

第四步:结果分析。将以上 3 组数据输入到仿真程序中,运行后可得到数据结果。通过该程序的仿真结果,可以分析系统中典型非线性环节对系统的影响。

(1) 饱和非线性对系统过渡过程的影响。当自动控制系统(非条件稳定系统)中存在饱和元件时,系统的稳定性将变好,而快速性将变坏,也即超调量将减小,而过渡过程时间增加。这与自动控制原理理论分析结果相同。

(2) 失灵区非线性对系统过渡过程的影响。根据调解原理分析可知:若系统中具有失灵区非线性环节,那么系统的动态品质将变坏,而对稳定性影响不大。其原因:

1) 由于有失灵区,在过渡过程的起始段,相当于减小了系统的开环增益,故过渡过程变缓。

2) 当输入量接近稳定时,放大器处于稳定区,系统处于失控状态,控制作用为零,故超调量将略微增大。

3) 由于放大器有失灵区,故在过渡过程中有尾部,系统也处于失控状态,因此将出现一个很长的尾巴,即从系统进入失灵区到输出量进入稳态值区(±5%),输出量变化十分缓慢。

（3）齿轮间隙非线性对系统的影响。由于存在齿轮间隙，当系统的输出值超过稳态值时，因系统有反向调节的趋势，输出将维持不变，一直要等非线性环节的输入 u_λ 走完间隙时输出才能下降。而当输出值反向偏离稳态值时，系统有正向调节的趋势，输出又将维持不变，一直要等非线性环节的输入 u_λ 走完间隙时输出才能回升。其结果，系统将会在稳态值附近以某一幅度和频率进行振荡，即系统始终在一个极限环内运动，而无法稳定下来。

本 章 小 结

本章是全书的重点之一，所介绍的两种面向结构图的仿真方法是目前科学研究和工程实践中常用的仿真方法。

在连续系统用结构图形式给定后，离散相似法是一种较为简单的方法。该方法的实质就是在系统必要环节的输入和输出端加入虚拟采样器和保持器，将连续系统离散化，然后分别计算分隔开的各个环节的输出量，并按结构图上的关系把相应的输入与输出连接起来，顺序求解计算。由于环节的离散化方程可离线计算，因此该方法突出的特点是运算速度快，但精度低。

习　　　题

5-1　有一闭环系统如下图所示。

（1）求出 $\dfrac{1}{s+(s+2)}$ 的 $\phi(T),\phi_m(T)$，列出求解 $y(t)$ 的差分方程。

（2）求出闭环系统的 $\phi(T),\phi_m(T)$，列出求解 $y(t)$ 的差分方程。

（3）在闭环入口 e 处加虚拟采样器及零阶保持器，求出开环的脉冲传递函数 $W(z)$，并列出求解 $y(t)$ 的差分方程。

（4）在系统入口 u 处加虚拟采样器及零阶保持器，求出开环的脉冲传递函数 $W(z)$，并列出求解 $y(t)$ 的差分方程。

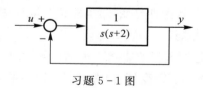

习题 5-1 图

5-2　已知系统 $\dfrac{k}{s+a}(a>0)$ 的 $\phi(T)=e^{-aT},\phi_m(T)=\dfrac{k}{a}(1-e^{-aT})$，故差分方程为 $y_{n+1}=e^{-aT}y_n+\dfrac{k}{a}(1-e^{-aT})u_n$，试分析步距 T 应如何选择。若选择得过大，计算时是否会发生不稳定？

5-3　试编出下图所示的非线性环节的仿真程序。

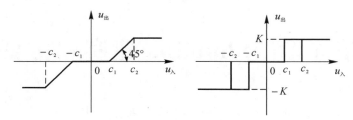

习题 5-3 图

5-4 设有系统状态方程如下：

(1) $\begin{bmatrix} \dot{x}_1 \\ \dot{x}_2 \end{bmatrix} = \begin{bmatrix} 0 & 1 \\ -16.35 & -3.14 \end{bmatrix} \begin{bmatrix} x_1 \\ x_2 \end{bmatrix} + \begin{bmatrix} 0 \\ 1 \end{bmatrix} u$

(2) $\begin{bmatrix} \dot{x}_1 \\ \dot{x}_2 \\ \dot{x}_3 \end{bmatrix} = \begin{bmatrix} -0.5 & 1 & 0 \\ 0 & -0.5 & 0 \\ 0 & 1 & -1 \end{bmatrix} \begin{bmatrix} x_1 \\ x_2 \\ x_3 \end{bmatrix} + \begin{bmatrix} 0 \\ 0 \\ 1 \end{bmatrix} u$

试编制程序，求出这两组状态方程的 $\phi(T)$ 和 $\phi_m(T)$。已知采样周期 $T=0.5$。

5-5 试用 MCSS 仿真程序对下图所示系统进行仿真。其中，输入 u 为单位阶跃函数；参数 $c_1=1$，$c_2=0.05$。分析在离散化采样周期（步长）$T=0.02$ 和 $T=0.05$ 两种情况下，仿真结果是否相同。

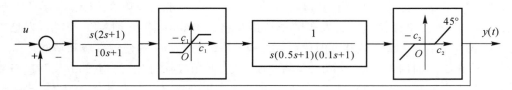

习题 5-5 图

5-6 设有一系统结构如下图所示。当输入为单位阶跃函数时，输出 y 的精确解为

$$y(t) = 1 + \frac{3}{8} e^{-t} \cos 3t - \frac{17}{24} e^{-t} \sin 3t - \frac{11}{8} e^{-3t} \cos t - \frac{13}{8} e^{-3t} \sin t$$

试用离散仿真程序对上述系统在以下几种条件下进行仿真，并与精确解 $y(t)$ 相比较。

(1) 在离散化采样周期 $D_0=0.02, 0.005, 0.001, 0.002$ 四种情况下的仿真结果与精确解的误差。

(2) 在离散化采样周期 $D_0=0.005$ 条件下，对于把环节 $\frac{s+20}{s+4.59}$ 与 $\frac{5}{s}$ 合在一起离散化以及两个环节分开离散化两种情况，若将两者所得结果同精确解比较，哪一种误差更小一些？

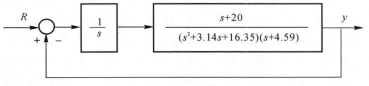

习题 5-6 图

第 6 章　Simulink 建模和仿真

在计算机技术飞速发展的今天,许多科学研究、工程设计由于其复杂性越来越高,因此与计算机的结合日趋紧密。也正是计算机技术的介入,改变了许多学科的结构、研究内容和研究方向。例如,计算流体力学、计算物理学、计算声学等新兴学科的兴起,均与计算机技术的发展分不开。控制理论、仿真技术本身与计算机的结合就十分紧密,而随着专业领域的研究深入和计算机软硬件技术的发展,这种联系变得更加紧密。计算控制论的建立,足以说明这个问题。而这种发展,又与系统仿真技术的发展分不开。

为了满足用户对工程计算的要求,一些软件公司相继推出一批数学类科技应用软件,如MATLAB,Xmath,Mathematica,Maple 等。其中 MathWorks 公司推出的 MATLAB 由于有强大的功能和友好的用户界面,受到越来越多的科技工作者,尤其是控制领域的专家和学者的青睐。

MATLAB 具有友好的工作平台和编程环境、简单易学的编程语言、强大的科学计算和数据处理能力、出色的图形和图像处理功能、能适应多领域应用的工具箱、适应多种语言的程序接口、模块化的设计和系统级的仿真功能等诸多的优点和特点。

支持 MATLAB 仿真的是 Simulink 工具箱,Simulink 一般可以附在 MATLAB 上同时安装,也有独立版本的单独使用。但大多数用户都是将 Simulink 附在 MATLAB 上,以便能更好地发挥 MATLAB 在科学计算上的优势,进一步扩展 Simulink 的使用领域和功能。

本章将详细地向用户介绍 Simulink 的建模方法、使用操作,以及使用 Simulink 进行系统级的仿真和设计原理,使读者通过学习,不但可以进一步掌握计算机仿真的基本概念和理论,也可以初步学会使用 Simulink 去真正地运用仿真技术解决科研和工程中的实际问题。

6.1　Simulink 概述和基本操作

6.1.1　Simulink 概述

近几年来,在学术界和工业领域,Simulink 已经成为动态系统建模和仿真领域中应用最为广泛的软件之一。Simulink 可以很方便地创建和维护一个完整的模块,评估不同的算法和结构,并验证系统的性能。由于 Simulink 是采用模块组合方式来建模的,因而可以使用户快速、准确地创建动态系统的计算机仿真模型,特别是对复杂的不确定非线性系统,更为方便。

Simulink 模型可以用来模拟线性和非线性、连续和离散或者两者的混合系统,也就是说,它可以用来模拟几乎所有可能遇到的动态系统。另外,Simulink 还提供一套图形动画的处理方法,使用户可以方便地观察到仿真的整个过程。

　　Simulink 没有单独的语言,但是它提供了 S 函数规则。所谓的 S 函数,可以是一个 M 函数文件、FORTRAN 程序、C 或 C＋＋语言程序等,通过特殊的语法规则使之能够被 Simulink 模型或模块调用。S 函数使 Simulink 更加充实、完备,具有更强的处理能力。

　　同 MATLAB 一样,Simulink 也不是封闭的,它允许用户可以很方便地定制自己的模块和模块库。同时,Simulink 也同样有比较完整的帮助系统,使用户可以随时找到对应模块的说明,以便于应用。

　　综上所述,Simulink 就是一种开放性的,用来模拟线性或非线性的,以及连续或离散或者两者混合的动态系统的强有力的系统级仿真工具。

　　目前,随着软件的升级换代,在软硬件的接口方面有了长足的进步,使用 Simulink 可以很方便地进行实时的信号控制和处理、信息通信以及 DSP 的处理。世界上许多知名的大公司已经使用 Simulink 作为其产品设计和开发的强有力工具。

6.1.2　Simulink 的基本操作

一、Simulink 的启动

Simulink 的模型文件后缀名为 ＊.mdl,安装 MATLAB 后,直接双击图标即可打开相应的 Simulink 模型。

在 MATLAB 环境下,打开 Simulink 有 4 种方法:

(1)在命令窗口中键入 simulink。

(2)在 file 菜单中选择 new 命令的 model。

(3)在工具栏中,按按钮 ▦。

(4)在模型窗口 file 菜单选择 new 命令的 model。

二、模型基本结构

一个典型的 Simulink 模型包括如下 3 种类型的元素:

(1)信号源模块。

(2)被模拟的系统模块。

(3)输出显示模块。

　　图 6.1.1 说明了这 3 种元素之间的典型关系。系统模块作为中心模块,是 Simulink 仿真建模所要解决的主要部分;信号源为系统的输入,它包括常数信号源函数信号发生器(如正弦和阶跃函数波等)、用户自己在 MATLAB 中创建的自定义信号和 MATLAB 工作空间中的数据 3 种。输出显示模块主要在 Sinks 库中,也可以将数据输出到 MATLAB 工作空间的变量或文件。

图 6.1.1　Simulink 模型元素关联图

Simulink 模型并不一定要包含全部的 3 种元素,在实际应用中通常可以缺少其中的一种或两种。例如,若要模拟一个系统偏离平衡位置后的恢复行为,就可以建立一个没有输入而只有系统模块加一个显示模块的模型。在某种情况下,也可以建立一个只有源模块和显示模块的系统。若需要一个由几个函数复合的特殊信号,则可以使用源模块生成信号并将其送入 MATLAB 工作间或文件中。

三、仿真运行原理

Simulink 仿真包括两个阶段:模块初始化阶段和模型执行阶段。

1.模块初始化

在模块初始化阶段主要完成以下工作:

(1)模型参数传给 MATLAB 进行估值,得到的数值结果将作为模型的实际参数。

(2)展开模型的各个层次,每一个非条件执行的子系统被它所包含的模块所代替。

(3)模型中的模块按更新的次序进行排序。排序算法产生一个列表,以确保具有代数环的模块在产生它的驱动输入的模块被更新后才更新。当然,这一步要先检测出模型中存在的代数环。

(4)决定模型中有无显示设定的信号属性,例如名称、数据类型、数值类型以及大小等,并且检查每个模块是否能够接收连接到它输入端的信号。Simulink 使用属性传递的过程来确定未被设定的属性,这个过程将源信号的属性传递到它所驱动的模块的输入信号。

(5)决定所有无显示设定采样时间的模块的采样时间。

(6)分配和初始化用于存储每个模块的状态和输入当前值的存储空间。

完成这些工作后就可以进行仿真了。

2.模型执行

一般模型是使用数值积分来进行仿真的。所运用的仿真解法器(仿真算法)依赖于模型提供给它的连续状态微分能力。计算微分可以分两步进行:

(1)按照排序所决定的次序计算每个模块的输出。

(2)根据当前时刻的输入和状态来决定状态的微分,得到微分向量后再把它返回给解法器。后者用来计算下一个采样点的状态向量。一旦新的状态向量计算完毕,被采样的数据源模块和接收模块才被更新。

在仿真开始时模型设定待仿真系统的初始状态和输出。在每一个时间步中,Simulink 计算系统的输入、状态和输出,并更新模型来反映计算出的值。在仿真结束时,模型得出系统的输入、状态和输出。

在每个时间步中,Simulink 所采取的动作依次为:

(1)按排列好的次序更新模型中模块的输出。Simulink 通过调用模块的输出函数计算模块的输出。Simulink 只把当前值、模块的输入以及状态量传给这些函数计算模块的输出。对于离散系统,Simulink 只有在当前时间是模块采样时间的整数倍时,才会更新模块的输出。

(2)按排列好的次序更新模型中模块的状态。Simulink 计算一个模块的离散状态的方法时调用模块的离散状态更新函数。而对于连续状态,则对连续状态的微分(在模块可调用的函数里,有一个用于计算连续微分的函数)进行数值积分来获得当前的连续状态。

(3)检查模块连续状态的不连续点。Simulink 使用过零检测来检测连续状态的不连续点。

(4)计算下一个仿真时间步的时间。这是通过调用模块获得下一个采样时间函数来完成的。

3.定模块更新次序

在仿真中,Simulink 更新状态和输出都要根据事先确定的模块更新次序进行,而更新次序对仿真结果的有效性来说非常关键。特别当模块的输出是当前输入值的函数时,这个模块必须在驱动它的模块被更新之后才能被更新,否则,模块的输出将没有意义。

注意:不要把模块保存到模块文件的次序与仿真过程模块被更新的次序相混淆。Simulink 在模块初始化时已将模块排好正确的次序。

为了建立有效的更新次序,Simulink 根据输入和输出的关系将模块分类。其中,当前输出依赖于当前输入的模块称为直接馈入模块,所有其他的模块都称为非直接馈入模块。直接馈入模块有 Gain,Product 和 Sum 模块等;非直接馈入模块有 Integrator 模块(它的输出只依赖于它的状态)、Constant 模块(没有输入)和 Memory 模块(它的输出只依赖于前一个模块的输入)等。

基于上述分类,Simulink 使用下面两个基本规则对模块进行排序:

(1)每个模块必须在它驱动的所有模块更新之前被更新。这条规则确保了模块被更新时输入有效。

(2)若非直接馈入模块在直接馈入模块之前更新,则它们的更新次序可以是任意的。这条规则允许 Simulink 在排序过程中忽略非直接馈入模块。

另外一个约束模块更新次序的因素是用户给模块设定的优先级,Simulink 在低优先级模块之前更新高优先级模块。

6.2　建 模 方 法

利用 Simulink 建立物理系统和数学系统的仿真模型,关键是对 Simulink 提供的功能模块进行操作,即用适当的方式将各种模块连接在一起。在介绍具体的操作之前先对建模过程提两点建议:

(1)在建模之前,应对模块和信号线有一个整体、清晰和仔细的安排,以便能减少建模时间。

(2)及时对模块和信号线命名、对模型加标注,以增强模型的可读性。

本节将详细介绍创建 Simulink 仿真模型的过程,包括模块操作、编辑信号线及标注模型等。

6.2.1 模块的操作

模块是建立 Simulink 模型的基本单元。用适当的方法把各种模块连接在一起就能够建立任何动态系统的模型。

一、选取模块

当选取单个模块时,只要用鼠标在模块上单击即可,这时模块的角上出现黑色的小方块。选取多个模块时,在所有模块所占区域的一角按下鼠标左键不放,拖向该区域的对角,在此过程中会出现虚框,虚框包住了要选的所有模块后,放开鼠标左键,这时在所有被选模块的角上都会出现小黑方块,表示模块被选中了。此过程如图 6.2.1 所示。

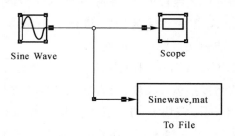

图 6.2.1　选取多个模块

二、复制、删除模块

1.在不同的窗口之间复制

当建立模型时,需要从模块库窗口或者已经存在的窗口把需要的模块复制到新建模型文件的窗口。要对已经存在的模块进行编辑,有时也需要从模块库窗口或另一个已经存在的模型窗口复制模块。

最简单的办法是用鼠标左键点住要复制的模块(首先打开源模块和目标模块所在的窗口),按住左键移动鼠标到相应窗口(不用按住 Ctrl 键),然后释放,该模块就会被复制过来,而源模块不会被删除。

当然还可以使用 Edit 菜单的 Copy 和 Paste 命令来完成复制:选定要复制的模块,选择 Edit 菜单下的 Copy 命令,到目标窗口的 Edit 菜单下选择 Paste 命令。

2.在同一个模型窗口内复制

有时一个模型需要多个相同的模块,这时的复制方法如下:

用鼠标左键点住要复制的模块,按住左键移动鼠标,同时按下 Ctrl 键,到适当位置释放鼠标,该模块就被复制到当前位置。更简单的方法是按住鼠标右键(不按 Ctrl 键)移动鼠标。

另一种方法是选定要复制的模块,选择 Edit 下的 Copy 命令,然后选择 Paste 命令。

在图 6.2.2 所示的复制结果中我们会发现复制出的模块名称在原名称的基础上又加了编号,这是 Simulink 的约定:每个模型中的模块和名称是一一对应的,相同的模块或不同的模块都不能用同一个名字。

3.删除模块

删除模块的方法:选定模块,选择 Edit 菜单下的 Cut(删除到剪贴板)或 Clear(彻底删除)

命令；或者在模块上单击鼠标右键，在弹出菜单中选择 Cut 或 Clear 命令。

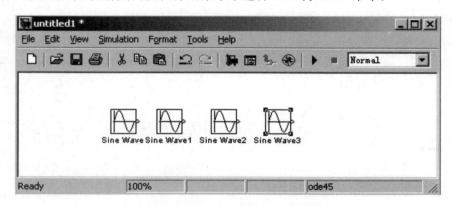

图 6.2.2　在同一模型窗口内复制模块

三、模块的参数和特性设置

Simulink 中几乎所有模块的参数（Parameter）都允许用户进行设置。只要双击要设置参数的模块就会弹出设置对话框。图 6.2.3 所示是正弦波模块的参数设置对话框，可以设置它的幅值、频率、相位、采样时间等参数。模块参数还可以用 set_param 命令修改，这在后面将会讲到。

每个模块都有一个内容相同的特性（Properties）设置对话框，如图 6.2.4 所示。它包括如下几项：

(1)说明（Description）：是对该模块在模型中用法的注释。

(2)优先级（Priority）：规定该模块在模型中相对于其他模块执行的优先顺序。优先级的数值必须是整数，也可以不输入数值，这时系统会自动选取合适的优先级。优先级的数值越小（可以是负整数），优先级越高。

(3)标记（Tag）：用户为模块添加的文本格式的标记。

(4)调用函数（Open function）：当用户双击该模块时调用的 MATLAB 函数。

(5)属性格式字符串（Attributes format string）：指定在该模块的图标下显示模块的哪个参数，以什么格式显示。属性格式字符串由任意的文本字符串加嵌入式参数名组成。例如，对一个传递函数模块指定如下的属性格式字符串：

优先级＝%＜priority＞\\n 传函分母＝%＜Denominator＞

该模块显示如图 6.2.5 的内容。

如果参数的值不是字符串或数字，参数值的位置会显示 N/S（not supported）。如果参数名无效，参数值的位置将显示"???"。

四、模块外形的调整

(1)改变模块的大小：选定模块，用鼠标点住其周围的 4 个黑方块中的任意一个拖动，这时会出现虚线的矩形，表示新模块的位置，到需要的位置后释放鼠标即可。

(2)调整模块的方向：选定模块，选取菜单 Format 下的 Rotate Block 可使模块旋转 90°，选取 Flip Block 可使模块旋转 180°，效果如图 6.2.6 所示。

(3)给模块加阴影：选定模块，选取菜单 Format 下的 Show Drop Shadow 可使模块产生阴影效果,如图 6.2.7 所示。

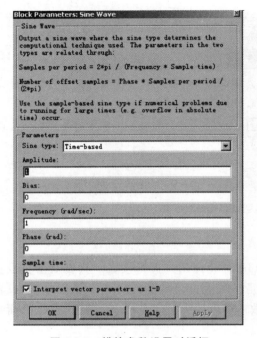

图 6.2.3 模块参数设置对话框

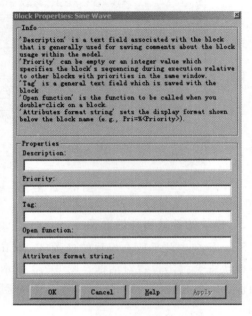

图 6.2.4 模块特性设置对话框

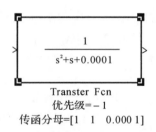

Transfer Fcn
优先级 = − 1
传函分母 = [1　1　0.000 1]

图 6.2.5 设置属性格式字符串后的效果

图 6.2.6 调整模块的方向

图 6.2.7 模块的阴影效果

五、模块名的处理

(1)模块名的隐藏与显示:选定模块,选取菜单 Format 下的 Hide Name,模块名就会被隐藏,同时 Hide Name 变为 Show Name。选取 Show Name 就会使隐藏的模块名显示出来。

(2)修改模块名:用鼠标左键单击模块名的区域,这时会在此处出现编辑状态的光标,在这种状态下能够对模块名随意修改。

模块名和模块图标中的字体也可以更改,方法是选定模块,在菜单 Format 下选取 Font,这时会弹出 Set Font 的对话框,在对话框中选取想要的字体即可。

(3)改变模块名的位置:模块名的位置有一定的规律,当模块的接口在左、右两侧时,模块名只能位于模块的上、下两侧,缺省在下侧;当模块的接口在上、下两侧时,模块名只能位于模块的左、右两侧,缺省在左侧。

因此模块名只能从原位置移到相对的位置。可以用鼠标拖动模块名到其相对的位置,也可以选定模块,用菜单 Format 下的 Flip Name 实现相同的移动。

6.2.2 模块的连接

上面介绍了对模块本身的各种操作。在设置好了各个模块后,还需要把它们按照一定的顺序连接起来才能组成一个完整的系统模型。下面讨论模块连接的相关问题。

一、在模块间连线

1.连接两个模块

这是最基本的情况:从一个模块的输出端连到另一个模块的输入端。方法是移动鼠标到输出端,鼠标的箭头会变成十字形,这时点住鼠标左键,移动鼠标到另一个模块的输入端,当十字光标出现"重影"时,释放鼠标左键就完成了连接。

如果两个模块不在同一水平线上,连线是一条折线。若要用斜线表示,则需要在连接时按住 Shift 键。两种连接的结果见图 6.2.8。

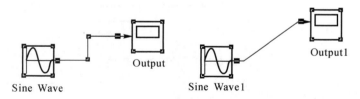

图 6.2.8 两模块不在同一水平线上的连线

2.模块间连线的调整

如图 6.2.9 所示,这种调整模块间连线位置的情况采用鼠标简单拖动的办法实现,即先把鼠标移到需要移动的线段的位置,按住鼠标左键,移动鼠标到目标位置,释放鼠标左键。

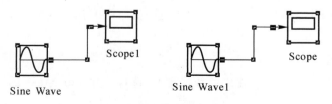

图 6.2.9 调整连线的位置(一)

还有一种情况,如图 6.2.10 所示,要把一条直线分成斜线段。调整方法和前一种情况类似,不同之处在于按住鼠标之前要先按下 Shift 键,出现小黑方框之后,鼠标点住小黑方框移动,移动好后释放 Shift 键和鼠标。

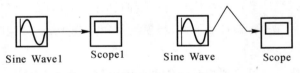

图 6.2.10　调整连线的位置(二)

3.在连线之间插入模块

把该模块用鼠标拖到连线上,然后释放鼠标即可。

4.连线的分支

我们经常会碰到一些情况,需要把一个信号输送到不同的模块,这时就需要分支结构的连线。如图 6.2.11 所示,要把正弦波信号实时显示出来,同时还要保存到文件。

这种情况的连线步骤是:在先连好一条线以后,把鼠标移到支线的起点位置,先按下左键,然后按住 Ctrl 键,拖到目标模块的输入端,释放鼠标和 Ctrl 键。

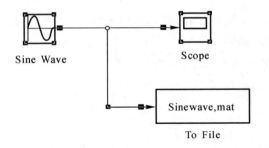

图 6.2.11　连线的分支

二、在连线上反映信息

1.用粗线表示向量

为了能比较直观地显示各个模块之间传输的向量数据,可以选择模型文件菜单 Format 下的 Wide Vector Lines 选项,这样传输向量的连线就会变粗。如果再选择 Format 下的 Vector Lines Widths 选项,在传输向量的连线上方就会显示出通过该连线的向量维数。如图 6.2.12 所示,模块 State Space 的输入为二维向量,在加粗的输入线的上方标出了相应向量的维数。

2.显示数据类型

在连线上可以显示一个模块输出的数据类型:选择菜单 Format 下的 Port Data Types 选项,结果如图 6.2.13 所示。

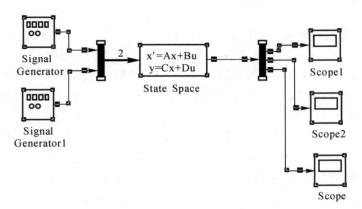

图 6.2.12　用粗线表示向量并显示向量维数

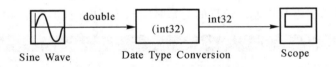

图 6.2.13　在连线上显示数据类型

3.信号标记

为了使模型更加直观、可读性更强,可以为传输的信号作标记。

建立信号标记的办法是:双击要作标记的线段,出现一个小文本编辑框,在里面输入标记的文本,这样就建立了一个信号标记。

信号标记可以随信号的传输在一些模块中进行传递。支持这种传递的模块有 Mux,Demux,Inport,From,Selector,Subsystem 和 Enable。

要实现信号标记的传递,需要在上面列出的某个模块的输出端建立一个以"<"开头的标记,如图 6.2.14 所示。当开始仿真或执行 Edit 菜单下的 Updata Diagram 命令时,传输过来的信号标记就会显示出来。图 6.2.15 显示出了这个传递的结果。

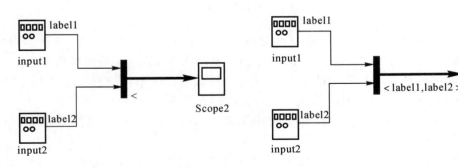

图 6.2.14　信号标记的建立　　　　　图 6.2.15　信号标记的传递

6.2.3 仿真方法及仿真参数的选择

在 Simulink 模型窗口选择主菜单【simulation】下的【start】命令即可开始仿真,仿真开始后【start】变为【pause】,选中【pause】可以暂停仿真的执行,要停止仿真可以选择【stop】。上述操作也可以在模型窗口工具栏上选择合适的按钮来实现。在仿真之前通常要对仿真参数进行设置,对于简单的模型,可以使用系统的缺省值。执行模型窗口主菜单【simulation】下的【parameter】命令,Simulink 会弹出仿真参数设置对话框,其标签之一为 Solver(解算器)标签页。Solver 标签页参数设定是进行仿真工作前准备的必须步骤。最基本的参数设定包括仿真的起始时间与中止时间,仿真的步长大小与解算问题的算法等。参数的设定可在 Solver 标签页中直接进行。

1.Solver 标签页

Solver 标签页如图 6.2.16 所示,"Simulation time"栏设置仿真时间,在"Start time"与"Stop time"旁的编辑框内分别输入仿真的起始时间与停止时间,单位是"s"。

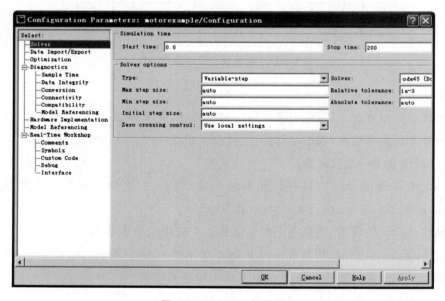

图 6.2.16　Solver 标签页

设置的时间是仿真时间,Simulink 实际运行的时间与设置的时间不一致,实际运行的时间与计算机性能、所选择的算法和步长、模型刚性度、复杂程度及误差要等因素有关。

"Solver option"栏为选择算法的操作。"Type"栏的下拉菜单可选择变步长(variable - step)算法和固定步长(fixed - step)算法。变步长能够在仿真过程中自动修改步长的大小以满足容许误差设定与过零点(zero crossing)检验的需求(设置过零点检验可提高仿真精度,但对仿真速度有影响)。

属于变步长方式的有 ode45,ode23,ode113,ode15s,ode23s,ode23t,ode23tb,discrete 多种方法可供选择。一般情况下,连续系统仿真应选择 ode45 算法(即 4 阶龙格-库塔法),该方法是 Simulink 默认算法,应用最广。ode23 在容许误差方面以及使用在稍带刚性的问题方面,比 ode45 效率高(所谓刚性问题是指用微分方程组描述的系统,如果方程组的 Jacobian 矩阵的特征值相差特别悬殊,那么此微分方程组叫作刚性方程组,该系统称为刚性系统)。ode113 用于解决非刚性问题,在容许误差要求严格的情况下,比 ode45 更有效。对于刚性问题,可以选择 ode15s 算法。在允许误差比较大的条件下,ode23s 比 ode15s 更有效,所以在使用 ode15s 效果较差时,宜选用 ode23s。ode23t,ode23tb 适于解决有适度刚性的问题。离散系统一般选择 discrete 法。"Max step size"栏设定解算器运算步长的时间上限,"Initial step size"栏设定第一步运算时间,一般默认为"auto"。相对误差默认为 1e-3,绝对误差默认为"auto"。

　　固定步长能够固定步长的大小不变,其算法有 ode5,ode4,ode3,ode2,ode1,discrete 几种可供选择。一般采用 ode5,它等效于 ode45,另外 ode3 等效于 ode23。固定步长方式"Mode"栏选择模型的类型:多任务、单任务和"auto"。多任务是指模块具有不同的采样速率,并对模块之间采样速率的传递进行检测;单任务模型各模块的采样速率相同,不检测采样速率的传递;"auto"根据模块的采样速率是否相同,决定采用前两种中的哪一种。

　2.Data Import/Export 标签页

　　仿真控制参数设定对话框标签之二为 Data Import/Export 标签页,如图 6.2.17 所示。在这一标签页中设置参数后,可以从当前工作空间输入数据、初始化状态模块、把仿真结果保存到工作空间。

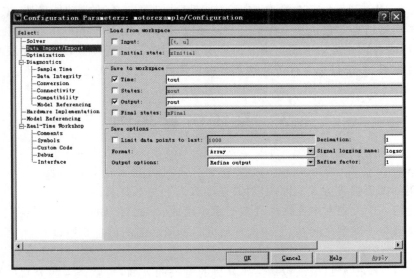

图 6.2.17　Data Import/Export 标签页

　3.Diagnostics 标签页

　　仿真控制参数设定对话框标签之三为 Diagnostics 标签页,如图 6.2.18 所示。Diagnostics 标签页用于诊断模型是否精确,是否出现异常情况,或者在发生某些事件时,设定应采取的措施与作出的反应。在标签页的空白编辑框内显示程序执行时可能遇到的情况,"Action"栏为异常情况发生时应执行的操作。"Action"栏的反应有 3 种:【none】不反应,【warning】警告,【error】错误。警告信息出现时不影响程序的运行,错误出现时程序要停止运行,需要采取相应措施。

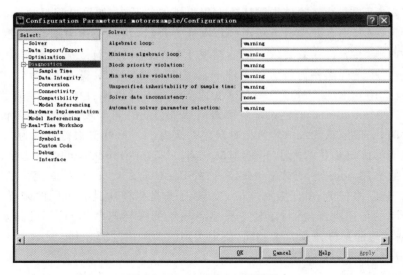

图 6.2.18　Diagnostics 标签页

4.Real－Time Workshop 标签页

Real－Time Workshop(实时工作空间)是 Simulink 的一个重要功能模块,主要用于代码自动生成和半实物仿真。它也是一种实时开发环境,在该环境下 Simulink 模型生成可移植的程序源代码(C 语言),并自动生成能在多种环境中实时执行的程序。在该对话框中允许用户选择目标语言模板、系统目标文件等。这部分的使用在本书第 7 章会详细介绍。

6.3　系统仿真举例

利用 Simulink 仿真,其仿真工作过程与本章前面几节所介绍的仿真方法类似,对应于 Simulink 采用的图形输入方式。因此,对其建模有以下基本要求:

(1)清晰性:一个大的系统往往由许多子系统组成,因此对应的系统模型也由许多子模型组成。在子模型与子模型之间,除了为实现研究目的所必需的信息联系以外,相互耦合要尽可能少,结构尽可能清晰。

(2)切题性:系统模型只应该包括与研究目的有关的方面,也就是与研究目的有关的系统行为子集的特征描述。对于同一个系统,模型不是唯一的,研究目的不同,模型也不同。如研究空中管制问题,所关心的是飞机质心动力学与坐标动力学模型;如果研究飞机的稳定性和操纵性问题,那么关心的是飞机绕质心的动力学和驾驶仪动力学模型。

(3)精确性:同一个系统的模型按其精确程度要求可以分为许多级。对不同的工程,精确程度要求不一样。例如用于飞行器系统研制全过程的工程仿真器要求模型的精度较高,甚至要考虑到一些小参数对系统的影响,这样的系统模型复杂,对仿真计算机的性能要求也高;但用于训练飞行员的飞行仿真器,对模型的精度要求则相对低一些,只要被培训人员感觉"真"即可。

(4)集合性:这是指把一些个别的实体能组成更大实体的程度,有时要尽量从能合并成一个大的实体的角度考虑对一个系统实体的分割。例如对武器射击精度的鉴定,并不十分关心每发子弹的射击偏差,而着重讨论多发子弹的统计特性。

6.3.1 非线性系统的模拟

例 6.3.1 汽车行驶在如图 6.3.1 所示的斜坡上,通过受力分析可知在平行于斜面的方向上有 3 个力作用于汽车上:发动机等的驱动力 F_e、空气阻力 F_w 和重力沿斜面的分量下滑力 F_h。设计汽车控制系统并进行仿真。

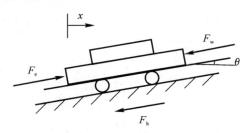

图 6.3.1　斜坡上的汽车

解　由牛顿第二定律,汽车的运动方程为

$$m\ddot{x} = F_e - F_w - F_h$$

其中 m 代表汽车的质量,x 为汽车的位移。F_e 在实际系统中总会有下界和上界,上界为发动机的最大推动力,下界为刹车时的最大制动力。假设 $-2\,000 < F_e < 1\,000$,汽车的质量为 $500\,\text{kg}$。

空气阻力一般可简化为阻力系数、汽车前截面积 A 和动力学压力 P 三项的乘积。

$$P = \frac{\rho V^2}{2}$$

式中,ρ 表示空气的密度,V 表示汽车速度 $\dot{x}$ 与风速 V_w 之和。

假设阻力系数 $C_D = 0.001$,标况下,空气密度约为 $1.29\,\text{kg/m}^3$,汽车前截面积为 $2.25\,\text{m}^2$,风速以下式的规律变化:

$$V_w = 10\sin(0.01t)$$

因此,空气阻力可以近似为

$$F_w = C_D A P = \frac{C_D A \rho}{2}(\dot{x} + V_w)^2 = 0.001\,5\,[\dot{x} + 10\sin(0.01t)]^2$$

下面假设道路的斜角对位移的变化率符合规律:

$$\sin\theta = 0.01\sin(0.001x)$$

则下滑力为

$$F_h = mg\sin\theta = 5\,000\sin(0.001x)$$

用简单的比例控制法来控制车速:

$$F_e = K_e(\dot{x}_{\text{desired}} - \dot{x})$$

式中,F_e 为驱动力,$\dot{x}_{\text{desired}}$ 为期望速度值,K_e 为反馈增益。这样驱动力正比于速度误差。实际中的驱动力是在上面所设的上、下界之间变化。于是选 $K_e = 50$。此系统的 Simulink 模型如图

6.3.2 所示，仿真时间为 1 000 s。

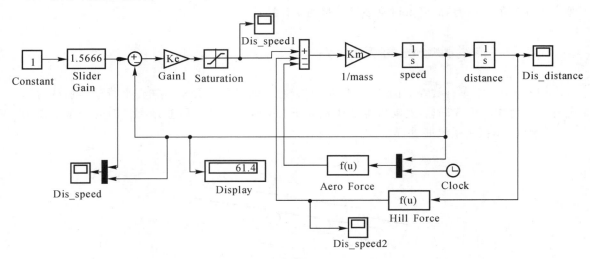

图 6.3.2　比例速度控制的汽车模型

比例控制器的输入为汽车的期望速度值，它由一个滑块增益模块（Slider Gain）外加一个常数输入模块（Constant）组成。比例控制器由一个用来计算速度误差的求和模块（Sum）和一个增益模块（Ke）组成。发动机输出力的上界和下界由两个最值模块来实现（也可以用非线性模块库中的饱和模块来实现）。

非线性的下滑力和空气阻力分别由函数模块来计算。其中标签为 Aero Force 的函数模块的对话框中的【Expression】区中应填写$0.001 * (u(1) + 20 * \sin(0.01 * u(2)))^2$，标签为 Hill Force 的应填写 $50 * \sin(0.001 * u(1))$。显示模块（Display）用作速度表，而示波器模块（Scope）则记录了速度变化曲线，如图 6.3.3 所示。

说明：此模型也是一个轻度刚性问题的很好的例子，为了观察刚性的影响，先以解法 ode45 来运行模型，然后选择 ode15s 再运行仿真，观察其区别。

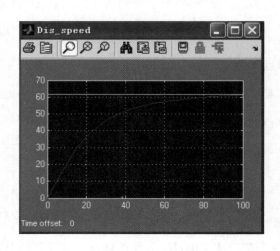

图 6.3.3　汽车的速度变化曲线

6.3.2　混和系统 PID 控制器仿真

混合系统包括连续和离散两种元素。下面的例子可以更加具体地说明混和系统的创建过程。

例 6.3.2　为了说明混和系统模型的结构，可以对例 6.3.1 中的连续控制器用一个采样时间为 0.1 s 的离散比例-积分-微分（PID）控制器代替。

图 6.3.4 显示了连续的 PID 控制器。此控制器包括 3 个部分：比例部分、积分部分和微分部分。这 3 个部分都对计算误差 v 进行操作。

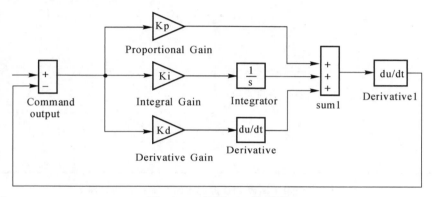

图 6.3.4　连续 PID 控制器

其中比例部分对 v 信号提供一个比例增益，其表达式为

$$u_0 = K_p v$$

积分部分用来消除静态误差。其表达式为

$$u_i = K_i \int_0^t v \mathrm{d}t$$

对此积分部分需要注意的问题是，若 Plant 模块对其输入信号的变化响应相对比较饱满，则积分就会很快地增加，这种现象称为"积分饱和"。积分饱和可以通过对 u_i 加一个上界或下界加以消除。可以用如下的求和公式来代替积分，其中 T 为采样周期：

$$u_i(k) = K_i T \sum_{j=0}^{j=k} v(j)$$

令 $u_i(k) - u_i(k-1) = K_i T v(k)$，$Z$ 变换得

$$\frac{U_d(z)}{V(z)} = K_i T \frac{z}{z-1}$$

微分部分在模型中起衰减的作用。其输出正比于 v 的变化率：

$$u_d = K_d \frac{\mathrm{d}v}{\mathrm{d}t}$$

这就是连续的 PID 控制器。而离散的 PID 控制器是在此基础上用离散积分器代替积分部分，又用离散微分模块来近似微分部分。一阶数值微分近似为

$$u_d(k) = K_d \frac{v(k) - v(k-1)}{T}$$

此微分近似的传递函数为

$$\frac{U_\mathrm{d}(z)}{V(z)}=\frac{K_\mathrm{d}}{T}\left(\frac{z-1}{z}\right)$$

图 6.3.5 所示即为使用了离散 PID 控制器的汽车模型。其中 $K_\mathrm{p}=50, K_\mathrm{i}=0.75, K_\mathrm{d}=75$，采样周期 T_s 取 0.1 s。可以在 MATLAB workspace 中手动输入上述参数。此模型除控制器的部分之外，与例 6.3.1 是完全相同的。

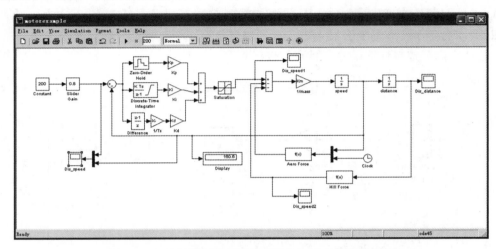

图 6.3.5 使用了离散 PID 控制器的汽车 Simulink 模型

它的控制器的 3 个部分分别是：

（1）比例部分：由一个零阶保持和一个比例增益模块组成。比例增益系数也是 50。

（2）积分部分：由一个时间离散积分模块和一个增益模块组成。在离散积分模块中，选择【Limite Output】，并设置饱和限为 ±100。

（3）微分部分：包括一个离散传递函数模块和一个增益模块。

在此例中设仿真运行时间为 100 s，滑块增益为 80。

得到的示波器图形如图 6.3.6 所示。

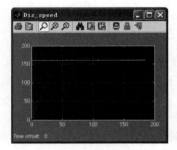

图 6.3.6 汽车速度控制曲线

6.4 子系统和子系统的封装

在前面的章节中，介绍了连续、离散和混合系统创建其 Simulink 模型的基本方法。根据前面的介绍，基本可以创建任何物理系统的模型。然而随着模型越来越复杂，用这些基本操作创建的 Simulink 模型变得越来越庞大而难以读懂。在接下来的章节中，将介绍一系列的 Simulink 特殊处理技术来使模型变得更加简捷易懂易用。

本节先介绍一种类似于程序设计语言中的子程序的处理方法——Simulink 子系统，然后介绍一种更加好用的封装子系统技术。

6.4.1 Simulink 子系统

绝大多数的程序设计语言都有使用子程序的功能。在 FORTRAN 里有 subroutine 子程序和 function 子程序；C 语言中的子程序被称为"函数"；MATLAB 中的子程序称为函数式 M 文件。Simulilnk 也提供了类似的功能——子系统。

随着模型越来越大、越来越复杂，人们很难轻易地读懂它们。在这种情况下，子系统通过把大的模型分割成几个小的模型系统以使整个系统模型更简捷、可读性更高，而且这种操作并不复杂。举一个简单的例子，考虑在例 6.3.1 中提到的汽车模型，其 Simulink 模型图见图 6.3.5。

整个模型包括两个主要部分：动力系统和控制系统。但是在模型图中哪些模块代表发动机动力系统，哪些模块代表控制系统并不明确。在图 6.4.1 中，将模型的这两个部分转化为子系统。经过转化后，主模型图中的结构就变得很明了了，只是两个子系统的具体结构被隐藏起来了，双击子系统模块，则会在一个新的窗口中显示子系统的模块图，如图 6.4.2 所示。

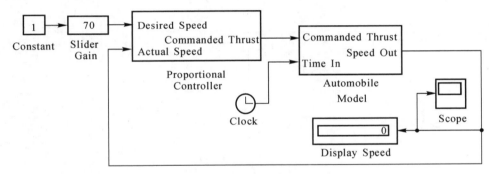

图 6.4.1 子模块化了的汽车模型

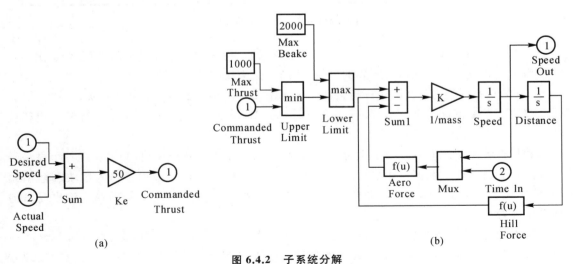

图 6.4.2 子系统分解

(a)控制子系统；(b) 发动机动力子系统

　　子系统的另外一个重要的功能是把反复使用的模块组压缩成子系统后重复使用。在本例中,如果要比较在同一控制系统控制下不同发动机的工作效率,只需要替换新的发动机子系统而不是重建一个新的系统。这样的控制系统就可以反复利用。

　　注意:这种做法不仅节省了建模时间,而且可以保证在多次建模中不会因失误而在控制子系统中出现差错,这在大型的复杂系统建模中是非常重要的。

　　创建 Simulink 子系统共有两种方法:一种方法是对已存在的模型的某些部分或全部使用菜单命令【Edit/Create Subsystem】进行压缩转化,使之成为子系统;另一种方法是使用 Connections 模块库中的 Subsystem 模块直接创建子系统。

　　下面分别介绍这两种方法。

一、压缩子系统

　　把已经存在的 Simulink 模型中的某个部分或全部压缩成子系统的操作如下:

　　(1)使用范围框将要压缩成子系统的部分选中,包括模块和信号线,如图 6.4.3 所示。

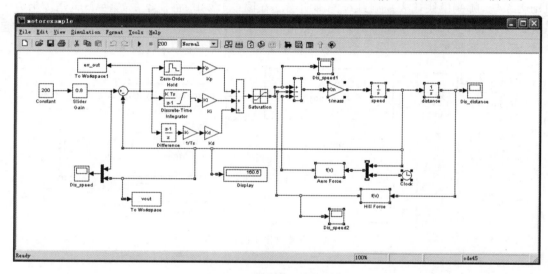

图 6.4.3　选中要压缩的模块

　　注意:选定时可以使用范围框一次选定,也可以使用"Shift+左键点击模块"逐个选定。

　　为了能使范围框框住所有需要的模块,重新安排模块的位置常常是必要的。

　　(2)在模块窗口菜单选项中选择【Edit>Create Subsystem】,或如图 6.4.4 所示,在选定的任意模块上点击鼠标右键,选定"Create Subsystem",Simulink 将会用一个子系统模块代替被选中的模块组,如图 6.4.5 所示。

　　若想查看子系统内容或对子系统进行再编辑,可以双击子系统模块,则会出现一个显示子系统内容的新窗口。在窗口内,除了原始的模块外,Simulink 自动添加了输入模块和输出模块,分别代表子系统的输入端口和输出端口。改变它们的标签会使子系统的输入输出端口的标签也随着变化。

　　特别注意:菜单命令【Edit/Creat Subsystem】没有相反的操作命令,也就是说,一旦将一组模块压缩成子系统,就没有直接还原的处理方法了(UNDO 除外)。因此一个理想的处理方法是在压缩子系统之前先把模型保存一下,作为备份。

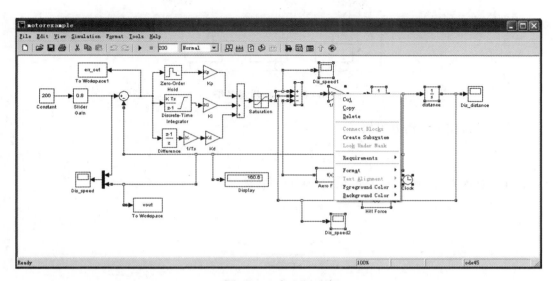

图 6.4.4　建立子系统

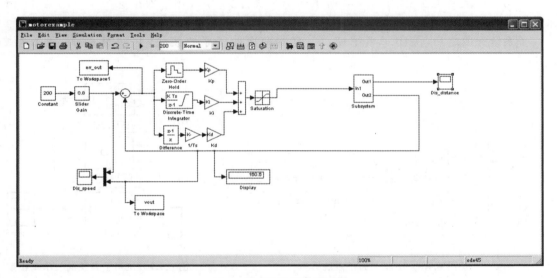

图 6.4.5　压缩后的模型图

二、子系统模块

在创建模型的时候,如果需要一个子系统,也可以直接在子系统窗口中创建,这样就省去了压缩子系统和重新安排窗口的步骤。

要使用子系统模块创建新的子系统,先从 Signals and Systems 模块库中拖一个子系统模块到模型窗口中。双击子系统模块,就会出现一个子系统编辑窗口。

注意:在信号输入端口要使用一个输入模块,在信号输出端口要使用一个输出模块。

子系统创建完毕后,关闭子系统窗口。关闭子系统窗口之前不需要做任何保存操作。子系统作为模型的一部分,当模型被保存时,子系统会自动保存。

例 6.4.1　模拟如图 6.4.6 所示的弹簧-质量系统的运动状态。

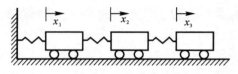

图 6.4.6　弹簧-质量系统

单个小车系统的运动方程如下：

$$\ddot{x}_n = \frac{1}{m}\left[k_n(x_{n-1}-n_n)+k_{n+1}(x_{n+1}-x_n)\right] \qquad (6.4.1)$$

先建立如图 6.4.7 所示的单个小车系统的子系统。

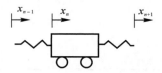

图 6.4.7　单个小车系统

使用子系统模块创建如图 6.4.8 所示的子系统，此子系统用来模拟一个小车的运动。子系统的输入为小车的左距 x(n-1) 和右距 x(n+1)，输出为小车的当前位置 x(n)。

子系统完成之后，关闭子系统窗口。复制两次此子系统模块，并如图 6.4.9 所示连接起来。

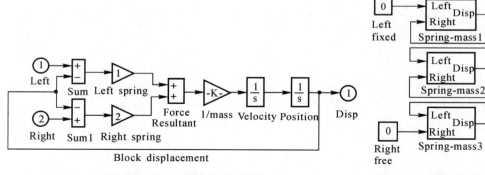

图 6.4.8　小车 1 的子系统模型　　　　图 6.4.9　使用子系统的三小车模型

为了可以对每个小车的参数进行赋值，要作以下设置：

（1）对小车 1，将标签为 LeftSpring 的增益模块的增益系数设置为 k1，标签为 RightSpring 的增益模块的增益系数设置为 k2，标签为 1/mass 的增益模块的增益系数设置为 1/m1。设置速度积分模块的初始值为 0，位置积分模块的初始值为 1。

（2）对小车 2，将标签为 LeftSpring 的增益模块的增益系数设置为 k2，标签为 RightSpring 的增益模块的增益系数设置为 k3，标签为 1/mass 的增益模块的增益系数设置为 1/m2。设置速度积分模块的初始值为 0，位置积分模块的初始值为 1。

（3）对小车 3，将标签为 LeftSpring 的增益模块的增益系数设置为 k3，标签为 RightSpring 的增益模块的增益系数设置为 k4，标签为 1/mass 的增益模块的增益系数设置为 1/m3。设置速度积分模块的初始值为 0，位置积分模块的初始值为 1。

此时就可以很方便地使用 MATLAB 变量对弹簧常数 k1,k2,k3 和小车质量 m1,m2,m3 进行赋值。这里使用了一个名为 set_k_m 的 M 文件对它进行赋值,如下所示:

&set the spring constants and block mass values

k1=1;

k2=2;

k3=4;

m1=1;

m2=3;

m3=2;

仿真开始之前在 MATLAB 命令窗口中运行此 M 文件。

然后,指定示波器模块把显示数据保存到工作间中,并设置仿真的起始时间(StartTime)为 0,终止时间(StopTime)为 100。

仿真结束后,在 MATLAB 窗口中把所得到的小车 3 的显示数据绘制成图。

6.4.2　子系统的封装

封装技术是将 Simulink 子系统"包装"成一个模块,并可以如同使用 Simulink 内部模块一样使用的技术。每个封装模块都可以有一个自定义的图标和用来设定参数的对话框,参数设定方法也与 Simulink 模块库中的内部模块完全相同。

本小节将主要以图 6.4.5 所示系统为例来详细介绍创建一个封装模块的步骤。

创建一个封装模块的主要步骤分为三步:

(1)创建一个子系统;

(2)选中子系统,选择模型窗口菜单中的【Edit>Mask subsystem】选项生成封装模块;

(3)使用封装编辑器设置封装文本、对话框和图标。

一、子系统到封装模块的转换

按照 6.4.1 小节介绍的方法创建如图 6.4.5 所示的汽车动力学子系统模块,选中图中封装的子系统模块,单击右键,在弹出的下拉菜单中执行【Mask subsystem】选项(或【Edit Mask】选项),弹出如图 6.4.10 所示的封装编辑对话框。该对话框有 4 个选项卡,下面分别讨论这 4 个选项卡的功能和使用。

(1)Icon 选项卡用于定义模块图标。在 Drawing commands 提示下的编辑框内输入命令 plot((0:0.1:2 * pi),sin(0:0.1:2 * pi))可在 Subsystem 模块上得到如图 6.4.11(a)所示的图标。在该编辑框内写入 image(imread('b747.jpg')),在当前目录下存有名为 b747.jpg 的图形文件,可在模块上得到如图 6.4.11(b)所示的图标。还可以使用语句 disp('Car dynamics')对该图标进行文字标注,这将得到如图 6.4.11(c)所示的图标显示。

(2)Parameters 选项卡用于对用户定义的参数进行编辑。如图 6.4.12 所示,可以利用左边的 4 个工具图标对参数进行添加、删除、上移和下移的操作。参数可以定义的属性有:Prompts——输入变量的含义,其内容会显示在输入提示中;Variable——输入变量的名称;Type——输入变量的类型,包括 edit,popup,checkbox 三种;Evaluate——选中表示模块参数对话框里输入的值在被赋给变量之前,先由 MATLAB 进行估值,不选则表示输入的值不经过估值,直接作为字符串传给变量;Turnable——选择该项允许用户在仿真正在进行时改变该参数的值。

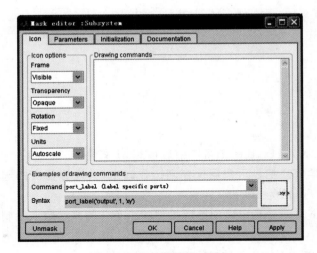

图 6.4.10　封装编辑对话框

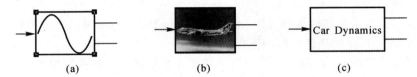

(a)　　　　　　　　　　(b)　　　　　　　　　　(c)

图 6.4.11　定义子系统模块图标

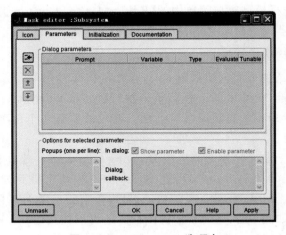

图 6.4.12　Parameters 选项卡

为了更清楚地说明该选项卡的用法,将图 6.4.5 所示系统中的 PID 控制器部分也封装成子系统,如图 6.4.13 所示。右击子系统"controller",在弹出菜单中选【Edit Mask】",在弹出的窗口中选"Parameter"选项卡,添加 Kp,Ki,Kd 和 Ts 四个参数,分别对应 PID 控制器的比例、积分、微分系数以及采样间隔,如图 6.4.14 所示。注意:"Prompt"是在用户参数配置窗口

（见图 6.4.14）中显示的提示符，而"Variable"才是真正的变量，其值要与 Simulink 在 workspace 中对应的变量相同。配置完成后，在图 6.4.13 所示的系统中，双击子系统"Controller"，将弹出用户参数配置窗口，如图 6.4.15 左图所示。注意：此时，若想编辑子系统中的模块，需要在相应子系统上点击右键，选择【Look Under Mask】来完成。

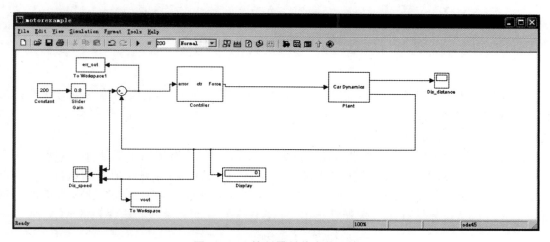

图 6.4.13　控制器封装成子系统

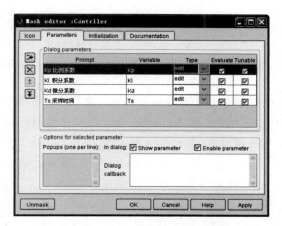

图 6.4.14　Parameters 选项卡用户参数结果

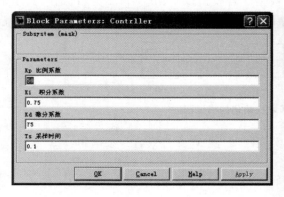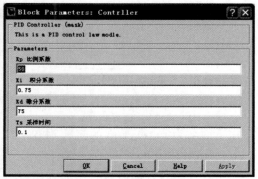

图 6.4.15　用户参数配置窗口

（3）Initialization 选项卡。在 Initialization commands 提示下的编辑框中可以输入任何命令，用来计算参数的值。

（4）Documentation 选项卡用于设置模块的描述信息和帮助文档，页面如图 6.4.15 右图所示。

6.5   回   调

回调是一种 MATLAB 命令，它在某种事件，如打开模块或双击模块等发生时执行。例如，通常双击一个模块时，屏幕上将会显示出此模块的对话框。而对示波器模块，双击它将会执行一个显示示波器的回调函数。

回调与 MATLAB 的图形处理有着很紧密的联系。例如，当使用图形处理工具创建一个菜单时，每个菜单选项通常是与同一个回调相对应的，它会在选项被选中时自动执行。回调可以是一句非常简单的 MATLAB 命令。例如，若菜单选项为【Close Figure】，比较合适的回调语句是 MATLAB 命令 close。回调在更多的情况下是一个可以完成指定操作的 M 文件。

6.5.1   回调函数

使用 MATLAB 的 set_param 函数可以加载回调，具体格式为

set_param(object,parameter,value)

其中：

• object 为包含模型名或模块路径的 MATLAB 字符串。如果回调是关于模型动作的，那么 object 为模型名。例如，一模型以 car_mod.mdl 为名保存，则 object 应当为"car_mod"。如果回调是关于模块的，则此模块的 Simulink 路径将成为 object。例如，对于 car_mod 模型中的子系统 Controller 中的 Gain_1 模块，object 应为字符串"car_mod/Controller/Gain_1"。

• parameter 是一个包含回调参数的 MATLAB 字符串。

• value 是包含回调函数名的字符串。

例如，回调一名为 set_gain.m 的 M 文件，则 value 应为字符串"set_gain"。

例 6.5.1   考虑图 6.5.1 所示的 Simulink 模型。若模型以 callb_1.mdl 为名保存，其中常数块的值设置为 In_val。希望在用户打开模型的时候，模型会自动提示要求输入 In_val 的值。

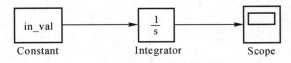

图 6.5.1   使用回调初始化的模型图

用下面名为 initm_1.m 的简单 M 文件来实现回调，此 M 文件只有一条语句：

In_val＝input('Enter the valuv:');

为了在模型打开的时候自动加载此回调，打开模型，并在 MATLAB 命令窗口中输入：

set_param('callb_1','PreloadFcn','initm_1')

保存此模型并关闭。下一次打开模型的时候，MATLAB 会自动提示：

>>Enter the value：

并将输入值赋给 In_val 变量。

若希望仿真开始之前而不是模型打开时再输入参数值，则需要用下面的命令来加载回调：

set_param('callb_1','InitFcn','initm_1')

6.5.2　基于回调的图形用户界面

使用回调可以很容易地为 Simulink 模型创建一个图形用户界面。线性模块库中的滑块增益模块就是一个很好的例子。此模块是一个带有回调所产生的用户界面的增益模块，其界面如图 6.5.2 所示。本小节介绍这种图形界面的创建过程和相关的程序问题。

图 6.5.2　滑块增益模块的用户界面窗口

在 Simulink 模型中，带有基于回调的图形界面的模块可以通过双击使回调函数加载。打开后应响应如下事件：

(1)双击模块打开用户界面(OpenFcn)。此回调应包括创建界面图形并对其初始化的程序，而且程序还要确认在打开之前没有其他同一模块的图形界面打开。

(2)删除该模块(DeleteFcn)，则关闭相应的图形界面。

(3)包含该模块的模型被关闭(ModelCloseFcn)，则关闭界面。

(4)包含该模块的子系统被关闭(ParentCloseFcn)，则关闭界面。

(5)界面窗口的控制按钮操作。

经验表明，在回调函数 M 文件中加入加载回调的语句是非常有用的。一旦程序被执行，则回调将会成为模型的一个参数部分，运行速度大大提高。

如下所示的一段程序代码可以作为回调函数 M 文件的一个样板，读者可以从中看出此类文件的一般规律，稍作修改，即可应用于其他情况。

```
function clbktplt(varargin)
% Callback function template
% Install this callback by invoking it with the command
% clbktplt('init_block')
% at the MATLAB prompt with the appropriate model file open and selected.
%
% To use the template, save a copy under a new name. Then replace
% clbktplt with the new name everywhere it appears.
```

```
   action = varargin{1} ;

   switch action,
     case 'init_block',
        init_fcn ;                            % Block initialization function,
                                              % located in this M - file
     case 'create_fig',
        if(findobj('UserData',gcb))      % Don't open two for same block
           disp('Only open one instance per block can be opened')
        else
           % Here, put all commands needed to set up the figure and its
           % callbacks.
           left =    100 ; % Figure position values
           bottom = 100 ;
           width =   100 ;
           height = 100 ;
           h_fig = figure('Position',[left bottom width height], ...
                          'MenuBar','none') ;
           set(h_fig,'UserData',gcb) ; % Save name of current block in
                                       % the figure's UserData. This is
                                       % used to detect that a clbktplt fig
                                       % is already open for the current block,
                                       % so that only one instance of the figure
                                       % is open at a time.
        end
     case 'close_fig',                        % Close if open when model is closed.
        h_fig = findobj('UserData',gcb) ;
        if(h_fig)                             % Is the figure for current block open?
           close(h_fig) ;                     % If so, close it.
        end
     case 'rename_block',                     % Change the name in the figure UserData.
        h_fig = findobj('UserData',gcb) ;
        if(h_fig)                             % Is the figure open?
           set(h_fig,'UserData',gcb) ; % If so, change the name.
        end
     case 'UserAction1',                      % Place cases for various user actions
                                              % here. These callbacks should be defined
                                              % when the figure is created.
   end
```

```
%＊＊＊＊＊＊＊＊＊＊＊＊＊＊＊＊＊＊＊＊＊＊＊＊＊＊＊＊＊＊＊＊＊
%＊                     init_fcn                              ＊
%＊＊＊＊＊＊＊＊＊＊＊＊＊＊＊＊＊＊＊＊＊＊＊＊＊＊＊＊＊＊＊＊＊
function init_fcn()
% Configure the block callbacks
% This function should be executed once when the block is created
% to define the callbacks. After it is executed，save the model
% and the callback definitions will be saved with the model. There is no need
% to reinstall the callbacks when the block is copied；they are part of the
% block once the model is saved.
sys ＝ gcs ；
block ＝ ［sys，'/InitialBlockName'］；% Replace InitialBlockName with the
                               % name of the block when it is
                               % created and initialized. This does
                               % not need to be changed when the block
                               % is copied，as the callbacks won't be
                               % reinstalled.
set_param(block，'OpenFcn'，       'clbktplt create_fig'，...
          'ModelCloseFcn'，'clbktplt close_fig'，...
          'DeleteFcn'，      'clbktplt close_fig'，...
          'NameChangeFcn'，'clbktplt rename_block'）；
```

6.6　Simulink 下的自定义仿真

　　Simulink 是一个开放的仿真系统，用户不仅可以使用其提供的标准模块，还可以通过各种方式定义自己的定制模块，参与到仿真研究中。常用的用户自定义方式有 M 函数、Embedded M 函数、S 函数、动态链接库等。下面分别加以介绍。

6.6.1　Simulink 与 M 函数的组合仿真

　　如果仿真方块图中有复杂的非线性子系统或复杂的逻辑运算，而在 MATLAB 提供的所有工具箱中都找不到该子系统，或对于那些具有特殊运算或者特殊结构，无法构造的子系统，可以编制一个 M 函数，连接到方块图中。

　　图 6.6.1(a)中所示环节，有死区非线性环节是用 M 函数实现的。打开 Simulink 模块库，在 User－Defined Functions 子模块库中选中 MATLAB Fcn 模块［见图 6.6.1(b)］，调入 model 窗口中，编写名为 reshape.m 的 M 文件存入当前目录下；还可以在 User－Defined Functions 子模块库中选中 Embedded MATLAB Function 模块，调入 model 窗口中。其中，MATLAB Fcn 通过 reshape.m 中的函数实现对正弦信号的整形——只留前 1/4 周期波形。

Embedded MATLAB Function 通过函数 deadzone 实现[-1,1]的死区。其代码分别如下：

reshape 函数：

```
function y = reshape(x)
% This block supports an embeddable subset of the MATLAB language.
% See the help menu for details.
% deadzone function
global x_pro;
x_pro
if x>=0
    if x>=x_pro
        y=x;
    else
        y=0;
    end
else
    y=0;
end
x_pro=x;
end
```

deadzone 函数：

```
function y = deadzone(u)
% This block supports an embeddable subset of the MATLAB language.
% See the help menu for details.
% deadzone function
if u>=1
y=u;
elseif u<=-1
y=u;
else
y=0;
end
```

仿真运行结束后，双击示波器 Scope 可以得到仿真结果，如图 6.6.2 所示。图中波形，从上到下分别为原始正弦信号、经过死区的正弦信号和经过整形的正弦信号。

值得注意的是，Embedded MATLAB Function 和 MATLAB Fcn 都可以通过编写 M 函数实现用户自定义 Simulink 模块。它们的区别在于 Embedded MATLAB Function 的效率较高，但有些功能函数不支持。另外，Embedded MATLAB Function 模块可以通过 RTW 生成响应代码，参与半实物仿真，而 MATLAB Fcn 不行。

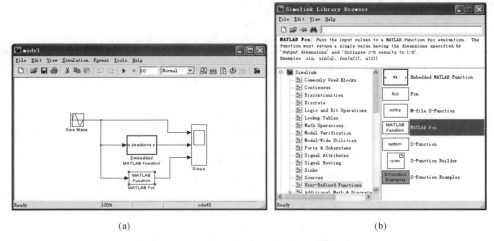

(a)　　　　　　　　　　　　　(b)

图 6.6.1　Simulink 与 M 函数的组合仿真实例

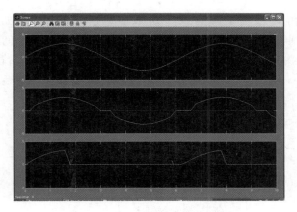

图 6.6.2　M 函数混合仿真结果

6.6.2　S 函数

　　S 函数是扩展 Simulink 功能的强有力工具,它使用户可以利用 MATLAB,C,C＋＋等程序创建自定义的 Simulink 模块。例如,对一个工程的几个不同的控制系统进行设计,而此时已经用 M 文件建立了一个动态模型,在这种情况下,可以将模型加入 S 函数中,然后使用独立的 Simulink 模型来模拟这些控制系统。S 函数还可以改善仿真的效率,尤其是在带有代数环的模型中。

　　值得注意的是,与 M 函数在方块图中引入一个代数运算环节不同,S 函数在方块图中引入了一个函数描述的动态环节。在 MATLAB 里,用户可以选择用 MATLAB,C(或者C＋＋)语言来编写 S 函数,一般称前者为 M 文件 S 函数,称后者为 C－MEX 文件 S 函数。

　　S 函数使用一种特殊的调用规则来使得用户可以与 Simulink 的内部解法器进行交互,这种交互同 Simulink 内部解法器与内置的模块之间的交互非常相似,而且可以适用于不同性质的系统,例如连续系统、离散系统以及混合系统。

一、S 函数的工作原理

Simulink 块包含一组输入、一组状态和一组输出。其中,输出是采样时间、输入和块状态的函数,图 6.6.3 描述了输入、状态、输出之间的数学关系。

u (输入) → x (状态) → y (输出)

图 6.6.3 输入、状态、输出之间的数学关系

可以用方程式表示输入、状态和输出之间的数学关系:

$$y = f_o(t, x, u)$$
$$\dot{x}_c = f_c(t, x_c, u)$$
$$x_d(k+1) = f_d(t, x_d(k), u)$$

这里,$x = x_c + x_d$,其中,x_c、x_d 分别表示系统的连续、离散状态。

Simulink 模型的仿真过程主要有两个阶段:第一个阶段是初始化阶段。在此阶段,Simulink 将库块合并到模型中来,确定传送宽度、数据类型和采样时间,计算块参数,确定块的执行顺序,以及分配内存。第二个阶段是仿真运行阶段(仿真循环阶段)。每次循环是一个 time step,在每个 time step 按照块执行顺序依次执行模型中的每个块。对于每个块而言,Simulink 调用函数来计算块在当前采样时间下的状态、导数和输出。如此反复,直到仿真结束。S 函数块是 Simulink 块,它的仿真过程与 Simulink 仿真过程相同。Simulink 模型的仿真流程如图 6.6.4 所示。

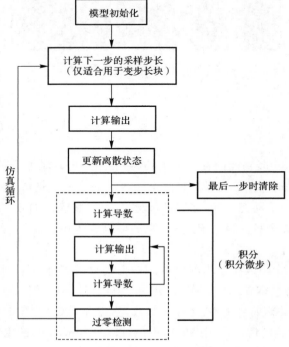

图 6.6.4 Simulink 仿真流程

一个 S 函数包含了一组 S 函数回调程序,用以执行在每个仿真阶段所必需的任务。在一次仿真任务中,Simulink 在以下的每个仿真阶段调用相应的 S 函数例程。

(1)初始化:在仿真循环之前,Simulink 初始化 S 函数。初始化 SimStruct,这是一个仿真数据结构,包含了 S 函数的所有信息;设置输入、输出端口数和宽度;设置块采样时间;分配存储空间和参数 sizes 的阵列。

(2)计算下一个采样时间点:创建一个变步长块,需要计算下一步采样时间点,即计算下一步的仿真步长。

(3)计算输出:计算所有输出端口的输出值。

(4)更新状态:每个步长处都要执行一次,可以在这个例程中添加每一个仿真步都需要更新的内容。

(5)计算积分:用于连续状态的求解和非采样过零点。如果 S 函数中具有连续状态,Simulink 在积分微步中调用 S 函数的输出和导数部分。这是 Simulink 能够计算 S 函数状态的原因。若 S 函数具有非采样过零状态,则 Simulink 在积分微步中调用 S 函数的输出和过零部分,这样可以检测到过零点。

S 函数作为一些类型的应用,包括向 Simulink 模型中增加一个通用目的的模块;使用 S 函数的模块来充当硬件的驱动;在仿真中嵌入已经存在的 C 代码;将系统表示成一系列的数学方程;使用可视化动作。使用 S 函数最大的优点就是可以创建一个普通用途的块,在一个模型中多次使用,而且可单独改变模型中所使用的每个块的参数。对于实时半实物仿真平台 I/O 接口板卡的模型化需求,S 函数向 Simulink 增加一些新的通用块及作为硬件设备驱动程序的块等应用,正好可以解决上述实际需求。

二、S 函数模块

S 函数模块在 User‐Defined Functions 模块库中,用此模块可以创建包含 S 函数的 Simulink 模型。图 6.6.5 显示了一个含有 S 函数的简单模型。S 函数模块的对话框如图6.6.6 所示,它有两个区:S 函数文件名区和 S 函数的参数区。S 函数文件名区要填写 S 函数的文件名。S 函数参数区要填写 S 函数所需要的参数。参数并列给出,各参数间以逗号分隔。图 6.6.6中表示函数的参数为:1.5,矩阵[1 2;3 4]和字符串"miles"。

三、S 函数中的几个概念

S 函数中有几个关键的概念需要详细解释,对这几个概念的深入理解对正确使用 S 函数是非常重要的。

1.直接馈入

所谓的直接馈入是指模块的输出或采样时间是由它的一个输入端口的值直接控制的。根据第 4 章的知识可知,直接馈入决定了 Simulink 模块的仿真顺序。判断 S 函数的输入端口是否有直接馈入的判据有:

(1)输出函数(mdlOutpits 或者 flag=3)是一个包含参数 u 的函数。

(2)若该 S 函数是一个可变采样时间的 S 函数,且下一个采样时间点的计算中要用到输入参数 u 时,也可以判断此 S 函数为直接馈入型。

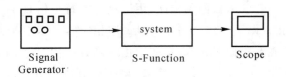

图 6.6.5　包含 S 函数的模型

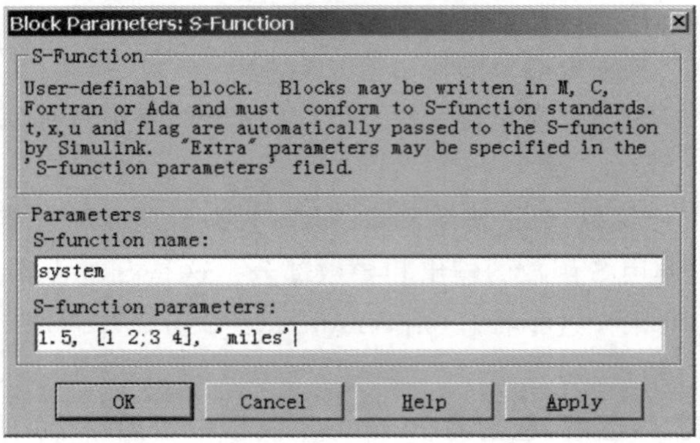

图 6.6.6　S 函数模块的对话框

2.动态尺寸的输入

S 函数可以支持任意维的输入,此时,输入的维数是由输入变量的维数动态确定的。同时,输入变量的维数也决定了连续和离散状态量的个数以及输出变量的维数。

M 文件 S 函数只能有一个输入端口,并且输入端口只能接收一维信号。然而,信号可以是变宽度的。在一个 M 文件 S 函数里,为了指定输入的宽度是动态的,可以指定 sizes 结构的适当区域的值为－1。也可以在 S 函数调用的时候使用 length(u) 来确定实际输入的宽度。若指定宽度值为 0,则输入端口会从 S 函数模块中去掉。

例如,图 6.6.7 表示了在同一个模型中使用同一个 S 函数模块的两种情况,图 6.6.7(a)中的 S 函数模块是由一个三元素向量驱动的,图 6.6.7(b)中的 S 函数模块则是由一个标量输出模块信号驱动的,为了表明 S 函数模块的输入是动态的,两个 S 函数模块是完全相同的,Simulink 自适应地使用合适的尺寸来调用函数。类似地,若其他模块属性如输出变量数和状态数也被指定为动态尺寸的,Simulink 将会定义这些变量与输入变量同维。

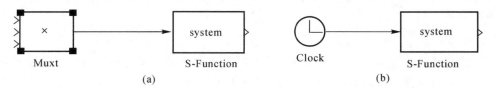

图 6.6.7　同一个模型中使用同一个 S 函数模块的两种情况

3.采样时间的设置与采样延迟

M 文件 S 函数和 C 语言 S 函数都在指定 S 函数的运行时间上有高度的自适应度。

Simulink 为采样时间提供了下面的几种选择。

(1)连续采样时间:适用于具有连续状态和非采样过零点的 S 函数。这种 S 函数的输出按最小时间步改变。

(2)连续但固定最小步长的采样时间:适用于需要在每一个主仿真时间步执行,但在最小仿真步内值不改变的 S 函数。

(3)离散采样时间:若 S 函数的行为发生具有离散时间间隔的特性,则用户可以定义一个采样时间来规定 Simulink 何时调用函数。另外,用户还可以定义一个延迟时间 offset 来延迟采样点,但 offset 的值不能超过采样周期。

若用户定义了一个离散采样时间,则 Simulink 就会在所定义的每个采样点调用 S 函数的mdlOutpit 和 mdlUpdate 方法。

(4)可变采样时间:相邻采样点的时间间隔可变的离散采样时间。在这种采样时间的情况下,S 函数要在每一步仿真的开始,计算下一个采样点的时刻。

(5)继承采样时间:在有些情况下,S 函数模块自身没有特定的采样时间,它本身的状态是连续的还是离散的完全取决于系统中的其他模块。此时,该 S 函数模块的采样时间属性可以设为继承。gain 模块就是一个继承输入信号采样时间的例子。一般地,一个模块可以通过以下几种方式来继承采样时间:

- 继承驱动模块的采样时间;
- 继承目标模块的采样时间;
- 继承系统中最快的采样时间。

四、M 文件 S 函数

1.概述

一个 M 文件的 S 函数由一个 MATLAB 函数组成,该函数形式如下:

$$[\,sys,x0,str,ts\,] = f(t,x,u,flag,p1,p2,\cdots)$$

其中,f 是 S 函数的函数名。在模型的仿真过程中,Simulink 反复调用 f,并通过 flag 参数来指示每次调用所需完成的任务(或多个任务)。每次 S 函数执行任务,并将执行结果通过一个输出向量返回。

sfuntmpl.m 是实现 M 文件 S 函数的一个模板,存放在 matlabroot\oolbox\simulink\blocks 目录下。该模板由一个顶层的函数和一组骨架子函数组成,这些骨架子函数被称为 S 函数的回调函数,每一个回调函数对应着一个特定的 flag 参数值,顶层函数通过 flag 的指示来调用不同的子函数。在仿真过程中,子函数执行 S 函数所要求的实际任务。

2.S 函数固有参数

Simulink 必须至少传递以下参数给 S 函数:

t:当前时间。

x:状态向量。

u:输入向量。

flag:执行任务的标志。

flag 是一个整数值,用来指示 S 函数所执行任务的标志。表 6.6.1 给出了参数 flag 可以取的值,并列出了每个值所对应的 S 函数。

表 6.6.1　参数 flag 说明

flag 值	S 函数子程序	说　　　明
0	mdlInitializeSizes	定义 S 函数块的基本特性,包括采样时间,连续和离散状态的初始化条件,以及 sizes 数组
1	mdlDerivatives	计算连续状态变量的导数
2	mdlUpdate	更新离散状态、采样时间、主步长等必需条件
3	mdlOutputs	计算 S 函数的输出
4	mdlGetTimeOfNextVarHit	计算下一个采样点的绝对时间。只有当在 mdlInitializeSizes 中指定了变步长离散采样时间时,才使用该程序
9	mdlTerminate	执行 Simulink 终止时所需的任何任务

3.S 函数的输出

一个 M 文件返回的输出向量包含以下元素:

• sys,一个通用的返回参数。返回值取决于 flag 的值。例如:flag = 3,sys 则包含了 S 函数的输出。

• x0,初始状态值(如果系统中没有状态,则向量为空)。除 flag = 0 外,x0 被忽略。

• str,保留以后使用。M 文件 S 函数必须设置该元素为空矩阵[]。

• ts,一个两列的矩阵,包含了块的采样时间和偏移量。例如:如果令 S 函数在每个时间步(连续采样时间)都运行,那么 ts 应设置为[0,0];如果令 S 函数按照其所连接块的速率来运行,那么 ts 应设置为[-1,0];如果令其在仿真开始的 0.1 s 后每 0.25 s(离散采样时间)运行一次,那么 ts 应设置为[0.25,0.1];还可以创建一个 S 函数按照不同的速率来执行不同的任务(如:一个多速率 S 函数),在这种情况下,ts 应该按照采样时间升序排列来指定 S 函数所需使用的全部采样速率。例如,假设 S 函数每 0.25 s 执行一个任务,同时在仿真开始的 0.1 s 后每 1 s 执行另一个任务,则 ts 应设置为[0.25,0;1.0,0.1]。这将使 Simulink 按照[0,0.1,0.25,0.5,0.75,1,1.1,…]的时间序列来执行 S 函数。

4.定义 S 函数的端口信息

为了使 Simulink 识别 M 文件 S 函数,必须提供给 Simulink 关于 S 函数的一些特殊信息。这些信息包括输入、输出、状态的数量,以及其他块特性。为了给 Simulink 提供这些信息,必须在 mdlInitializeSizes 的开头调用 simsizes:

sizes = simsizes;

该函数返回一个未初始化的 sizes 结构,必须将 S 函数的信息装载在 sizes 结构中。表 6.6.2列出了 sizes 结构的域,并对每个域所包含的信息进行了说明。

表 6.6.2　sizes 结构说明

sizes 域名	说　　　明
sizes.NumContStates	连续状态的数量
sizes.NumDiscStates	离散状态的数量
sizes.NumOutputs	输出的数量
sizes.NumInputs	输入的数量
sizes.DirFeedthrough	直通前馈标志
sizes.NumSampleTimes	采样时间的数量

在初始化 sizes 结构之后,再次调用 simsizes:

sys = simsizes(sizes);

此次调用将 sizes 结构中的信息传递给 sys,sys 是一个保持 Simulink 所用信息的向量。

5.处理 S 函数用户定义参数

当调用 M 文件 S 函数时,Simulink 总是传递标准块参数—— t,x,u 和 flag 到 S 函数作为函数参数。Simulink 还可以传递用户另外指定的参数给 S 函数,这些参数在 S 函数块参数对话框的 S-function parameters 中(见图 6.6.6),由用户指定。如果在对话框中指定了附加参数,那么 Simulink 将它们作为函数的附加参数传递给 S 函数。这些附加参数在 S 函数的参数表中紧随标准参数之后,并以参数出现在对话框中的顺序作为 S 函数的参数表中附加参数的顺序。可以使用 S 函数块指定参数的特性来实现一个 S 函数执行不同的处理选项。

6.S 函数使用实例

要了解 S 函数是如何工作的,最简单的方法就是学习 S 函数范例。本小节将通过 6 个范例,详细讲解基于 M 文件 S 函数的 Simulink 仿真方法。这些范例涵盖了利用 S 函数进行连续系统、离散系统、混合系统仿真以及基于 S 函数的动画等。所用 S 函数都是基于一个 M 文件 S 函数的模板——sfuntmpl.m 来编写的。该模板位于\MATLAB root\toolbox\simulink\blocks 目录下。

(1)简单的 M 文件 S 函数。本例输入一个标量信号,将信号加倍,然后输出到一个 Scope 进行显示。其 Simulink 模型如图 6.6.8 所示。

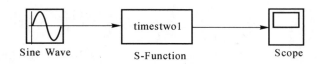

图 6.6.8　简单 M 文件 S 函数

以下是 S 函数 timestwo1.m 的 M 文件代码,由模板文件 sfuntmpl.m 修改而来:

```
function [sys,x0,str,ts] = timestwo1(t,x,u,flag)
% Dispatch the flag. The switch function controls the calls to
% S 函数 routines at each simulation stage.
switch flag,
case 0
[sys,x0,str,ts] = mdlInitializeSizes;        % 初始化
case 3
sys = mdlOutputs(t,x,u);                      % 使用输出计算函数
case { 1, 2, 4, 9 }
sys = []; % Unused flags
otherwise
error(['Unhandled flag = ',num2str(flag)]); % flag 出错处理
end; % End of function timestwo.
```

下面是 timestwo1.m 要调用的子程序:

```
%============================================
% Function mdlInitializeSizes initializes the states, sample
% times, state ordering strings (str), and sizes structure.
%============================================
function [sys,x0,str,ts] = mdlInitializeSizes
% Call function simsizes to create the sizes structure.
sizes = simsizes;
% Load the sizes structure with the initialization information.
sizes.NumContStates= 0;              %没有连续状态量
sizes.NumDiscStates= 0;              %没有离散状态量
sizes.NumOutputs= 1;                 %模块有一个输出
sizes.NumInputs= 1;                  %模块有一个输入
sizes.DirFeedthrough=1;              %模块直馈,本例属于在 output 里直接输出 u
sizes.NumSampleTimes=1;              %所有任务使用一种采样周期
% Load the sys vector with the sizes information.
sys = simsizes(sizes);
%
x0 = [];                             % 无连续状态量,所以无需初值
%
str = [];                            % 预留
%
ts = [-1 0];                         % 继承 Simulink 的采样周期
% End of mdlInitializeSizes.
%============================================
% Function mdlOutputs performs the calculations.
%============================================
function sys = mdlOutputs(t,x,u)
sys = 2 * u;                         % 将输入的标量加倍后输出
% End of mdlOutputs.
```

将上述代码写入一个 M 文件,并命名为 timestwo1.m。双击图 6.6.8 中 S－Function 块打开对话窗,如图 6.6.9 所示。

注意:图 6.6.8 所示的 Simulink 模型文件和 timestwo1.m 文件最好在同一文件夹下,且此时 MATLAB 的 Current directory 要设置成上述存储路径。否则,需要向 MATLAB 指明 S 函数存储路径,才能仿真。

(2)连续状态的 S 函数仿真。本例可以仿真下式所示的线性时不变系统:

$$\left.\begin{aligned}\dot{x} &= Ax + Bu\\ y &= Cx + Du\end{aligned}\right\} \tag{6.6.1}$$

与范例一类似,建立 Simulink 模型(见图 6.6.10)和编写 S 函数 M 文件(本例命名为 csFunc1.m)。

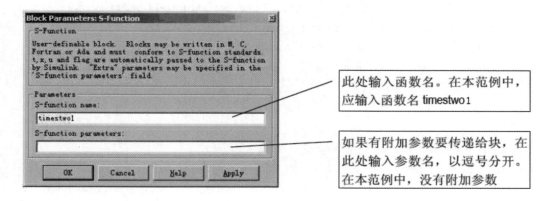

图 6.6.9　参数设置

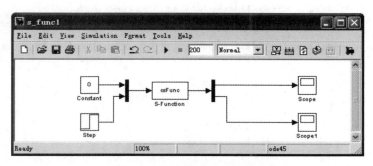

图 6.6.10　连续状态的 S 函数仿真

双击 csFunc1 模块,填写 S 函数文件名和需要传递给 S 函数的参数,如图 6.6.11 所示。本例中系统的 A,B,C,D 阵由外部作为参数输入到 S 函数。A,B,C,D 由用户在 workspace 中输入,或由其他程序赋值得到。本例中使用的 A,B,C,D 阵如下:

$A = [-0.09 \quad -0.01; 1 \quad 0]$;　$B = [1 \quad -7; 0 \quad -2]$;

$C = [0 \quad 2; 1 \quad -5]$;　$D = [-3 \quad 0; 1 \quad 0]$

显然,本系统是 2 输入,2 输出线性时不变系统。

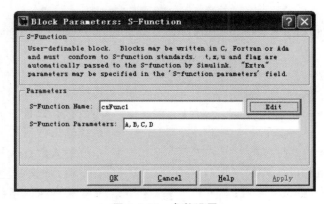

图 6.6.11　参数设置

以下是 S 函数 csFuncl.m 的 M 文件代码,由模板文件 sfuntmpl.m 修改而来:

```
function [ sys,x0,str,ts ] = csFunc1( t,x,u,flag, A,B,C,D )
% CSFUNC An example M - file S - function for defining a system of
% continuous state equations:
% x' = Ax + Bu
% y = Cx + Du
%
% Generate a continuous linear system:
switch flag,
case 0
[sys,x0,str,ts] = mdlInitializeSizes(A,B,C,D);    % 初始化
case 1
sys = mdlDerivatives(t,x,u,A,B,C,D);              % 计算微分
case 3
sys = mdlOutputs(t,x,u,A,B,C,D);                  % 计算系统输出
case { 2,4,9 }                                    % 不用的 flags
sys = [ ];
otherwise
error(['Unhandled flag = ',num2str(flag)]); % Error handling
end
% End of csfunc.
%=================================================
% mdlInitializeSizes
% Return the sizes, initial conditions, and sample times for the
% S - function.
%=================================================
%
function [sys,x0,str,ts] = mdlInitializeSizes(A,B,C,D)
%
% Call simsizes for a sizes structure, fill it in and convert it to a sizes array.
%
sizes = simsizes;
sizes.NumContStates = 2;          % 连续状态数目
sizes.NumDiscStates = 0;          % 离散状态数目
sizes.NumOutputs = 2;             % 系统输出数目
sizes.NumInputs = 2;              % 系统输入数目
sizes.DirFeedthrough = 1;         % 有直馈,D 阵非空
sizes.NumSampleTimes = 1;         % 非多采样速率系统
sys = simsizes(sizes);
```

```
%
% Initialize the initial conditions.
%
x0 = zeros(2,1);% 状态量初始化
%
% str is an empty matrix.
%
str = [];
%
% Initialize the array of sample times; in this example the sample time is continuous,
so set ts to 0 and its offset to 0.
%
ts = [0 0];                              % 连续采样
% End of mdlInitializeSizes.
%
%==================================
% mdlDerivatives
% Return the derivatives for the continuous states.
%==================================
function sys = mdlDerivatives(t,x,u,A,B,C,D)
sys = A * x + B * u;% 计算微分结果 形如 ẋ=f(x,t)
% End of mdlDerivatives.
%
%==================================
% mdlOutputs
% Return the block outputs.
%==================================
%
function sys = mdlOutputs(t,x,u,A,B,C,D)
sys = C * x + D * u;% 计算系统输出
% End of mdlOutputs.
```

本例的运行结果如图 6.6.12 所示。将图 6.6.10 中的 S 函数模块换成 Simulink 中的标准连续系统状态空间模块,如图 6.6.13 所示,仿真后,可得到同样的结果。

S 函数的优势在于它的灵活性,上述 S 函数不仅可以仿真线性时不变系统,还可以作为建立一个时变系统或非线性状态空间系统仿真的基础。

(3)范德蒙(Vandermonde)方程仿真。范德蒙方程如下式所示,是一种典型的非线性系统:

$$\ddot{y} + (y^2 - 1)\dot{y} + y = 0 \tag{6.6.2}$$

为了使用 S 函数对其进行仿真,首先需要选定状态量,并将其写成 $\dot{x} = f(x,t)$ 形式。选择

如下状态变量：$x_1 = \dot{y}, x_2 = y$。于是式(6.6.2)可以写成以下形式：

$$\left.\begin{array}{l} \dot{x}_1 = x_1(1 - x_2^2) - x_2 \\ \dot{x}_2 = x_1 \end{array}\right\} \tag{6.6.3}$$

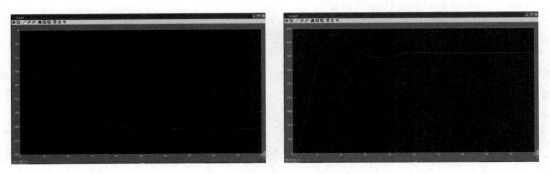

图 6.6.12　连续状态的 S 函数仿真结果

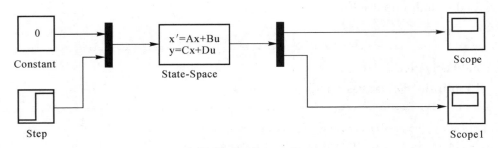

图 6.6.13　状态空间仿真

由式(6.6.3)可知，该系统有两个状态变量，将系统的输出就设定为等于状态变量，因此可以编写如下的文件名为 new_vdTest 的 S 函数：

```
function [sys,x0,str,ts] = new_vdTest(t,x,u,flag)
% Dispatch the flag. The switch function controls the calls to
% S - function routines at each simulation stage.
switch flag,
case 0
[sys,x0,str,ts] = mdlInitializeSizes;      % 初始化
case 1,
sys=mdlDerivatives(t,x,u);       % 计算微分
case 3
sys = mdlOutputs(t,x,u);       % 输出计算函数
case {2, 4, 9 }
sys = [];       % Unused flags
otherwise
error(['Unhandled flag = ',num2str(flag)]);       % flag 出错处理
end; % End of function new_vdTest.
```

```
%
%===============================================
% mdlInitializeSizes
% Return the sizes, initial conditions, and sample times for the S-function.
%===============================================
%
function [sys,x0,str,ts]=mdlInitializeSizes
%
% call simsizes for a sizes structure, fill it in and convert it to a
% sizes array.
%
sizes = simsizes;
sizes.NumContStates    = 2;
sizes.NumDiscStates    = 0;
sizes.NumOutputs       = 2;
sizes.NumInputs        = 0;
sizes.DirFeedthrough   = 0;
sizes.NumSampleTimes = 1;                  %1 种采样时间
sys = simsizes(sizes);
%
% initialize the initial conditions
%
x0   = [0.25;0.25];
%
% str is always an empty matrix
%
str = [];
%
% initialize the array of sample times
%
ts   = [0  0];               % 连续采样时间
% end mdlInitializeSizes
%
%===============================================
% mdlDerivatives
% Return the derivatives for the continuous states.
%===============================================
%
function sys=mdlDerivatives(t,x,u)
```

```
sys(1)＝x(1)＊(1－x(2)^2)－x(2);          ％由式(6.6.3)计算微分输出
sys(2)＝x(1);
% end mdlDerivatives
%
%==========================================
% mdlUpdate
% Handle discrete state updates, sample time hits, and major time step
% requirements.
%==========================================
%
function sys＝mdlUpdate(t,x,u)
sys ＝ [];
% end mdlUpdate
%
%==========================================
% mdlOutputs
% Return the block outputs.
%==========================================
%
function sys＝mdlOutputs(t,x,u)
sys ＝ x;                                ％ 状态量作为系统输出
% end mdlOutputs
%
%==========================================
% mdlTerminate
% Perform any end of simulation tasks.
%==========================================
%
function sys＝mdlTerminate(t,x,u)
sys ＝ [];
% end mdlTerminate
```

在 Simulink 中建立如图 6.6.14 所示的模型,以观察范德蒙方程的输出。

按照前文介绍的方法设置好参数后,仿真可得如图 6.6.15 所示的结果(XY Graph 的输出)。

读者可以在图 6.6.14 所示的 Simulink 编辑环境中,基于积分模块搭建式(6.6.3)描述的系统,得到与图 6.6.15 一致的仿真结果。

或者直接调用 MATLAB 的 ode45 求解器。首先,编写如下的 M 函数,并命名为 vd.m:

```
%ven der pol equation
function dy ＝ vd(t,y)
```

```
dy=zeros(2,1);
dy(1)=y(1)*(1-y(2)^2)-y(2);
dy(2)=y(1);
end
```

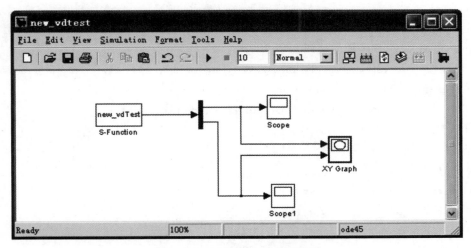

图 6.6.14　范德蒙方程仿真模型

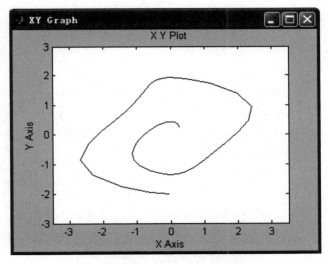

图 6.6.15　范德蒙方程仿真结果

然后,在 MATLAB workspace 中键入如下指令(Current Directory 路径包含上述 M 文件),求解 van der pol 并绘出结果与图 6.6.15 比较:

```
ts=[0 10];x0=[0.25 0.25];
[t,x]=ode45('vd',ts,x0);
plot(x(:,1),x(:,2));
```

(4)离散状态的 S 函数仿真。本例是通过 S 函数模拟的离散状态系统的范例。该函数与连续状态系统的范例 csfunc1.m 十分相似，唯一的区别是在该函数中，调用的是 mdlUpdate，而不是调用 mdlDerivatives。当 flag = 2 时，mdlUpdate 更新离散状态。注意：对于一个单速率离散 S 函数而言，Simulink 只在采样点调用 mdlUpdate，mdlOutputs，以及 mdlGetTimeOfNextVarHit(如果需要)。离散系统方程如下：

$$\left.\begin{array}{l} x(k+1) = Ax(k) + Bu(k) \\ y(k) = Cx(k) + Du(k) \end{array}\right\} \tag{6.6.4}$$

以下是该 M 文件 S 函数的代码：

```
function [sys,x0,str,ts] = dsfunc( t,x,u,flag )
% An example M-file S-function for defining a discrete system.
% This S-function implements discrete equations in this form：
% x(n+1) = Ax(n) + Bu(n)
% y(n) = Cx(n) + Du(n)
%
% Generate a discrete linear system：
A = [ -1.3839  -0.5097 ; 1.0000  0 ];
B = [ -2.5559  0       ; 0        4.2382 ];
C = [ 0         2.0761  ; 0        7.7891 ];
D = [ -0.8141  -2.9334 ; 1.2426  0 ];
switch flag,
case 0
sys = mdlInitializeSizes(A, B, C, D);          % Initialization
case 2
sys = mdlUpdate(t, x, u, A, B, C, D)           ;% Update discrete states
case 3
sys = mdlOutputs(t, x, u, A, B, C, D);         % Calculate outputs
case {1,4,9} % Unused flags
sys = [ ];
otherwise
error(['unhandled flag = ',num2str(flag)]);    % Error handling
end
% End of dsfunc.
%===========================================
% Initialization
%===========================================
function [sys, x0, str, ts] = mdlInitializeSizes( A, B, C, D )
% Call simsizes for a sizes structure, fill it in, and convert it to a sizes array.
sizes = simsizes;
sizes.NumContStates = 0;
sizes.NumDiscStates = 2;
```

```
sizes.NumOutputs = 2;
sizes.NumInputs = 2;
sizes.DirFeedthrough = 1;                 % Matrix D is non-empty.
sizes.NumSampleTimes = 1;
sys = simsizes(sizes);
x0 = ones(2,1);                           % Initialize the discrete states.
str = [ ];                                % Set str to an empty matrix.
ts = [ 1 0 ];                             % sample time：[period, offset]
% End of mdlInitializeSizes.
%===========================================
% Update the discrete states
%===========================================
function sys = mdlUpdates( t, x, u, A, B, C, D )
sys = A * x + B * u;
% End of mdlUpdate.
%===========================================
% Calculate outputs
%===========================================
function sys = mdlOutputs( t, x, u, A, B, C, D )
sys = C * x + D * u;
% End of mdlOutputs.
```

与连续系统类似,该 S 函数也可以作为建立时变系统或非线性离散状态空间系统的基础。

(5)混合系统 S 函数仿真。本例通过 S 函数模拟混合系统(组合了连续和离散状态)。S 函数通过参数 flag 来控制对系统中的连续和离散部分调用正确的 S 函数子程序。混合系统 S 函数(或者任何多速率系统 S 函数)的一个特点就是在所有的采样时间上,Simulink 都会调用 mdlUpdate,mdlOutputs,以及 mdlGetTimeOfNextVarHit 程序。这意味着在这些程序中,必须进行测试以确定正在处理哪个采样点以及哪些采样点只执行相应的更新。

本例模拟一个连续积分器及随后的离散的单位延迟。按照 Simulink 方块图的形式,该函数的功能如图 6.6.16 所示。

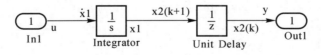

图 6.6.16　混合系统 S 函数功能示意

根据图 6.6.16,选择系统的积分输出作为连续状态量,记为 x_1,选择单位延迟模块输出作为离散状态量,记为 $x_2(k)$,则显然有如下关系成立:

$$\left.\begin{array}{l} \dot{x}_1 = u \\ x_2(k+1) = x_1 \\ y = x_2(k) \end{array}\right\} \tag{6.6.5}$$

根据方程式(6.6.5)设计 S 函数,代码如下:

```
function [sys,x0,str,ts] = mixedm( t,x,u,flag )
% A hybrid system example that implements a hybrid system
% consisting of a continuous integrator (1/s) in series with a
% unit delay (1/z).
%
% Set the sampling period and offset for unit delay.
dperiod =0.2;                          % Sample period
doffset = 0;
switch flag.
case 0 % Initialization
[sys,x0,str,ts] = mdlInitializeSizes(dperiod,doffset);
case 1
sys = mdlDerivatives(t,x,u);                % Calculate derivatives
case 2
sys = mdlUpdate(t,x,u,dperiod,doffset);     % Update disc states
case 3
sys = mdlOutputs(t,x,u,doffset,dperiod);    % Calculate outputs
case { 4,9 }
sys = [ ],% Unused flags
otherwise
error(['unhandled flag = ',num2str(flag)]);  % Error handling
end
% End of mixedm.
%
%=====================================
% mdlInitializeSizes
% Return the sizes, initial conditions, and sample times for the S-function.
%=====================================
function [sys,x0,str,ts] = mdlInitializeSizes( dperiod,doffset )
sizes = simsizes;
sizes.NumContStates = 1;
sizes.NumDiscStates = 1;
sizes.NumOutputs = 1;
sizes.NumInputs = 1;
sizes.DirFeedthrough = 0;
sizes.NumSampleTimes = 2;
sys = simsizes(sizes);
x0 = ones(2,1);
```

str ＝ [ ]；

ts ＝ [0, 0；   ％ sample time

dperiod, doffset]；

％ End of mdlInitializeSizes.

％

％＝＝＝＝＝＝＝＝＝＝＝＝＝＝＝＝＝＝＝＝＝＝＝＝＝＝＝＝＝＝＝＝＝

％ mdlDerivatives

％ Compute derivatives for continuous states.

％＝＝＝＝＝＝＝＝＝＝＝＝＝＝＝＝＝＝＝＝＝＝＝＝＝＝＝＝＝＝＝＝＝

％

function sys ＝ mdlDerivatives(t,x,u)

sys ＝ u；   ％ 参考方程式(6.6.5)，此时 sys：＝＞ $\dot{x}_1$

％ end of mdlDerivatives.

％

％＝＝＝＝＝＝＝＝＝＝＝＝＝＝＝＝＝＝＝＝＝＝＝＝＝＝＝＝＝＝＝＝＝

％ mdlUpdate

％ Handle discrete state updates, sample time hits, and major time step requirements.

％＝＝＝＝＝＝＝＝＝＝＝＝＝＝＝＝＝＝＝＝＝＝＝＝＝＝＝＝＝＝＝＝＝

％

function sys ＝ mdlUpdate(t,x,u,dperiod,doffset)

％ Next discrete state is output of the integrator.

％ Return next discrete state if we have a sample hit within a

％ tolerance of 1e－8. If we don't have a sample hit, return [] to

％ indicate that the discrete state shouldn't change.

％

if abs(round((t－doffset)/dperiod) －(t－doffset)/dperiod) ＜ 1e－8

sys ＝ x(1)；   ％ 参考方程式(6.6.5)，此时，sys：＝＞x2(k＋1)

else

sys ＝ []；   ％This is not a sample hit, so return an empty matrix to indicate that

                           ％the states have not changed.

end

％ End of mdlUpdate.

％

％＝＝＝＝＝＝＝＝＝＝＝＝＝＝＝＝＝＝＝＝＝＝＝＝＝＝＝＝＝＝＝＝＝

％ mdlOutputs

％ Return the output vector for the S－function.

％＝＝＝＝＝＝＝＝＝＝＝＝＝＝＝＝＝＝＝＝＝＝＝＝＝＝＝＝＝＝＝＝＝

％

function sys ＝ mdlOutputs(t,x,u,doffset,dperiod)

% Return output of the unit delay if we have a sample hit within a tolerance of $1e-8$.
%If we don't have a sample hit then return [] indicating that the output shouldn't
%change.
%
if abs(round((t-doffset)/dperiod)-(t-doffset)/dperiod) $<1e-8$
sys = x(2);   % 参考方程式(6.6.5),此时,sys:=>y
else
sys = [];   %This is not a sample hit, so return an empty matrix to indicate that
                   %the output has not changed
end
% End of mdlOutputs.

(6)S 函数动画。基于 S 函数的动画就是一个由没有状态函数、没有输出变量的 S 函数生成的动画。因此它们只能作常规显示。这种 S 函数有两个主要部分:初始化部分和更新部分。

· 在初始化过程中要创建图形窗口及动画对象;

· 在更新过程中,动画对象的属性将作为 S 函数模块的输入函数,且它的变化导致动画对象的运动可能会以其他形式变化。

1)动画的初始化。S 函数动画的初始化包括 S 函数的初始化和图形的初始化。采样时间应设置为较小的数值,以便动画可以看起来更加连续。但同时也不能太小,因为那会使得仿真过程运行起来太慢。

首先需要检验与当前 S 函数模块相联系的动画图形是否已打开。这里使用的方法是将当前模块的路径保存到图形的 UserData 参数中。此时使用 gcb 函数是一种比较安全的方法,因为在 S 函数的执行过程中,gcb 总会返回 S 函数模块的路径。完成此任务的 MATLAB 命令可为如下形式:

        if(findobj('UserData',gcb))
        %若模型已经打开,则不做任何事
        else
         {……}   %初始化图形
        end

其中的初始化图形语句可由 figure 命令实现,例如:

        h_fig=figure('Position',[x_pos,y_pos,width,height]…

然后,将当前 S 函数模块的路径保存到图形 UserData 中,这样对图形的存在性检验才会正常工作。下面的语句可以用来设置 UserData:

        set(h_fig,'UserData',gcb);

使用 MATLAB 绘图命令绘制动画图形。接着保存这些图形元素的句柄。例如,要绘制由向量 x_array 和 y_array 定义的曲线,使用下面的语句:

        hdl=plot(x_array,y_array);

图形初始化的最后一步是保存这些仿真元素的句柄。这里使用的方法是将这些元素成组地保存到一个 MATLAB 变量中,并把此变量保存到 S 函数模块的 UserData 中。UserData 中可以保存 MATLAB 的任何变量,包括单元数组和结构。假设要绘制两个图形元素的动画,而它们的句柄名分别为 hd1 和 hd2,下面的语句会把它们保存到一个结构中。

  t_data.hd1＝hd1;

  t_data.hd2＝hd2;

  set_param(gcb,′UserData′,t_data);

  2)动画的更新。由于设置采样时间为正数,所以动画 S 函数可以被看成是离散模块。Simulink 将以 flag＝2 在采样时间执行 S 函数。更新函数会从 S 函数模块 UserData 中读取即将改变的图形对象的句柄。例如,如果句柄以结构变量的形式储存,则它们可以写成如下形式:

  T_data＝get_param(gcb,′UserData′);

  hd1＝T_data.hd1;

  hd2＝T_data.hd2;

  然后计算改变的对象属性的新值,并使用 set 命令更新属性。

  set(handle,propertyName,propertyValue);

  其中 handle 为对象的句柄,propertyName 为由即将改变的对象属性的对象名构成的 MATLAB 字符串,propertyValue 为新的属性值。

  例 6.6.1　创建一个在半球形槽内往复滚动的圆盘的动画。

  分析　假设圆盘在槽内作无滑动的滚动,则系统的运动方程为

$$\ddot{\theta}=\frac{-g\sin\theta}{150(R-r)} \tag{6.6.6}$$

式中,$R=12$,$r=2$,g 为重力加速度,θ 为圆盘圆心与半球形槽的圆心的连线与铅垂线(见图 6.6.17 中的虚线)的夹角,逆时针旋转为正,单位为弧度。Ψ 和 θ 的动力学关系为[Ψ 为圆盘上的 index mark(图 6.6.17 所示圆盘上的竖线,用于显示圆盘的转动)相对于圆盘铅垂面的角度]

$$\Psi=\theta\frac{R-r}{r} \tag{6.6.7}$$

  图 6.6.18 所示为此系统运动方程的 Simulink 模型,它用一个动画 S 函数模块来显示圆盘运动。其中 K 的增益取 $\dfrac{-g}{150(R-r)}$,积分环节 theta 取初值 $\pi/4$。

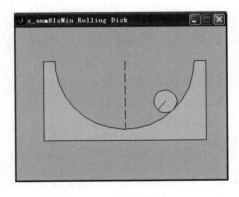

  图 6.6.17　动画 S 函数运行结果

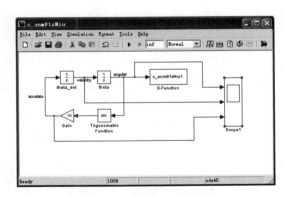

  图 6.6.18　动画 Simulink 模型

S 函数为一个 M 文件,其程序代码如下,执行后的动画图形如图 6.6.17 所示,可以看到圆盘在圆槽里来回滚动。双击图 6.6.18 中的 Scope1,可以得到圆盘运动的位置、速度、加速度,如图 6.6.19 所示。

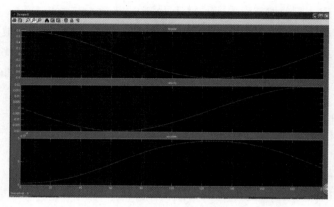

图 6.6.19　圆盘的位置、速度、加速度

```
function [sys,x0,str,ts] = s_anm81sNiu1(t,x,u,flag)
%     S-file animation example 1
%     This example demonstrates buidling an animation
%     using a single S-file with no callbacks.
%
switch flag,
  case 0,                    % Initialization
    [sys,x0,str,ts]=mdlInitializeSizes;
  case 1,                    % Derivatives
    sys=mdlDerivatives(t,x,u);
  case 2,
    sys=mdlUpdate(t,x,u);
  case 3,
sys=mdlOutputs(t,x,u);                          % Compute output vector
case 4,                                          % Compute time of next sample
    sys=mdlGetTimeOfNextVarHit(t,x,u);
  case 9,                                        % Finished. Do any needed
    sys=mdlTerminate(t,x,u);
  otherwise                                      % Invalid input
    error(['Unhandled flag = ',num2str(flag)]);
end
%* * * * * * * * * * * * * * * * * * * * * * * * * * * * * * * * * * * * *
%* *                        mdlInitializeSizes                        *
%* * * * * * * * * * * * * * * * * * * * * * * * * * * * * * * * * * * * *
```

```
function [sys,x0,str,ts]=mdlInitializeSizes()
% Return the sizes of the system vectors, initial
% conditions, and the sample times and offets.
sizes = simsizes;        % Create the sizes structure
sizes.NumContStates    = 0;
sizes.NumDiscStates    = 0;
sizes.NumOutputs       = 0;
sizes.NumInputs        = 1;
sizes.DirFeedthrough   = 0;
sizes.NumSampleTimes   = 1;
sys = simsizes(sizes);
x0  = [];                                % There are no states
str = [];                                % str is always an empty matrix
ts  = [0.25 0];                          %initialize the array of sample times.
                                         %Update the figure every 0.25 sec


% Initialize the figure
% The handles of the disk and index mark are stored
% in the block's UserData.
if(findobj('UserData',gcb))
    % Figure is open, do nothing
else
    h_fig = figure('Position',[200 200 400 300], ...
                   'MenuBar','none','NumberTitle','off', ...
                   'Resize','off', ...
                   'Name',[gcs,' Rolling Disk']) ;
    set(h_fig,'UserData',gcb) ; % Save name of current block
                                % in the figure's UserData.
                                % This is used to detect
                                % that a rolling disk figure
                                % is already open for the
                                % current block, so that
                                % only one instance of the
                                % figure is open at a time
                                % for a given instance of the
                                % block.
    r = 2 ;
    R = 12 ;
    q = r ;
```

```
thp = 0:0.2:pi ;
xp = R * cos(thp);
yp = -R * sin(thp) ;
xp = [xp,-R,-(R+q),-(R+q),(R+q), (R+q),R] ;
yp = [yp,0,0,-(R+q),-(R+q),0,0] ;
cl_x = [0,0] ;
cl_y = [0,-R] ;
% Make the disk
thp = 0:0.3:2.3 * pi ;
xd = r * cos(thp);
yd = r * sin(thp) ;
hd = fill(xp,yp,[0.85,0.85,0.85]);                   % Draw trough
hold on ;                                            % So it won't get erased
set(hd,'erasemode','none');
axis('equal');axis('off');
hd0 = plot(cl_x,cl_y,'k-');                          % Draw the centerline
set(hd0,'erasemode','none');
% During this initialization pass, create the disk (hd2) and the index mark (hd3)
theta = 0 ;
xc = (R-r) * sin(theta);                             % Find center of disk
yc =- (R-r) * cos(theta) ;
psi = theta * (R-r)/r ;
xm_c = r * sin(psi) ;                                % Relative position of index mark
ym_c = r * cos(psi) ;
xm = xc + xm_c ;                                     % Translate mark
ym = yc + ym_c ;
hd2 = fill(xd+xc, yd+yc,[0.85,0.85,0.85]);           % Draw disk and mark
hd3 = plot([xc,xm],[yc,ym],'k-');
set_param(gcb,'UserData',[hd2,hd3]) ;
end
% * * * * * * * * * * * * * * * * * * * * * * * * * * * * * * * * * * * * * * *
% *                      mdlDerivatives                          *
% * * * * * * * * * * * * * * * * * * * * * * * * * * * * * * * * * * * * * * *
function sys=mdlDerivatives(t,x,u)
% Compute derivatives of continuous states
sys = [];                                            % Empty since no continuous states
% * * * * * * * * * * * * * * * * * * * * * * * * * * * * * * * * * * * * * * *
% *                      mdlUpdate                               *
```

```
%* * * * * * * * * * * * * * * * * * * * * * * * * * * * * * * * * * * *
function sys=mdlUpdate(t,x,u)
% Compute update for discrete states.
sys = [];                                % Empty since this model has no states
% Update the figure
r = 2 ;
R = 12 ;
q = r ;
userdat = get_param(gcb,'UserData') ;
hd2 = userdat(1) ;
hd3 = userdat(2) ;
theta = u(1) ;                           % The sole input is theta
xc = (R−r) * sin(theta);                 % Find center of disk
yc = −(R−r) * cos(theta) ;
psi = theta * (R−r)/r ;
xm_c = r * sin(psi) ;                     % Find relative position of index
ym_c = r * cos(psi) ;
xm = xc + xm_c ;                          % Translate mark
ym = yc + ym_c ;
thp = 0:0.3:2 * pi ;
xd = r * cos(thp);
yd = r * sin(thp) ;
% Move the disk and index marks to new positions
set(hd2,'XData',xd+xc);
set(hd2,'YData',yd+yc);
set(hd3,'XData',[xc,xm]);
set(hd3,'YData',[yc,ym]);
%* * * * * * * * * * * * * * * * * * * * * * * * * * * * * * * * * * * *
%*                       mdlOutputs                        *
%* * * * * * * * * * * * * * * * * * * * * * * * * * * * * * * * * * * *
function sys=mdlOutputs(t,x,u)
% Compute output vector
sys = [];
%* * * * * * * * * * * * * * * * * * * * * * * * * * * * * * * * * * * *
%*                   mdlGetTimeOfNextVarHit                   *
%* * * * * * * * * * * * * * * * * * * * * * * * * * * * * * * * * * * *
function sys=mdlGetTimeOfNextVarHit(t,x,u)
sys = [];
```

```
% * * * * * * * * * * * * * * * * * * * * * * * * * * * * * * * * * * * *
% *                    mdlTerminate                              *
% * * * * * * * * * * * * * * * * * * * * * * * * * * * * * * * * * * * *
function sys＝mdlTerminate(t,x,u)
% Perform any necessary tasks at the end of the simulation
sys ＝ [];
```

6.6.3 自定义库

在 Simulink 中,各类自带组件与模型使用 Library 形式显示以供用户使用,每一个 Library 的组成结构实现,主要通过一组模型描述文件(slblocks.m)与模型库文件(.mdl)实现。

slblocks.m 文件主要包含了库的描述信息,通过返回描述库的 blkstruct 结构体变量来为 MATLAB/Simulink 提供信息,该结构体主要包含的属性及意义如下:

(1)blkstruct.Name:Simulink 中模块集的名称。

(2)blkstruct. OpenFcn:打开模块集或者工具箱时模块调用的 M 函数。

(3)blkstruct. MaskDisplay:设置模块在 Simulink 界面显示格式的命令,用以设置图标的显示效果等。

(4)blkstruct.Browser:用来描述每一个需要显示的模型库的结构体。它包括:Library 属性,记录了该库指向的.mdl 库文件名称;Name 属性,记录了该库在 Simulink 中显示的名称。

.mdl 库文件记录了用于形成库的模型信息,具体包含了库中模块的模型结构、数学逻辑等详细内容,是 Simulink 库的实体。将需要重用模块封装成"输入-参数-输出"的形式,存储为.mdl 库文件,可以十分方便地转换成 Simulink 库模块。

具体步骤如下:

(1)创建自定义库。在 Simulink Library Browser 窗口中,选择菜单 File | New → Library,加入所需的常用模块,并保存(例如:mySimLib.mdl)。

(2)新建一个 slblocks.m,其内容如下:

```
function blkStruct = slblocks
Browser.Library = 'mySimLib';
Browser.Name   = 'My_Library';
blkStruct.Browser = Browser;
```

说明:

mySimLib 为自定义库文件的文件名。

My_Library 为将在 Simlink Library Browser 窗口中显示的名称。

注意:不要加任何注释,否则有可能不成功。

(3)将 mySimLib.mdl 和 slblocks.m 放在同一个目录下,然后在 MATLAB 主窗口中选择菜单 File | Set Path...,将该目录添加到 MATLAB 搜索路径中,保存,退出。

(4)在 Simulink Library Browser 窗口中,按 F5 按键或选择菜单 View | Refresh Tree View,即可看到自定义库的名称(本例为 My_Library)出现在库浏览器中。

6.6.4 Simulink 的命令行仿真

Simulink 与 MATLAB 的数据交互是能够使用命令行进行数字仿真的前提。用户除了可以使用前面章节介绍的使用 Simulink 的图形建模方式建立动态系统的模型之外,也可以使用命令行方式建立系统的仿真模型。总的来说,使用命令行方式进行系统建模使用得不多,这里仅仅给出命令行方式建模的命令,感兴趣的读者可以通过在线帮助了解各个命令的使用方法。Simulink 中建立系统模型的命令见表 6.6.3 。

表 6.6.3 命令行方式建立 Simulink 模型指令

命　令	功　能
new_system	建立一个新的 Simulink 系统模型
open_system	打开一个已经存在的 Simulink 系统模型
close_system,bdclose	关闭一个 Simulink 系统模型
save_system	保存一个 Simulink 系统模型
find_system	查找 Simulink 系统模型、模块、连线及注释
add_block	在系统模型中加入指定模块
delete_block	从系统模型中删去指定模块
replace_block	替代系统模型中的指定模块
add_line	在系统模型中加入指定连线
delete_line	从系统模型中删去指定连线
get_param	获取系统模型中的参数
set_param	设置系统模型中的参数
gcb	获得当前模块的路径名
gcs	获得当前系统模型的路径名
gcbh	获得当前模块的操作句柄
bdroot	获得最上层系统模型的名称
simulink	打开 Simulink 的模型库浏览器

使用命令行方式,用户可以编写并运行系统仿真的 M 文件来完成对动态系统的仿真,在 M 文件中,用户可以反复对同一系统在不同的仿真参数或不同的系统模块参数下进行仿真,这样就不需多次打开 Simulink 图形窗口,使用 Start Simulation 命令进行仿真。特别是当需要分析某个参数对系统仿真结果的影响时,用户可以很容易地使用循环自动修改参数值。这样可以方便、快速地分析不同参数值对系统性能的影响。

一、使用 sim 命令进行动态系统仿真

1.调用格式

sim 命令是使用命令行方式进行动态系统仿真分析最常用的命令。其完整的调用格式为

$[t,x,y]=sim(model,timespan,options,ut)$

$[t,x,y1,y2,\cdots,yn]=sim(model,timespan,options,ut)$

实际使用时,用户可以省略 sim 命令中的某些设置,MATLAB 对省略的设置采用默认的参数。

sim 命令实现对 model 指定的系统模型按照给定的仿真参数和系统模型参数进行仿真。

2.参数说明

仿真过程中所使用的参数包括所有仿真参数对话框设置的参数、MATLAB 工作空间的输入输出选项卡中的设置及采用命令行方式设置的参数和系统模块参数。

sim 命令中,只有参数"model"是必需的,其他的仿真参数均允许设置为空矩阵,此时 sim 命令对不设置的仿真参数使用系统框图决定的默认参数进行仿真计算。sim 命令中设置的参数具有较大的优先级,设置过的参数将取代模型默认的参数。用户需使用 sim 命令中的 options 参数设置所需的参数,下面是各个参数的详细说明。

(1)t:返回仿真时间向量。

(2)x:返回仿真的状态矩阵,排列次序是先连续状态,后离散状态。

(3)y:返回仿真的输出矩阵,其中每一列对应着一个根层次的输出端口(即顶层系统)。排列顺序对应端口数字。如果输出端口的结果是向量信号,则它相应地占有合适的列数。

(4)y1,y2,…,yn:返回模型中 n 个根层次输出端口的输出。

(5)model:需进行仿真的系统仿真模型框图名称。

(6)timespan:系统仿真时间范围(起始时间至终止时间),可以取如下形式:

tFinal:设置仿真终止时间。仿真起始时间默认为 0。

[tStart tFinal]:设置仿真的起始时间(tStart)和终止时间(tFinal)。

[tStart OutputTimes tFinal]:设置仿真的起始时间(tStart)和终止时间(tFinal),并且设置仿真返回的时间向量[tStart OutputTimes tFinal],其中 tStart,OutputTimes 和 tFinal 必须递增排列。

(7)options:由 simset 命令设置的除了仿真时间外的仿真参数,是一个结构体变量。

(8)ut:表示系统顶层模型的外部可选输入。ut 可以是 MATLAB 函数。可以使用多个外部输入 ut1,ut2,…。其格式必须符合输入信号的要求。具体要求同由 MATLAB 工作空间传递信号至系统模型的格式。

二、sim 命令应用实例

回忆本章例 6.3.2 所示的汽车速度 PID 控制系统,如果要讨论 PID 控制器中比例系数 Kp 对系统控制系能的影响,则可以编写以下 M 文件,并将其与例 7.4.2 所示的 Simulink 方框图模型(见图 6.3.5)文件存于同一路径下,命名为"CarPID.m"。

```
%命令行 Simulink 仿真实例
clear all;
mass=500;
Km=1/mass;          % 在 workspace 建立 Simulink 模型需要的参数变量并赋值
% Kp 对系统的影响
Ki=0.75;            % 在 workspace 建立 Simulink 模型需要的参数变量并赋值
Kd=75;             % 在 workspace 建立 Simulink 模型需要的参数变量并赋值
Ts=0.1;            % 在 workspace 建立 Simulink 模型需要的参数变量并赋值
index=1;
```

```
figure('name','参数 P 对速度 V 的影响');
for Kp=10:10:100   % 在 workspace 建立 Simulink 模型需要的参数变量并动态修改
    sim('motorexample',200);            % 命令行调用 Simulink 模型运行
    h(1,index)=plot(tout,vout); hold all;
    str{1,index}=(['Kp=',num2str(Kp)]);   %把一个字符串作为一个元素组成 cell
    index=index+1;
end
legend(h(1,:),str);grid;
xlabel('time(sec.)');
ylabel('speed(m/s)');
hold off
```

在 MATLAB 工作空间里输入"CarPID",运行命令行仿真,可以得到在不同 Kp 下系统的阶跃响应,如图 6.6.20 所示。由仿真结果可见,PID 控制器在积分和微分系数一定时,Kp 增大,系统的响应速度加快,同时由于增大了前向通道增益,还可以有效抑制系统中的非线性因素。读者还可以基于本例的代码讨论 Ki,Kd 等参数变化时对系统控制系能的影响,从而更深入地理解 PID 控制器。如果令 Km 变化,还可以讨论系统存在结构不确定性时,控制器的鲁棒性问题。

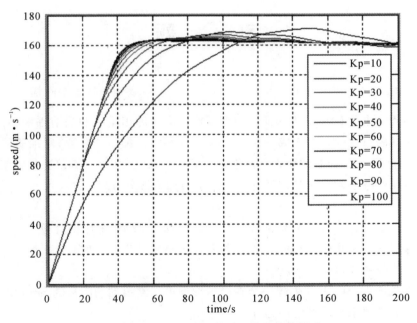

图 6.6.20　PID 比例系数对系统性能的影响

　　总之,使用脚本文件进行仿真非常方便。表现在以下几个方面:能够自动重复地运行仿真,在仿真过程中可以动态地调整参数,亦可以方便地分析不同输入信号作用下系统的响应。由于这几方面的便利,对实际的工程系统进行调参和仿真分析时使用脚本文件对系统进行命令行仿真是很有效的方法。

本 章 小 结

高性能、低成本以及短周期的更新换代是当今科学研究和工业生产企业的一大特点,而研究对象的模型化、模型的模块化是满足这些要求的基本条件之一。MATLAB 和 Simulink 为用户提供了一个强大的、具有友好界面的建模和动态仿真的环境。并且 Simulink 借助 MATLAB 在科学计算、图形和图像的处理、甚至各类建模和仿真的代码生成这些优势,可以非常方便地为用户创建和维护一个研究对象的模型、评估各类设计原理和方法,大大缩短科学研究的时间,加快企业产品的开发进程。

本章向读者介绍了 Simulink 的部分基本知识和操作,包括建模方法、子系统和子系统的封装、回调和 S 函数,同时还向读者介绍了一些具体的应用实例。读者通过本章的学习和实际使用 Simulink 演算本章给出的算例,不但可以进一步掌握计算机仿真的基本概念和理论,也可以初步学会使用 Simulink 去真正地运用仿真技术解决科研和工程中的实际问题。但是限于篇幅和 Simulink 本身内容的丰富,本章所介绍的仅仅是 MATLAB 和 Simulink 的部分入门知识。目前关于 MATLAB 和 Simulink 的书籍很多,感兴趣的读者可以学习参考。

习 题

6-1 利用 MATLAB 求 $G(s) = \dfrac{5s+1}{(s-1)(s-2)(s-3)}$ 的状态空间描述。

6-2 一个生长在罐中的细菌简单模型。假设细菌的出生率和当前细菌的总数成正比,死亡率和当前细菌总数的二次方成正比。若以 x 代表当前细菌的总数,则细菌的出生率可以表示为 birth_rate $=bx$,细菌的死亡率可表示为 death_rate $=px^2$。细菌数量的变化率可以表示为出生率与死亡率之差。于是该系统可以表示为如下微分方程:

$$\dot{x} = bx - px^2$$

假设 $b=1$,$p=0.5$,当前细菌的总数为 100,计算 t 时罐中的细菌总数。

6-3 模拟如图 6.4.6 所示的弹簧-质量系统的运动状态,其动态方程为式(6.4.1)。试先建立单个小车的子系统,然后封装模块。

6-4 在例 6.6.1 中,首先创建一个在半球形槽内往复滚动的圆盘的 Simulink 模型,然后利用动画 S 函数模块来显示圆盘的运动。

6-5 什么是代数环?当仿真系统中出现代数环时,通常有哪些方法来消除代数环?利用 Simulink 尝试几种不同的方法消除代数环,并比较。

6-6 在 Simulink 中,有哪些微分方程的解法?试总结它们的算法,并按单步法、多步法、定步长、变步长进行分类。

6-7 建立下面各个框图给定的控制系统 Simulink 模型,并在适当的时间范围内,选择合适的算法对它们进行仿真分析,并绘制出不同阶跃输入幅值下的输出曲线。

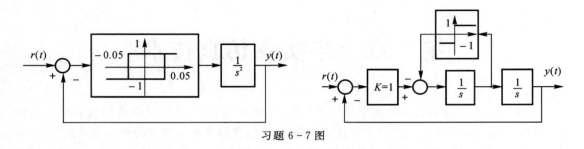

习题 6-7 图

6-8　用 Simulink 建立下面的时变系统模型，并对数值进行仿真分析。

$$\begin{bmatrix} \dot{x}_1 \\ \dot{x}_2 \end{bmatrix} = \begin{bmatrix} 0 & t \\ 0 & e^{-at} \end{bmatrix} \begin{bmatrix} x_1 \\ x_2 \end{bmatrix}$$

第7章 半实物仿真技术

在当今社会,市场对产品的需求呈现多样性、快速性的趋势,这就使企业的新品开发面临着多样性需求与快速开发之间的矛盾;同时对控制系统鲁棒性及可靠性的要求也日益增加;另外并行工程(设计、实现、测试和生产准备同时进行)也被提上了日程。对于进行控制算法研究的工程师而言,最头疼的莫过于没有一个方便而又快捷的途径,可以将他们用控制系统设计软件(如 MATLAB/Simulink)开发的控制算法在一个实时的硬件平台上实现,以便观察与实际的控制对象相连时,控制算法的性能;如果控制算法不理想,还能够很快地进行反复设计、反复实验直到找到理想的控制方案。

对一些大型的科研应用项目,如果完全遵循过去的开发过程,由于开发过程中存在着需求更改、软件代码甚至代码运行硬件环境不可靠(如新设计制造的控制单元存在缺陷)等问题,最终导致项目周期长、费用高,缺乏必要的可靠性,甚至还可能导致项目以失败告终。这就要求在开发的初期阶段就引入各种实验手段,并有可靠性高的实时软/硬件环境做支持。另外,产品型控制器生产出来后,测试工程师又将面临一个严重的问题:由于并行工程的需求,控制对象可能还处于研制阶段,或者控制对象很难得到,用什么方法才能在早期独立地完成对控制器的测试呢? 本章将解答上述问题。

7.1 半实物仿真机理

7.1.1 实时半实物仿真原理

半实物仿真系统最显著的特点就是与外部硬件相结合,是将控制器(实物)、传感器(实物转台)与在计算机上的仿真模型连接在一起组成控制闭环进行实验的技术。可以在控制器尚未安装到真实系统之前,通过半实物仿真实验来验证控制器静态、动态性能是否满足设计要求,因此半实物仿真是提高工程设计效率、降低研制风险、节约研发成本、缩短研制周期的重要技术手段。图 7.1.1 所示是某光电稳定平台半实物仿真系统的实例。系统由实时仿真机(运行一体化仿真环境,如 SWB)、两轴转台、I/O 数据采集板、控制器板及相应通信、互连设备组成。其中,实时仿真机、两轴转台、I/O 数据采集板、控制器板组成半实物仿真控制闭环(图7.1.1中实线箭头所连接部分),SWB 仿真软件运行计算机负责对实验过程中产生的各种数据进行监测、分析,对仿真过程状态数据的二维(性能曲线)、三维(视景)可视化;另外,还可以执行控制器目标代码下载、模型参数在线修改等功能。半实物控制闭环各设备及 SWB 软件运行计算机之间的通信采用实时以太网数据传输通道,保证系统的实时性。针对实际的半实物仿真系统需要,在上述核心设备的基础上根据实际功能需求可以进行应用层软件的二次开发。

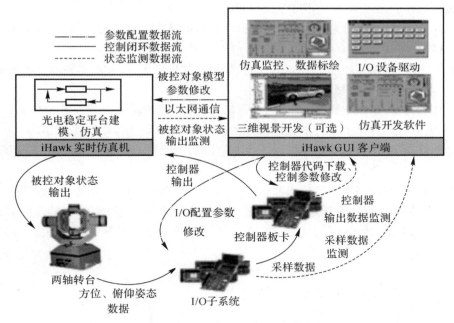

图 7.1.1 实时半实物仿真原理图

7.1.2 半实物仿真流程

如图 7.1.2 所示,实时半实物仿真的一般过程可以表述如下。

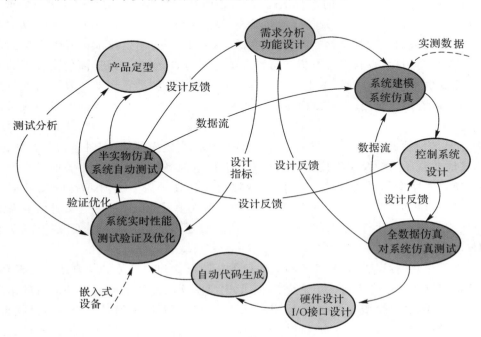

图 7.1.2 半实物仿真流程

（1）根据仿真应用需求，描述仿真问题，明确仿真目的。

（2）项目计划、方案设计与系统定义：根据仿真目的确定相应的仿真结果，规定仿真系统的边界条件与约束条件。

（3）数学建模：根据系统的先验知识、实验数据及其机理研究，按照物理原理或者采取系统辨识的方法，确定模型的类型、结果及参数。

（4）仿真建模：根据数学模型的形式、计算机类型、采用的高级语言或其他仿真工具，将数学模型转换成能在计算机上运行的程序或其他模型，也即获得系统的仿真模型。

（5）硬件设备准备：根据仿真模型确定半实物仿真中所需的实物设备，购置并安装设备。

（6）实验：仿真实验并记录数据。

（7）仿真结果分析：根据实验要求和仿真目的对实验结果进行分析处理。根据仿真结果修正数学模型、仿真模型或仿真程序，或者修正/改变原型系统，以进行新的实验。模型是否能够正确地表述实际系统，并不是一次完成的，而是需要比较模型和实际系统的差异，不断地修正和验证而完成的。

7.1.3　一体化半实物仿真环境

一体化半实物仿真环境是集模型设计、模型编制、模型检验、编写及验证仿真程序、准备模型及输入数据、分析模型并输出数据、设计及执行模型的实验为一体的仿真建模平台。简单地说，根据实时仿真流程及特点，一体化仿真环境可分为：①分析准备阶段，包括仿真应用问题描述、根据仿真问题确定仿真方案及硬件设备准备；②建模阶段，包括仿真系统描述、建立系统数学模型及仿真数学模型；③模型验证阶段，即仿真的运行阶段，这个阶段的反馈值即可体现仿真方案、模型的建立、仿真程序的运行正确与否，进而对方案、模型、仿真程序进行修改。对于实时半实物仿真平台，建模阶段及仿真运行阶段（模型验证阶段）是最关键的环节，实时半实物仿真平台主要完成的也就是这两个阶段的功能。基于组件的建模技术可降低模型间的耦合度，改善模型的重用性，有利于实现仿真模型开发与使用的分离，从而提高仿真应用的开发效率。在构建新的半实物仿真时，基于组件化建模可以提高模型的重用及仿真平台的重用化及可扩展性，可以有效地重用、重组以构建更大规模的实时仿真应用，系统的开发集成可以更加快捷、稳定、有效。

如图 7.1.3 所示的实时半实物仿真平台结构包括仿真建模环境、实时显示与存储、人机交互环境、实时仿真子系统及实物接口。实时仿真平台结构将与仿真密切相关的模型实时计算和全系统仿真时序控制，与实物接口的实时数据交互等放在基于如 VxWorks 等实时操作系统的实时仿真机环境下运行。基于 VxWorks 的实时仿真子系统，是运行实时仿真系统的主体，负责实现控制仿真运行、模型的实时解算及仿真交互等功能。将人机交互操作、实时数据记录和显示等实时性要求不高的部分放在 Windows 环境下运行。

基于组件化建模思想的仿真建模集成环境包括图形化建模环境和仿真语言建模环境，仿真语言建模使用仿真平台支持的仿真语言；图形化建模环境使用目前国内外流行的图形化建模工具。建模环境中，模型都存放于"模型库"中，其中包括系统模型及用户自定义模型，是系统功能扩展模块，每个模块具有自己的实现功能。用户无论使用图形化建模还是仿真语言建模，都可以建立仿真模型并保存到模型库中，也可以使用模型库中系统提供的模型或者用户自定义模型建立更大的系统仿真模型。在建模阶段,将功能需要的模块按仿真应用需求进行连接,建立大的仿真模型供仿真平台调用以完成仿真运行。

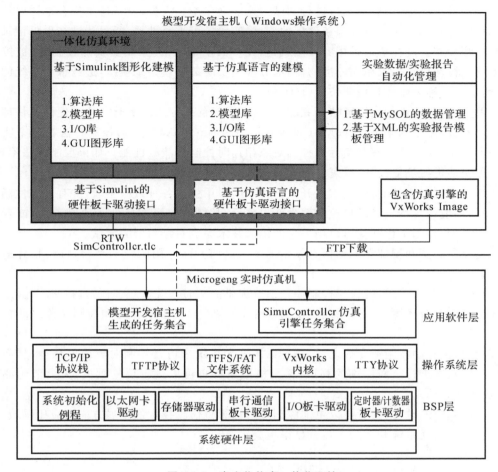

图 7.1.3　半实物仿真一体化环境

7.2　快速控制原型与硬件在回路仿真

7.2.1　概述

对一些大型的工程项目,如果完全遵循过去的开发过程,由于开发过程中存在着需求的更改,软件代码甚至代码运行硬件环境的不可靠原因(如:新设计制造的控制单元存在缺陷),最终会导致项目周期长、费用高,缺乏必要的可靠性,甚至还可能导致项目以失败告终。

这就是工程技术人员所面临的两个应用问题:一是在开发的初期阶段,快速地建立控制对象及控制器模型,并对整个控制系统进行多次的、离线的及在线的试验来验证控制系统软、硬件方案的可行性。这个过程称为快速控制原型（Rapid Control Prototyping，RCP）。第二个问题就是已设计完的控制器投入生产后，在投放市场前必须对其进行详细的测试。如果按传统的测试方法，用真实的对象或环境进行测试。这样做无论是人员、设备还是资金都需要较大的投入，而且周期长，不能进行极限条件下的测试，实验的可重复性差，所得测试结果可记录性及可分析性都较差。现在普遍采用的方法就是：在产品上市之前，采用真实的控制器，被控对象或者系统运行环境部分采用实际的物体，部分采用实时数字模型来模拟，进行整个系统的仿真测试，这个过程称为硬件在回路仿真（HILS）。

也就是说，对于进行控制算法研究的工程师，最好的研究手段是有一个方便而又快捷的途径，可以将他们用控制系统设计软件（如 MATLAB/Simulink）开发的控制算法在一个实时的硬件平台上实现，以便观察与实际的控制对象相连时控制算法的性能。如果控制算法不理想，还可以很快地进行反复设计、反复实验直到找到理想的控制方案。

要达到这样一个目的，就要求在开发的各个阶段中引入各种试验手段，并有可靠性高的实时软/硬件环境作支持。产品型控制器生产出来后，控制对象可能还处于研制阶段，或者控制对象很难得到，控制工程师就可以用先进的仿真技术完成对控制器的测试。

快速控制原型和硬件在回路仿真技术提供了这两方面应用的统一平台，可以很好地解决上述问题：

（1）在系统开发阶段，把快速控制原型系统提供的实时系统（即实时仿真机）作为算法及逻辑代码的硬件运行环境。通过系统提供的各种 I/O 板卡，在控制算法和控制对象之间搭建一座实时的桥梁。

（2）产品型控制器制造完成之后，还可以用平台系统来仿真控制对象或外环境，从而允许对产品型控制器进行全面详细的测试，甚至极限条件也可以进行反复测试，大大节约测试费用，缩短测试周期。

经过本部分的学习，读者可以更加深刻理解计算机仿真技术的发展方向和应用领域，尤其是对于从事嵌入式系统开发的人员就显得更为重要。

7.2.2　快速控制原型技术

快速控制原型是指，快速地建立控制对象及控制器模型，并对整个控制系统进行多次的、离线的及在线的实验来验证控制系统软、硬件方案的可行性。快速控制原型的概念已使得在实验室开发控制系统发生了革命性的变化，即不需通过烦琐、冗长的代码开发过程便可迅速得到实验结果——在分析、仿真环境中，利用基于方块图和流程图的控制工程语言，对指定的对象方便地进行实时控制、算法验证、参数优化、代码生成等。

要实现快速控制原型，必须有集成良好、便于使用的建模、设计、离线仿真、实时开发及测试工具，如图 7.2.1 所示。快速控制原型技术关键为：

• 建模、设计、仿真环境：在这一环境中，允许快速建模，反复修改设计，进行离线及实时仿真，从而将错误及不当之处消除于设计初期，使设计修改费用降至最低。目前一般都使用MATLAB/SimuLink 作为建模、设计、仿真环境。

• 控制算法代码的硬件运行环境：这是一实时控制系统，用快速原型硬件系统提供的各种 I/O 板卡，在原型控制算法和控制对象（实际设备）之间搭建起一座实时的桥梁，进行设计方案实施和验证,从而开发出最适合控制对象或环境的控制方案。

　　· 代码生成/下载及试验/调试交互环境:RCP 的关键就是代码的自动生成和下载,只需鼠标轻轻一点就可以在几秒内完成设计的更改。试验/调试提供了在线监测、在线修改、实时分析、参数优化等功能,充分体现其快速性。最终可得到产品型控制器的代码。

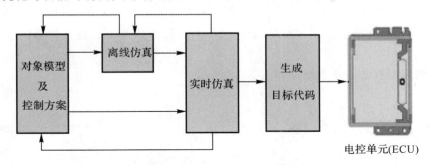

图 7.2.1　快速控制原型结构

　　使用 RCP 技术,可以在费用和性能之间进行折中,可在最终产品硬件投产之前,仔细研究诸如离散化及采样频率等的影响、算法的性能等问题。通过将快速原型硬件系统与所要控制的实际设备相连,可以反复研究使用不同检测单元及驱动机构时系统的性能特征,从而逐步完成从原型控制器到产品型控制器的顺利转换。

　　快速原型化是系统实时仿真中最普遍采用的设计思想,计算机辅助软件设计和面向对象的设计思想是快速原型化思想的基础,快速原型设计旨在以设计控制系统和控制策略作为整个研究工作的中心,尽可能减少专业涉及面,同时保证研究工作的质量和进度。与传统控制器设计流程相比较,快速原型设计具有如下特点:

　　(1)可重复利用:不同的控制目标其系统的设计有所差异,根据这些设计需求形成的控制系统的硬件环境也存在差异。通过构造具有通用接口形式的硬件平台,快速原型设计可以适应不同控制研究的需要,从而大幅削减后续硬件及改型的成本,并极大地加快研制进度。

　　(2)结构简单:快速原型设计在系统规模上有较大的简化。用高置信度的物理模型、低成本的计算机系统进行解算,依然满足控制实时仿真的各种技术需求。

　　(3)开发速度快:传统开发过程由于涉及的专业面较宽,不同专业的交流缺乏整体的交互性,导致开发效率低、返工率高、周期长。快速原型设计的最显著特点之一,就是"快"。由于提供良好的交互环境,设计人员和设计平台之间具有良好的沟通性,甚至许多控制参数的调整,都可以在线实时修改。

　　(4)成本低:由于采用当今主流的计算机系统作为开发平台,配以成熟的软件平台,设计过程中没有大规模的硬件设计,所以整个仿真系统不仅组成简单,而且实现成本较低。

　　快速控制原型技术的重要性体现在"从概念到硬件",即从产品的概念、设计到实现的一体化过程。快速原型是 20 世纪 80 年代后期国际上出现的新技术,它引发了技术和生产效率的变革,是近 20 年来科技领域的一次重大突破。

7.2.3　快速控制原型开发原理

　　传统的开发过程基本上是一个串行的过程,由于专业涉及面过宽,一旦出现问题后影响较大,并且发现错误的阶段越晚造成的影响越大。当检测到错误或测试的结果不满足设计要求时,传统开发过程必须重新开始进行设计和实现,从而造成开发周期太长。

利用快速控制原型技术可以在产品开发的初期,将工程师开发的算法下载到计算机硬件平台中,通过实际 I/O 与被控对象实物连接,用实时仿真机与实物相连进行半实物仿真,来检测与实物相连时控制算法的性能,并在控制方案不理想的情况下可以进行快速反复设计以找到理想的控制方案;在确定控制方案后,通过代码的自动生成及下载到硬件系统上,形成最终的控制器产品。

快速控制原型技术的基本原理如图 7.2.2 所示。

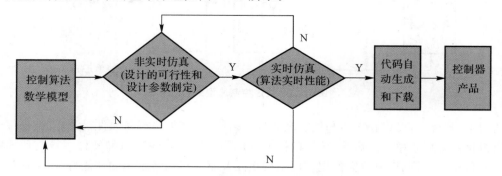

图 7.2.2　快速控制原型技术基本原理

快速控制原型的整个开发过程呈螺旋形(见图 7.2.3)。在这种设计过程中,工程师的设计思想和方法贯穿了整个产品的开发过程,另外也由于在整个产品开发阶段都使用相同的模型和工具,因此可实现各个阶段之间快速的重复过程,即很容易返回到上一阶段甚至上几个阶段。

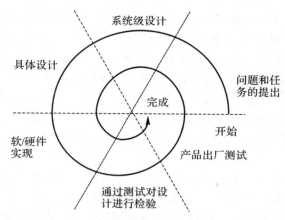

图 7.2.3　快速控制原型开发过程

因此,快速控制原型能够有效地缩短产品开发周期,降低开发成本,能设计出高品质的产品,具有"更快、更好、更便宜"的优点。

按照 RCP 系统总体设计方案,RCP 系统由建模仿真平台、RCP 开发网络平台和硬件设备组成。对于总体方案中的各个软、硬件平台,需要将之整合为 RCP 系统,并通过算法设计、原型验证、硬件仿真一系列的过程逐步来实现。

1. V 形开发模式

V 形开发模式是针对控制器产品的特点设计的一套从产品设计到标定/测试的研发方案。V 形开发模式分为 5 个阶段，即功能设计、原型设计、代码生成和硬件制作、硬件在回路仿真及标定/测试，如图 7.2.4 所示。

(1)在功能设计阶段，在计算机上建立一个被控对象的数学模型并对它仿真，然后再把控制系统有关部件模型加到仿真中并进行控制器的优化设计与数学仿真等。这一阶段建立控制系统和被控对象模型，对整个设计进行仿真分析，确定设计的可行性和参数的大致范围。这一阶段的仿真是非实时的。

(2)在原型设计阶段，考虑到以后可能会对控制器进行修改，往往不希望用硬件实现，而用实时仿真机来代替真实的控制器，将控制方案框图自动生成代码并下载到仿真机上，与被控对象模型或实物连接进行实时仿真。该

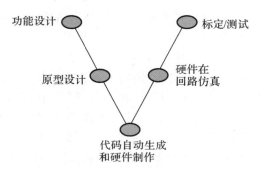

图 7.2.4　V 形开发模式

阶段的仿真是实时仿真，仿真过程允许与实际的设备连接在一起，并包括各软件及硬件中断等实时特性。

(3)在产品代码生成和硬件制作阶段，将原型设计阶段的代码自动编译生成为标准芯片的代码并自动下载到产品硬件上。将模型转换为产品代码是开发过程中最关键的一步。过去这种转换完全是通过手工编程来实现的，现代开发方法则不同，产品代码的大部分是自动生成的。对大多数工程师而言，如果能够加快开发速度，损失代码的部分实时运行效率是可以接受的，例如，自动生成代码的运行效率不低于手工代码的 10%，内存占用量不超过手工代码的 10%。

(4)有了控制系统的初样，并不意味着计算机辅助设计工具(软件/硬件)就没有用了，相反，现在由于控制系统所完成的功能日渐复杂，对其进行全面综合的测试，特别是故障情况和极限条件下测试就显得尤为重要。但如果用实际的控制对象进行测试，很多情况是无法实现的，抑或要付出高昂的代价。如对汽车电控单元的测试就包括不同车型、不同路况、不同环境(雨、雪、风、冰等)下的测试，如果用真实的汽车，必然要花费相当长的时间，付出高昂的测试费用。但如果用计算机辅助设计工具对控制对象进行实时仿真，就可以进行各种条件下的测试，特别是故障和极限条件下的测试，而这正是传统开发方法所不具备的。

(5)在标定/测试阶段，在实际使用环境下对控制器进行测试，并对控制参数行标定。

2. 一体化开发环境

随着计算机技术的发展，针对传统控制系统设计方式的不足，有学者提出了使用先进的计算机软件和硬件组成所谓的控制系统一体化开发环境，即从一个控制器的概念设计到数学分析和仿真，从实时仿真实验的实现到实验结果的监控都集成在一套平台中来完成。目前许多大公司都推出了相应的一体化开发平台，如 Mathwork 公司的基于 MATLAB/Simulink 的快速控制代码生成、dSpace®、iHawk SimBox® 等。基于 MATLAB/RTW 的一体化快速控制原型开发环境方案如图 7.2.5 所示，其内容包括：

(1)提供控制操作界面，建立控制模型；

（2）集成 MATLAB/Simulink 进行仿真建模；

（3）集成 RTW 对 Simulink 所构建的模型进行自动代码生成；

（4）集成编译器、链接器、调试器等对生产的代码进行交叉编译和调试，从而对目标 CPU 进行控制；

（5）集成控制界面，用于实现对所给定参数的测试和优化；

（6）通过硬件调试接口将生成的目标 CPU 的机器代码下载到硬件平台；

（7）实时调试、运行应用程序等。

建立一体化开发环境，通过使用软件工具的图形化界面的模型方框图，输入计算公式、经验公式来编制开发程序，再由系统自动将其编译成目标代码的方式可以提高效率。在这样的从控制器控制算法的设计及仿真、控制模型的程序代码皆是在同一个开发环境下完成的控制器设计概念下，由于从模型设计到实时测试的一系列过程都是在同一环境下完成的，因此，用户只需要关心控制算法的设计和性能，而不用过多考虑实现过程。

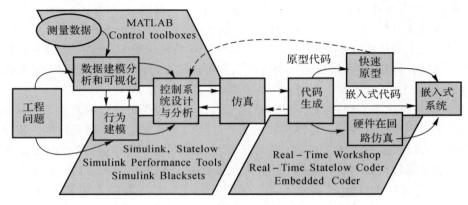

图 7.2.5 基于 MATLAB 的一体化快速控制原型

7.2.4 硬件在回路仿真

当一个新型控制系统设计结束，并已制成产品型控制器时，就需要在闭环下对其进行详细测试。但由于种种原因考虑，有时这样的全物理闭环实验无法进行，如：

· 实际的被控对象还未生产出来，无法构成闭环系统；

· 真实环境中测试需要高昂的费用或风险很大等，使闭环测试难以进行；

· 真实的使用环境难以建立，如在积雪覆盖的路面上进行汽车防抱死刹车系统（ABS）控制器的测试就只能在冬季有雪的天气进行；

· 有时为了缩短开发周期，甚至希望在控制器运行环境不存在的情况下（如控制对象与控制器并行开发），对其进行测试。

解决这些矛盾的最好方法是采用半物理仿真，即硬件在回路仿真（HIL），尤其是对于从事大型复杂控制器设计的人员来讲，HIL 的仿真实验是非常重要的。

现在，许多控制工程师都把 HIL 仿真作为替代真实环境或设备的一种典型工程方法。在 HIL 仿真中，实际的控制器和用来代替真实环境或设备的仿真模型一起组成闭环测试系统。

在这个闭环测试系统中,那些难以建立数学仿真模型的部件(如液压系统)也可以作为实际物理部件保留在闭环中。这样就可以在实验室环境下完成对控制器部件(ECU)的测试,从而可以大大降低开发费用,缩短开发周期,甚至完成那些实际全物理仿真都难以做到的测试。

利用 HIL 技术,控制器设计的工程师可以对控制器进行全面综合的测试,特别是在故障情况和极限条件下测试就显得尤为重要了。

HIL 仿真的特点一般有:

(1)不需要实际被控对象存在就可以完成 ECU 的硬件和软件的测试;

(2)可以在实验室条件下完成许多极端环境条件下 ECU 的硬件和软件的测试;

(3)完成敏感元件、执行机构、计算机在全系统下的故障测试,以及研究故障对系统的影响;

(4)可以在极端和危险的工作条件下进行控制器的实验和工作测试;

(5)具有实验的可重复性;

(6)可以在不同的人机界面下完成对控制器的实验;

(7)降低控制器的开发费用和缩短开发时间。

下面介绍一个应用 HIL 的示例,该例描述了一个用于测试防抱死刹车系统(ABS)的工业型 HIL 测试台,即汽车的硬件在回路仿真——ABS 控制器测试实验台,如图 7.2.6 所示。

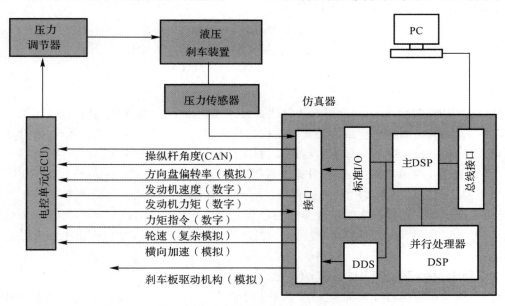

图 7.2.6 基于 HIL 仿真技术的测试防抱死刹车系统结构

对现代汽车而言,汽车的舒适性、效率及安全性相当依赖于实现动力系控制、防抱死刹车系统、牵引控制等的电控单元的性能。ECU 的软件也越来越复杂,以至于在开发的早期就需进行详细测试。如果用真实的汽车对新的 ECU 进行测试既昂贵又消耗时间,特别是进行一些极限环境下的测试,如积雪覆盖的路面上的小摩擦测试就只能局限于冬季的几个月。另外,用真实汽车进行测试存在可重复性差、不能复现同一测试条件等缺点。硬件在回路仿真这种技术允许在测试台上重复进行测试,从而可以比较产品型 ECU 及原型 ECU 的各种特性。

　　为了在达到期望的准确性的同时保证模型的实时可执行性,Audi 公司的 HIL 测试工作台使用了 TESIS(Munich,Germany)开发的 ve-DYNA 三维汽车动力学模型。由于在闭环控制中液压刹车系统的非线性及快速动态特性使得给其建立模型非常困难,所以在 ve-DYNA 仿真模型中没有实现刹车液压系统的动力学模型,而是将真实的 Audi A8 型液压刹车系统和 Audi A8 Quattro 四轮驱动的液压刹车系统置于一测试架上,该测试架与 ABS 控制器和 ve-DYNA 模型同时相连。为了像真实的汽车一样给 ECU 提供 I/O 信号,整个模型的仿真必须在 1ms 步长内执行完毕(小于 ABS 控制器的采样时间)。

7.3　MATLAB/RTW 实时仿真工具箱

　　MATLAB 作为一种功能强大的数学计算软件,具有数值计算、数据可视化功能和易于使用的编程环境,典型的应用包括工程计算、算法开发、建模和仿真、数据分析和可视化应用程序开发等。它还可用于实时系统仿真和产品的快速原型化,这一点是通过特殊应用工具箱——实时工作间(Real-Time Wokrshop,RTW)来实现的。RTW 是 Mathwork 公司提供的 MATLAB 工具箱之一,是 Simulink,Stateflow 和通信工具箱的一个补充功能模块,可用于各种类型的实时应用。

7.3.1　RTW 简介

1.RTW 基本概念

　　RTW 的用途是由 Simulink 模型直接生成独立可执行的 C 或 Ada 代码。RTW 之所以称为"实时"工作间,是因为它生成的是实时结构的代码,能在实时操作系统中运行,适合于模型与外部硬件设备交互的应用,如半实物仿真、机电控制、数据采集分析等。

　　RTW 提供了两种实现方式,一种是一般模式,一种是外部模式。一般模式下 RTW 自动生成模型的实时源程序和实时可执行程序。它可以直接在目标机的实时操作系统上实时运行,但是不提供实时监视和实时修改参数的功能。在外部模式下,RTW 不仅完成一般模式下的功能,并可以利用 Simulink 实时监视目标机上系统的运行情况,对目标机上的参数进行修改,并在主机上对实时系统进行控制。

　　为了便于理解,先介绍几个基本的概念。

　　(1)主机与目标机:RTW 的应用多数是基于主机/目标机结构的。运行 MATLAB 的机器称为主机,运行 RTW 生成的代码的机器称为目标机。之所以采用主机与目标机结构,原因是多数情况下的目标机是嵌入式系统,不适合运行 MATLAB。当然,也可以在同一台机器上产生、运行代码,这时主机和目标机是同一台机器,但我们仍使用主机、目标机的称谓。

　　(2)目标代码、目标环境与目标:RTW 生成的代码因在目标机上运行而被称为目标代码,目标代码的运行环境(包括软件环境和硬件环境)称为目标环境。目标代码、目标环境统称为目标。

　　(3)外部模式:是 Simulink 的一种运行模式。在这种模式下,模型不在 Simulink 环境中运行,而是以独立可执行代码的形式运行。在外部模型下,使用 Simulink 中的控制面板工具,可以通过网络连接控制模型的启动、停止、数据回传、调整模型运行参数等。该外部模式是开放的,许多其他第三方软件利用该接口,实现自己的界面控制实时仿真模型的运行。

RTW 生成的代码有两个特点:

(1)适应多种应用。如果目标系统是嵌入式系统,可以用 RTW 生成 ERT(Embedded Real Time)目标代码。这种代码体积小,运行快,占用内存少,且静态分配内存,相应地,它没有参数在线调节和实时数据监视功能。因此,这种代码在嵌入式系统开发中的调试很不方便。幸好,RTW 还能生成 GRT(Generic Real Time)目标代码。这种代码功能齐全,能在非实时操作系统下运行,是最常用的一种代码类型,也是初学者的首选。如果机器的内存紧张,还有一种 MRT(Malloc Real Time)代码类型可供选择。这种代码类型与 GRT 很相似,只不过 GRT 代码是在编译时静态分配内存,而 MRT 代码是在运行时动态分配内存。RTW 中还有 SRT (S-function Real Time)代码类型,这种代码遵循 S 函数与 Simulink 的接口规范,能编译成动态链接库,从而作为大模型中的一个模块。这样做有 3 个好处:加快 Simulink 仿真的速度;提高模型的重用性;模型以二进制代码形式发布,可以保护知识产权。如果目标系统是 Tornado,DOS 或 Windows,RTW 也能生成相应的目标代码。

(2)适应多种平台。RTW 生成的代码是标准 C 代码,并将平台相关部分与平台无关部分分离。使用相应的编译器,可以使目标代码在 Windows,UNIX,VxWorks,DOS 等多种操作系统以及 x86,DSP,MC68K,ARM 等多种硬件平台上运行。

2. RTW 的主要功能

在快速控制原型技术中,RTW 起到了关键性的纽带作用。一般的过程项目设计采用 Mathworks 工具集进行系统设计的过程可能不完全相同,但大部分项目的产品设计流程都是首先从 Simulink 环境下建模开始,然后在 MATLAB 下进行仿真分析。在得到较为满意的仿真结果后,用户可将 RTW 与一个快速原型化目标联合使用。该快速原型化目标与用户的物理系统连接在一起。用户可使用 Simulink 模型作为连接物理目标的接口,完成对系统的测试和观测。生成模型后,用户可使用 RTW 将模型转化为 C,Ada 代码或者其他嵌入式产品的代码,并使用 RTW 将扩展的程序创建和下载过程生成模型的可执行程序,再将其下载到目标系统中。最后,使用 Simulink 的外部模式,用户可以在模型运行在目标环境下的同时进行实时的监控和调整参数。

从功能上讲,RTW 具有以下 5 个基本功能:

(1)Simulink 代码生成器:能自动地从 Simulink 模型中产生 C 和其他不同微处理器的代码。

(2)创建过程:可扩展的程序创建过程使用户产生自己的产品级或快速原型化目标。

(3)Simulink 外部模式:外部模式使 Simulink 与运行在实时测试环境下的模型之间或在相同计算机上的另一个进程进行通信成为可能。外部模式使用户将 Simulink 作为前向终端进行实时的参数调整或数据观察。

(4)多目标支持:使用 RTW 捆绑的目标,用户可以针对多种环境创建程序,包括 Tornado 和 DOS 环境。通用实时目标和嵌入式实时目标为开发个性化的快速原型环境或产品目标环境提供了框架。除了捆绑的目标外,实时视窗目标或 XPC 目标使用户可以将任何形式的 PC 变成一个快速原型化目标,或者中小容量的产品级目标。

(5)快速仿真:使用 Simulink 加速器、S 函数目标或快速仿真目标,用户能以平均 5～20

倍的速度加速仿真过程。

为了实现上述功能,RTW 具有如下重要特征:

(1)基于 Simulink 模型的代码生成器。

- 可生成不同类型的优化和个性化的代码(大致可分为嵌入式代码和快速原型化代码两种类型)。
- 支持 Simulink 所有的特性,包括 Simulink 所有的数据类型。
- 所生成的代码与处理器无关。
- 支持任何系统的单任务或多任务操作系统,同时也支持"裸板"环境。
- 使用 RTW 目标语言编译器(TLC)能够对所生成的代码进行个性化。
- 通过 TLC 生成 S 函数代码,可将用户手写的代码嵌入到生成代码中。

(2)基于模型的调试支持。

- 使用 Simulink 外部模式可将数据从目标程序上传到模型框图的显示模块上,进而对模型代码的运行情况进行监视,而不必使用传统的 C 或 Ada 调试器来检查代码。
- 通过使用 Simulink 的外部模式,用户可通过 Simulink 模型来调节所生成代码。当改变模型中的模块参数时,新的参数值下载到所生成代码中并在目标机上运行,对应的目标存储区域也同时被更新。不必使用嵌入式编译器的调试器执行上述操作,Simulink 模型本身就是调试器用户界面。

(3)与 Simulink 环境的紧密集成。

- 代码校验。用户可从模型中产生代码并生成单机可执行程序,可对所生成代码进行测试,生成可包含执行结果的 MAT 数据文件。
- 所生成代码包含了系统/模块的标识符,有助于辨识源模型中的模块。
- 支持 Simulink 数据对象,可按需要实现信号和模块参数与外部环境的接口。

(4)具有加速仿真功能。

通过生成优化的可执行代码,RTW 提供了几种加速仿真过程的方法。

(5)支持多目标环境。

- 基于 RTW 可生成多种快速原型化的解决途径,能极大地缩短设计周期,实现重复设计的快速转向。
- RTW 提供了多个快速原型化目标范例,有助于用户开发自己的目标环境。
- 从 Mathworks 公司可得到基于 PC 硬件的目标环境。这些目标能将快速、高质量和低造价的 PC 变为一个快速原型化系统。
- 支持多种第三方硬件和工具。

(6)扩展的程序创建过程。

- 允许使用任何类型的嵌入式编译器和链接器,使其可与 RTW 结合使用。
- 可将手工编写的监管性或支持性的代码简单地链接到所生成的目标程序中。

(7)RTW 嵌入式代码生成器提供如下功能。

- 能生成具有个性化、可移植和可读的 C 代码,直接嵌入到嵌入式产品环境中。
- 使用内嵌化的 S 函数并且不使用连续时间状态,所生成代码更为有效。
- 支持软件在回路中的仿真。用户可生成用于嵌入式应用系统的代码,同时还可返回到 Simulink 环境中进行仿真校验。

- 提供参数调整和信号监视功能,可以很容易地对实时系统上的代码进行访问。

(8) RTW 的 Ada 代码生成器提供如下功能。

- 能生成个性化、可读的和高效的嵌入式 Ada 代码。
- 由于必须采用内嵌化的 S 函数,因而可生成比其他 RTW 目标更有效的代码。
- 提供参数调整和信号监视功能,可以很容易地对实时系统上生成的代码进行访问。

7.3.2　RTW 程序创建过程和代码结构

1.RTW 程序创建过程

RTW 程序创建过程能在不同的主机环境下生成用于实时应用的程序。该过程使用高级语言编译器中的工具链来控制所生成源代码的编译和链接过程。RTW 使用一个高级的 M 文件命令控制程序创建过程,具体包含如下 4 个步骤:

(1)分析模型。RTW 的程序创建过程首先从对 Simulink 模块方框图的分析开始,主要包括:计算仿真和模块参数;递推信号宽度和采样时间;确定模型中各个模块的执行顺序;计算工作向量的大小。

本阶段,RTW 首先读取模型文件(model.mdl)并对其进行编译,形成模型的中间描述文件。该中间描述文件以 ASCII 码的形式进行存储,其文件名为 model.rtw,该文件是下一步的输入信息。

(2)目标语言编译器(TLC)生成代码。目标语言编译器(Target Language Compiler)将中间描述文件转换为目标指定代码。它是一种可以将模型描述文件转换为指定目标代码的解释性语言。目标语言编译器执行一个由几个 TLC 文件组成的 TLC 程序,该程序指明了如何根据 model.rtw 文件,从模型中生成所需代码。

(3)生成自定义的联编文件(makefile)。建立过程的第三阶段是生成自定义联编文件,即 model.mk 文件。其作用在于:指导联编程序如何对模型中生成的源代码、主程序、库文件或用户提供的模块进行编译和链接。RTW 根据系统模板联编文件(System Template Makefile),即 system.tmf 生成 model.mk,该模板联编文件为特定的目标环境而设计。RTW 提供了许多系统模板联编文件,可用于多种目标环境和开发系统。

(4)生成可执行程序。创建可执行程序的最后一个阶段是生成可执行程序,在上一阶段生成 model.mk 文件后,程序创建过程将调用联编实用程序,而该程序对编译器进行调用。为避免对 C 代码文件进行不必要的重编译,联编使用程序.object 文件和 C 代码文件的从属关系进行时间检查,只对更新的文件进行编译。该段过程是可选的,如果定制的目标系统是嵌入式微处理器或 DSP 板,可以只生成源代码。然后使用特定的开发环境对代码进行交叉编译并下载到目标板中。

图 7.3.1 详细地列出了基于 RTW 的快速控制原型基本过程。

可以看出,利用 RTW 实现快速原型仿真法,模型从设计到实现是一个可循环的过程。

首先,利用 MATLAB 和 Simulink 生成系统模型 simple.mdl,在模型确认后,就可以利用 RTW 生成对应的 C 源程序 simple.c,并从 C 源程序生成实时可执行程序 simple.o,随后,就可以将实时可执行程序下载到目标机上运行。这时在主机上就可以利用 RTW 的外部模式进行监视和控制。

利用 RTW 实现快速原型仿真法的过程可以分为几个部分：Build 过程；调用 TLC 编译过程；Make 过程；如果使用了自定义 S 函数，还有调用 S 函数过程。

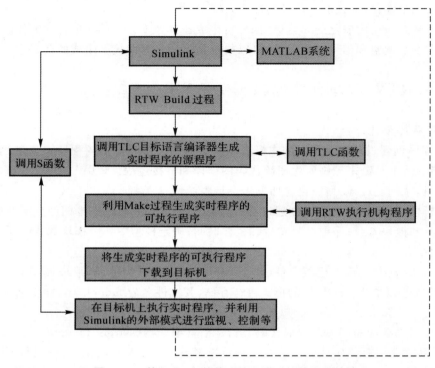

图 7.3.1　基于 RTW 的快速控制原型的基本过程

2.代码结构

完整的模型代码分为两部分：固定框架部分和生成部分。前者是由系统提供的，后者是由模型生成的。框架中定义了函数接口，生成的代码是这些函数的实现。假设模型为 simple.mdl，目标为 GRT 时，生成的文件及作用见表 7.3.1。

表 7.3.1　生成文件列表

文件名	作　　用
simple_dt.c	定义与数据类型转换有关的变量并初始化
simple_common.h	类型定义（模型输入/输出数据结构 BlocklO、参数结构 Parmaeters 及数据类型结构 D_Work 等）
simple.h	常量定义（模型参数，如模型输入/输出数目、采样时间等）
simple_prm.h	全局变量定义（参数结构变量 rtP，模块输入/输出变量 rtB，数据类型变量 rtDWork 以及最重要的 SimStruct 结构 rtS 等，并初始化 rtP）
simple.c	实现接口函数 MdlOutputs，MdlStart，MdlUpdate，MdlTerminate 等
simple_reg.h	定义模型初始化函数 MdlInitializeSizes，MdlInitializeSmapleTimes 和 rt，作用是初始化 rtS
simple_export.h	定义外部数据与函数

固定框架部分包括：

（1）主函数文件 grt_main.c：定义模型的执行流程（当以 VxWorks 为目标平台时，主函数文件为 rt_main.c；目标为 DOS 时，主函数文件为 drt_main.c）。

（2）通信程序模块 ext_svr.c 等：处理模型与 Simulink 的通信。

（3）数据记录模块 rtwlog.c 等：将部分仿真输出数据写入 mat 格式的文件。

3.实时代码与非实时代码

Real - Time Workshop 生成的代码既可在实时操作系统（RTOS）下运行，也可在非实时操作系统（NRTOS）下运行。但在这两种操作系统下运行的代码，虽由同一个模型生成，却是不同的代码。例如：在非实时操作中，生成的代码与主函数文件 grt_main.c 联编；在实时操作系统 VxWorks 中，生成的代码与 rt_main.c 联编。但在两种操作系统下运行的代码结构相同，代码执行顺序也相同，因此一般情况下会得到相同的仿真结果。模型在实时与非实时环境下的运行情况比较见表 7.3.2。

表 7.3.2　模型在实时与非实时环境下的运行情况比较

比较项目	运行环境	
	RTOS	NRTOS
帧长	与真实时间一致	等于各帧的计算时间
定时	依赖于 RTOS 的定时函数	依赖于 RTOS 的定时函数
运行效果	不与硬件交互时，两者仿真效果相同	

4.单任务与多任务

任务的概念来自于操作系统。在嵌入式操作系统中，任务是单线程序列指令形成的一个无限循环，在系统程序中用函数表示：

```
void Task (void)
{
while(true) {
        Run Application - specfic codes;
        Wait for event by ealling a sevrice provided by the kernel;
        Run Application - specific codes；
        }
    }
```

每个任务包含一段固定的代码和数据空间，操作系统通过任务控制块对它的执行、通信、资源等情况进行控制。实时操作系统中的任务与 Linux，Windows NT 下的进程不同，而与线程类似。任务没有自己独立的代码段和堆，只有独立的动态栈。任务中的地址即真正的物理地址。由于不需要进行地址空间映射以及共享代码段和堆，任务切换时的上下文切换时间大大减少。

代码段与堆的共享缩短了上下文切换时间，却带来了共享代码的可重入性问题。如 1 个函数被 2 个任务所调用，当其中包含对全局、静态变量等从堆中分配空间的函数进行访问时，就有可能产生冲突，从而引发错误。解决方法是使用局部变量（从栈中分配空间）或使用信号量对临界代码进行监控。

RTW 中的任务沿用了上述的任务概念。先来看模型的采样时间与任务的关系。在 Simulink 中,只有离散的模型才能生成实时代码,即必须设置模型的采样时间。在 Simulink 中,模块的采样时间不能小于模型的采样时间,并且必须是模型采样时间的整数倍。没有设置采样时间的模块的缺省采样时间等于模型采样时间。

如果 Simulink 模型中每个模块的采样时间都等于模型的采样时间,即系统中只有一个采样时间,我们说这种系统是单任务系统,因为它可以用单个循环来实现。

如果 Simulink 模型中某个模块的采样时间不等于模型的采样时间,即系统中有多个采样时间,我们说这种系统是多任务系统,因为它要用多个循环来实现,每个循环对应一个采样时间。

5.实时与非实时的多任务系统实现

实时系统与非实时系统中多任务系统的实现方法不同。实时系统中的多任务系统,用一个整数表示的任务号(tid)来区分不同的任务。tid 相同的任务有相同的采样时间,tid 越小,表示采样时间越短,任务的优先级越高。优先级高的任务即为快系统,优先级低的任务即为慢系统。RTW 中,tid 等于 0 的任务称为基本任务,其他任务称为子任务。

在非实时系统中,多任务用两个嵌套的循环实现:

```
while（仿真结束时间未到）  {
/ * 执行基本任务  * /
MdlOutputs(tid=0);  / * 计算模块输出  * /
MdlUpdate(tid=0);  / * 更新模块状态  * /
/ * 执行子任务  * /
for(i=1; i<最大任务号; i++) {
    MdlOutputs(tid=i);  / * 计算模块输出  * /
    MdlUpdate(tid=i);  / * 更新模块状态  * /
    }
}
```

函数 MdlOutPuts 和 MdlUpdate 中的代码根据 tid 被分成几段,例如:

```
Void MdlOutputs(int_T tid)
{
    if (ssIsSampleHit(rtS, 0, tid))  * /如果任务 0 的采样时间到 * /
        任务 0 的代码段;
    if (ssIsSampleHit(rtS. 1, tid))  * /如果任务 1 的采样时间到 * /
        任务 1 的代码段;
    ……
}
```

由此看出,非实时系统中,快慢系统在一个 while 循环中计算各个仿真帧。假设系统有两个采样时间,快系统的帧计算时间是 1 s,慢系统的帧计算时间是 2 s。

在实时系统中,每个任务作为一个线程运行,线程之间用信号量实现同步。实现多任务的代码结构如下:

```
/* 基本任务 */
While（仿真结束时间未到）{
        MdlOutPuts（tid＝0）：
        MdlUpdate（tid＝0）：
        /* 允许子任务执行 */
        for(i＝1：i＜最大任务号：i＋＋){
                    if（任务 i 的采样时间到）
                    sem_post（semList[i]）；  /* 释放信号量 */
                }
}
/* 子任务函数 */
Void tSubRate(int_T   tid)
{
while(1) {
                    sem_get(semList[tid])：  /* 等待信号量 */
                    /* 执行任务号为 tid 的任务 */
                    MdlOutPuts(tid)：
                    MdlUpdaet(tid);
                }

}
```

假设系统有两个采样时间,快系统的帧计算时间是 1 s,帧长是 1 s,慢系统的帧计算时间是 2 s,帧长是 2 s,则整个系统的最小帧长可为 2 s。

慢系统的每一帧被分解为计算量相等的两帧,每帧计算时间 $T'＝T''＝1$ s,这是由基于优先级的调度策略的实时操作系统实现的。

为防止出现重入问题,采样时间不同的两个模块不允许直接连接,中间应加入"单位延迟"或"采样保持"模块。

6.外部模式

外部模式(external mode)是 RTW 提供的一种仿真模式,可实现两个独立系统(服务器和目标机)之间的通信。这里服务器是指运行 MATLAB 和 Simulink 的计算机,而目标机是指运行 RTW 所生成的可执行程序的计算机。

外部模式是 RTW 提供的一种仿真模式,用于实现 Simulink 模型框图与外部实时程序之间的通信。使用外部模式,可以通过 Simulink 模型框图对外部模式进行实时监视,即 Simulink 不仅是图形建模和数值仿真环境,还可以成为外部实时程序的图形化控制台。外部模式可以实现两个独立的系统(宿主机和目标机)之间的通信。在外部模式下宿主机的 Simulink 向目标传送请求信息,使目标机接收改变的参数或更新的信号数据,目标机则对请求作出反应。这就实现了在线情况下不需要重新编译目标程序就可以直接调整参数,如图 7.3.2所示。外部模式的通信是基于客户/服务器的体系结构,这里 Simulink 作为客户机,而目标机是服务器。

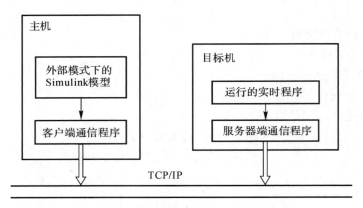

图 7.3.2 RTW 外部模式的经典配置

可以说，能使用外部模式进行仿真是 RTW 的一个特色。外部模式具有以下功能：

（1）实时地修改调整参数。在外部模式下，Simulink 在模型中的参数发生改变时自动将其下载到正在执行的目标程序中。该功能可使用户实时地调整参数，而无须对模型进行重新编译。

（2）对多种类型模块或子系统的输出进行观察和记录。在外部模式下，用户可以直接监视或记录正在执行的目标程序中的信号数据，而无须编写特殊的接口代码。在外部模式下，用户可以定义数据从目标机上传到宿主机的条件。

（3）外部模式工作的前提是建立 Simulink 和 RTW 所生成代码之间的通信途径，该途径通过底层传输层实现，Simulink 与 RTW 所生成的代码都与该传输层无关。底层传输代码与该层传输代码被具有一定功能的独立模块隔离，这些模块的作用是格式化、传输和接收数据包。这种设计方法允许不同的目标使用不同的传输层，如 Tornado，GRT 目标支持宿主机/目标机的 TCP/IP 协议通信，而目标系统一般同时支持 RS232 和 TCP/IP 协议的通信，Real-Time Windows 目标则通过共享内存实现外部模式通信。

7.4 RTW 嵌入式代码在 VxWorks/Tornado 环境下实现

MATLAB 和 VxWorks 是当今工业流行的仿真软件和嵌入式操作系统，二者之间的结合极大地方便了程序在嵌入式平台上的仿真。本节介绍如何应用 RTW 生成基于 VxWorks 操作系统的代码，如何对 RTW 中的相关文件进行配置。

7.4.1 RTW 中相关文件的配置

1.配置模板联编文件

在创建程序之前，必须要配置 VxWorks 模板联编文件 tornado.tmf 来指定使用 VxWorks 的具体环境信息，主要修改如下：

(1) VxWorks 配置。为提供 VxWorks 所需要的信息,必须指定目标及目标机所用 CPU 的类型。其中目标类型用于为系统指定正确的交叉编译器和链接器,CPU 类型则用于定义 CPU 宏信息。

该信息位于具有如下标志的部分:

//—————— VxWorks　Configuration —————————

需要编辑修改如下的选项,进行配置:

VX_TARGET_TYPE = arm

CPU_TYPE　　　= ARMARCH4

所定义的目标类型和 CPU 类型,必须与 VxWorks 中 BSP 板级支持包所对应的目标类型和 CPU 类型一致,否则编译将发生错误。

(2)下载配置。为在程序创建过程能够执行自动下载功能,必须指定 Tornado 目标服务器工作所需的目标名和宿主机名。为此需要修改如下的宏:

//——————— Macros for Downloading to Target —————————

TARGET = target

TGTSVR_HOST = ltty

TARGET 名应与 VxWorks 目标板的相同名称一致(相应的设置在 BSP 包中的 bootconfig.c 中),TGTSVR_HOST 则要和 Tornado 里的 target sever 名称一致。

(3)指定工具位置。为确定程序创建过程中所用到的 Tornado 工具的位置,还要在环境变量中或模板联编文件中替换如下的宏,定义一些编译器、目标模板等工具的路径:

//——————————— Tool Locations —————————

WIND_BASE　　　= C:/Tornado2.2forarm

WIND_REGISTRY　= LTTY

WIND_HOST_TYPE = x86 - win32

以上定义了 Tornado 开发环境的安装目录,以及宿主机目标名称和计算机类型。

#————————— Macros read by make_rtw —————————

MAKECMD = C:/Tornado2.2forarm/host/x86 - win32/bin/make

该宏则定义了 RTW 所使用的 make 编译器的位置,此项一定选择在 Tornado 下的 make 工具路径,其他路径会造成编译失败。

#—————————— Tornado target compiler includes Configuration —————

- I $ (GNUROOT)/lib/gcc - lib/arm - wrs - VxWorks/2.9 - 010413/include

该宏定义了 Tornado 目标链接器宏的路径。

2.创建程序

在生成 Simulink 模块图,对模板联编文件配置好后,就可以开始创建和初始化创建过程。

设置实时创建选项需对 Simulation Parameters 对话框中的 Solver,Real - Time 以及 Tornado Target 选项卡进行配置。

(1)在 Solver 选项卡中,设置参数如图 7.4.1 所示。

Start time:0.0。Stop time:由系统运行时间决定。Solver options:设置 Type 为 Fixed - step,并选择 ode5(Dormand - Prince)算法,对于纯离散时间模型,应设积分算法为 discrete。Fixed - step size:根据用户需要设定。

(2)在 Real－Time Workshop 选项卡中，在"System Target file"中点击"Browse…"按键选择正确的 Tornado.tlc，再配置 Generate makefile 选项：

· Make command——make_rtw

· Template makefile——tornado.tmf

配置完成后如图 7.4.2 所示。

(3)最后设置 Tornado Target 选项卡。因为需要使用外部模式对系统进行仿真，所以要选中 External mode 并对 MEX－file 参数进行配置：192.168.12.139 是目标板定义的 IP 地址；对冗余级别的选项为默认的无信息 0（冗余级别用于控制在数据转移过程中显示的细节程度）；配置 TCP/IP 的服务器端口号，为默认值 17725，为了避免端口冲突，也可设定在 0～65 535 之间的一个数字，根据目标板情况，选择合适的选项即可。如图 7.4.3 所示。

最终完成了所有参数配置后，点击 Apply 按键。

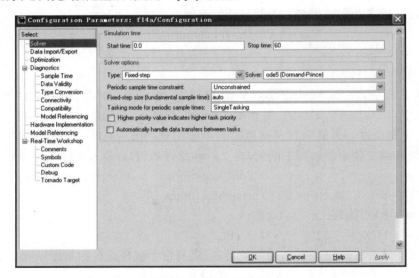

图 7.4.1　Solver 参数配置

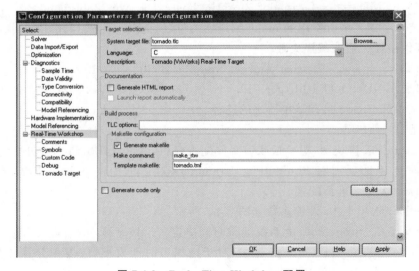

图 7.4.2　Real－Time Workshop 配置

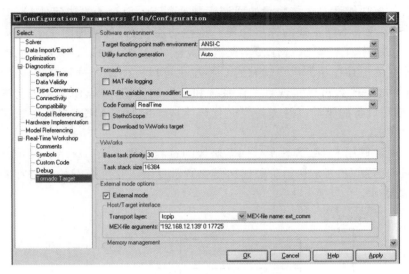

图 7.4.3　**Tornado Target 配置**

3.初始化创建过程

单击 Simulation Parameters 对话框的 Real‑Time Workshop 选项卡上的 Build 按键,开始创建程序。所生成的目标文件以扩展名.lo 命名(代表 loadable object)。该文件是由创建文件指定的交叉编译器针对目标处理器进行编译的。编译成功后会在 MATLAB 的 Command windows 下显示:

＃＃ Successful completion of Real‑Time Workshop build procedure for model:xx

4.下载并交互运行

在开发调试阶段一般都选用手动下载模型映像后仿真,主要是因为控制律的设计需要根据结果作一定的修改。另外,VxWorks 的参数配置选项也要不断地发生变化,有很多不确定因素。程序基本确定后,将模型映像直接编译到 VxWorks 操作系统中,开机后直接运行。

主要包含 3 个步骤:

(1)在宿主机和 VxWorks 目标机之间建立通信连接。因为 RTW 需要通过 VxWorks 的网络功能与目标机通信,所以在这里 VxWorks 的映像中必须含有网络组件。

(2)将目标文件从宿主机转移到 VxWorks 目标机上。方法为在宿主机与目标机通过网络建立连接后,在 Tornado 环境下打开 Shell 工具,将生成的.lo 映像下载到目标机上。

(3)运行程序。在映像下载成功后运行-> sp(rt_main,模型名称,"- tf 50 - w"," * ",0,30,17725),生成的实时代码映像就开始在目标机上工作了。

7.4.2　S 函数的硬件接口技术实现方法

半实物仿真需要和外部设备进行数据交互,Simulink 方框图需要能够访问硬件板卡的寄存器,即需要在模型中包含硬件驱动。回忆本书 6.6.2 节内容,S 函数可以通过 M 文件或者 C MEX 文件来实现。两种实现方法有各自的优缺点。M 文件实现的优点是开发速度快,开发 M 文件的 S 函数避免了开发编译语言的编译、链接、执行所需的时间开销。C MEX 文件实现的主要优点是多功能性。更多数量的回调函数及对 SimStruct 的访问使 C MEX 函数可实现 M 文件的 S 函数所不能实现的许多功能。这些功能包括：可处理除了 double 之外的数据类型、复数输入、矩阵输入等。C MEX 实现更为灵活，C MEX S 函数不仅执行速度快，而且可以用来生成独立的仿真程序。用户现有的 C 程序也可以方便地通过封装程序结合到 C MEX S 函数中。这样的 S 函数可以实现对操作系统和硬件的访问，可以用来实现与串口或网络的通信，还可以编写设备的驱动以及支持实时代码生成。因此 C MEX 文件更加符合实时半实物仿真应用的需求。

Simulink 引擎调用 C MEX S 函数回调函数的过程如图 7.4.4 所示。图中并没有列出全部的 S 函数回调函数，尤其是初始阶段远比图中所示复杂。几个必需的例程在图中用实线表示，其他用虚线表示。

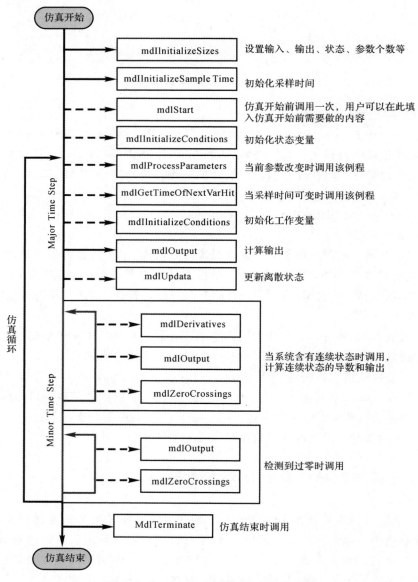

图 7.4.4　C MEX S 函数回调函数的过程

1.初始化

C MEX S 函数的初始化部分包含下面 3 个不同的例程函数：

（1）mdlInitializeSizes：在该函数中给出各种数量信息。

（2）mdlInitializeSampleTimes：在该函数中给出采样时间。

（3）mdlInitializeConditions：在该函数中给出初始状态。

mdlInitializeSizes 通过宏函数对状态、输入、输出等进行设置。工作向量的维数也是在 mdlInitializeSizes 中确定的。表 7.4.1 列出了 mdlInitializeSizes 常用的初始化宏函数。

表 7.4.1　mdlInitializeSizes 常用初始化宏函数

宏函数	功　能
ssSetNumContStates(S, numContState)	连续状态个数
ssSetNumDiscStates(S, numDiscState)	离散状态个数
ssSetNumOutputs(S, numOutput)	输出维数
ssSetNumInputs(S, numInputs)	输入维数
ssSetDirectFeedthrough(S, dirFeedThru)	是否存在直接前馈
ssSetNumSampleTimes(S,numSamplesTime)	设置采样时间数目（用于多采样速率系统）
ssSetNumInputArgs(S, numInputArgs)	S 函数输入参数个数
ssSetNumIWork(S,numIWork)	设置各种工作向量的维数，实际上是为各个工作向量分配内存提供依据
ssSetNumRWork(S,numIWork)	
ssSetNumPWork(S,numIWork)	

2.计算输出

在 C MEX S 函数中,同样可以通过描述该 S 函数的 SimStruct 数据结构对输入/输出进行处理。表 7.4.2 列出了输入/输出相关宏函数。在 C MEX S 函数中,当需要对一个输入进行处理时,通过指针访问该信号。

在仿真循环中,可通过下面语句访问输入信号:

InputRealPtrsType uPtrs = ssGetInputPortRealSignalPtrs(S, portIndex);

uPtrs 是一个指针数组,其中 portIndex 从 0 开始,每个端口对应一个。要访问信号的元素,必须使用 $*$ uPtrs[element]。

同理,可以通过下面函数得到输出信号:

real_T $*$ y = ssGetOutputPortSignal(S,outputPortIndex);

表 7.4.2　I/O 端口访问相关宏函数

宏函数	功　能
ssGetInputPortRealSignalPtrs	获得指向输入的指针（double 类型）
ssGetInputPortSignalPtrs	获得指向输入的指针（其他数据类型）
ssGetInputPortWidth	获得指向输入信号宽度

续　表

宏函数	功　能
ssGetInputPortOffsetTime	获得输入端口的采样时间偏移量
ssGetInputPortSampleTime	获得输入端口的采样时间
ssGetOutputPortRealSignal	获得指向输出的指针
ssGetOutputPortWidth	获得指向输出信号宽度
ssGetOutputPortOffsetTime	获得输出端口的采样时间偏移量
ssGetOutputPortSampleTime	获得输出端口的采样时间

3.使用参数

使用用户自定义参数时,在初始化中必须说明参数的个数。为了得到指向存储参数的数据结构的指针,以及存储在这个数据结构中指向参数值本身的指针,使用宏:ptr = ssGetSFcnParam(S, index)。

4.使用状态

如果 S 函数包含连续的或离散的状态,则需要编写 mdlDerivatives 或 mdlUpdate 子函数。若要得到指向离散状态向量的指针,使用宏:ssGetRealDiscStates(S);若要得到指向连续状态向量的指针,使用宏:ssGetContStates(S)。在 mdlDerivatives 中,连续状态的导数应当通过状态和输入计算得到,并将 SimStruct 结构体中的状态导数指针指向得到的结果,这通过下面的宏完成:$*dx = ssGetdX(S)$,然后修改 dx 所指向的值。

总之,C MEX S 函数实际就是通过一套宏函数获得指向存储在 SimStruct 中的输入、输出、状态、状态导数向量的指针来引用输入/输出状态等变量的,从而完成对系统的描述。S 函数编写完成后通过 S 函数包装程序(MEX S 函数 Wrappers)可以集成到 Simulink 框图模型中,在建模过程中直接使用。

7.5　光电稳定平台速度回路控制系统半实物仿真实例

本书选择的是某光电稳定平台速度回路控制系统半实物仿真实验。光电稳定平台广泛用于海、陆、空、天的军事与民用领域的探测、跟踪等任务,并发挥了重要作用。在诸如战斗机、武装直升机、军舰的近防系统和地面车辆火控系统中,由光电稳定平台组成的光电瞄准系统已经成了不可分割、十分重要的组成部分,如图 7.5.1 所示。而在安全监控、高空探测等领域,搭载探测设备的光电稳定平台也得到了广泛应用。

光电稳定平台由内外框架、光电轴角编码器、导电环、执行电机、侦查设备、控制器等部件组成。其中,控制器为光电稳定平台的控制核心,内外框架和电机等为光电稳定平台的动作执行机构,光电轴角编码器为反馈传感器,侦查设备为工作部件。在光电稳定平台正常工作时,光电稳定平台检测光电轴角编码器获知当前框架的状态,经过控制器进行数据处理和控制计算,按照一定的控制律控制执行电机,带动内外框架及搭载的侦测设备运动到一定的角度,保持侦查设备对目标的稳定跟踪。

光电稳定平台产品的研究、设计与生产的主要目的,主要是针对光电稳定平台研究部件进行数据采集与辨识建模,根据实际需要设计光电稳定平台控制算法,以开发高质量的光电稳定平台产品,并对设计好的产品进行性能分析和测试,进而改进产品性能。而在实际的光电稳定平台产品的研发和生产中,为了选择较为合适的控制律,设计合适的控制器,调试平台至较为满意的状态,往往需要对光电稳定平台反复地进行全数字仿真和半实物仿真,验证控制算法是否合理,控制器参数是否较优,产品性能是否满足任务要求。

图 7.5.1　长弓阿帕奇的光电跟踪瞄准系统

本实验使用的光电稳定平台速度回路系统纯数字仿真模型如图 7.5.2 所示。如图所示,虚线框内为直流力矩电机模型,内置电枢电流环反馈,以提高系统刚性(即负载变化后,转速下降尽可能小)。电流环控制器一般采样频率非常高,因此用模拟电路实现。系统的外反馈环是速度反馈环,电机的带载转速,通过光纤陀螺敏感成电压信号,并经过数字低通滤波后,与设定转速比较,误差作为速度环控制器的输入,控制器根据控制策略,计算产生电机电枢电压调整信号,使角速度跟随设定转速。

本实验是基于快速控制原型(见本章 7.2 节)的半实物仿真实例,即被控对象(电机及陀螺)为真实系统,速度环控制器和陀螺数字滤波为待调试系统,由 Simulink 建模,并通过 RTW 生成目标代码,运行于实时仿真机。这样,速度控制器的计算输出信号,需要通过相应硬件板卡(如 D/A 转换器)加载到电机电枢,而光纤陀螺的输出信号,需要通过相应硬件板卡(如 A/D 转换器)送给实时仿真机。

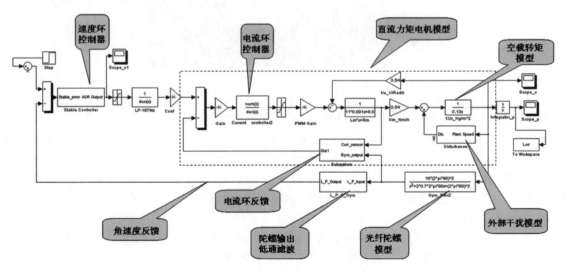

图 7.5.2　某光电稳定平台速度回路系统纯数字仿真模型

本实验使用凌华科技公司 CPC－3414B 作为半实物仿真的实时计算机，该机机箱具有 14 个垂直方向 3U cPCI 插槽，内置 2 个 250W cPCI 冗余电源和 8 个 40mm 风扇，提供较强的硬件扩展能力；计算核心硬件采用 cPCI－3965 低功耗双核单板电脑（Intel core2 2.2Hz CPU，2×1GB SODIMM 内存），提供高效的计算能力。光电稳定平台的半实物仿真计算机使用 VxWorks 内核作为操作系统，该操作系统实时性良好，内核高效，结合半实物仿真的硬件设备，能满足仿真计算的实时性要求。其扩展的 cPCI 数据采集板卡实现光电稳定平台中的实验对象（如电机、陀螺）与实时仿真机连接。本书设计的光电稳定平台半实物仿真环境用到的 cPCI 板卡名称及功能见表 7.5.1。

表 7.5.1 光电稳定平台半实物仿真部分 cPCI 板卡

板卡名称	板卡功能	性能简介
cPCI－7432	数字输入/输出（DIO）	32 通道隔离数字输入 32 通道隔离数字输出
ACPC330	模拟输入（AI）	32kHz，16 位分辨率
cPCI－6216V	模拟输出（AO）	16 位 16 通道
MIC－3612	串口通信卡	RS－232/422/485

本章使用由 SWT4－1 型 MEMS 陀螺及 QT3832－A 型直流力矩电机组成的一种典型的陀螺稳定平台作为技术验证平台开展实验，如图 7.5.3 所示。

图 7.5.3 实验所用陀螺稳定平台

PID 控制作为经典的控制策略，在光电稳定平台的控制器设计中也得到了广泛运用。以正弦信号作为陀螺稳定平台的控制输入，使用 ACPC330 A/D 板卡采集陀螺反馈信号，使用 cPCI－6216V D/A 板作为控制器的输出，通过驱动器进行电机调速。组成的陀螺稳定平台系统半实物仿真模型如图 7.5.4 所示。

对比图 7.5.2，电机（虚线框中部分）和陀螺被实物代替（即图 7.5.5 所示部分），通过 A/D、D/A 板卡与运行于实时仿真机上的 Simulink 方框图模型交互。

图 7.5.4 中灰色框所示为硬件板卡的驱动程序。如 7.4.2 小节所述，本实验通过 C MEX S 函数编写设备驱动函数，并编译成 Simulink 库，封装用户交互界面（见图 7.5.6，方法可以参考 6.6.3 小节和 6.4.2 小节相关内容）。在使用 Simulink 设计半实物仿真模型时，即可将 S 函数模块形式的硬件设备模块加入光电稳定平台的半实物模型中。

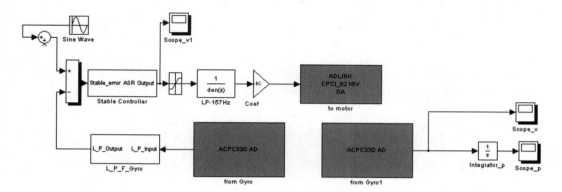

图 7.5.4　光电陀螺稳定平台系统半实物 Simulink 仿真模型

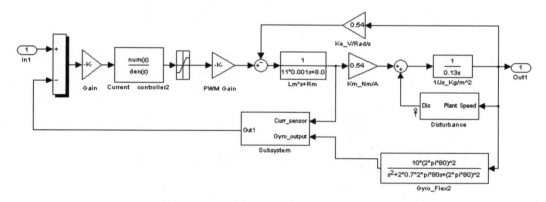

图 7.5.5　被实物代替的 Simulink 模型

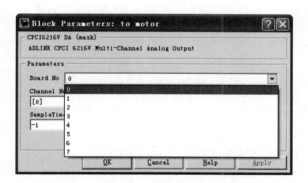

图 7.5.6　S 函数 D/A 卡驱动程序用户交互界面

cPCI 板卡的 S 函数伪代码如下：

//初始化板卡模型

static void mdlinitializeSizes(SimStruct ∗ S)

{

　　//进行参数匹配检查；

```
        //设置输入/输出端口;
        //设置采样时间;
    }
//设定板卡采样时间
static void mdlinitializeSampleTimes(SimStruct * S)
    {
        ......;
    }
//启动板卡模型
static void mdlStart(SimStruct * S)
{
    //cPCI 设备寻址;
    //获取设备基地址;
}
//板卡模型输出
static void mdlOutputs(SimStruct * S ,int_T tid)
{
    #ifndef MATLAB_MEX_FILE
    //变量定义;
    for(channel_num=0;channel_num<nChannels;channel_num++)
    {
      //获取通道号;
      //进行数据转换;
      //写入数据;
    }
    #endif
}
//终止
static void mdlTerminate(SimStruct * S)
{
    #ifndef MATLAB_MEX_FILE
    for(channel_num=0;channel_num<nChannels;channel_num++)
      {
            //各通道复位;
      }
    #endif
}
```

为了使用 VxWorks 实时操作系统完成光电稳定平台半实物仿真模型的计算,首先需要按照目标计算平台的代码规范将半实物仿真模型转换为可执行代码。MATLAB RTW

(Real - Time Workshop)是 MATLAB 提供的一款可用于模型代码生成的工具,可将仿真模型编译成代码模型。RTW 生成代码模型需要经过 RTW 中间文件生成、TLC 模型编译两个主要阶段,需要 TLC 描述文件与 GCC 编译器的参与。RTW 按照 TLC 描述文件的格式调用 GCC 编译器编译.rtw 模型,生成目标机模型代码。

光电稳定平台的半实物仿真机上运行的是 VxWorks 操作系统,并不能直接执行.C,.H 文件形式的半实物仿真代码模型。为了将目标机半实物仿真代码模型转换成可执行程序,需要借助 Makefile 文件(.mk)将仿真代码模型编译、链接成 VxWorks 平台下的可执行程序。此外,VxWorks 程序的制作还需要依靠模板联编文件来控制编译。MATLAB 为 VxWorks 操作系统目标的 Makefile 文件制作提供了一个模板联编文件(tornado.tmf)。本书按照光电稳定平台半实物仿真机的实际需求,对 tornado.tmf 文件进行修改,主要修改内容有:

(1)VxWorks 操作系统配置:VX_TARGET_TYPE 修改为 "PENTIUM",CPU_TYPE 修改为"PENTIUM4";

(2)源文件设置:修改为"PROGRAM = $(MODEL).out";

(3)删除不必要的语句。

完成修改后,使用 make 工具即可生成光电稳定平台半实物仿真计算机的 VxWorks 可执行代码。

完成了目标机代码的生成后,还需要将可执行代码传递给 VxWorks 执行。VxWorks 系统具有 TCP/IP 通信功能,通过 WFTPD 软件进行 FTP 连接配置,设置登录用户名、密码以及目标机的 IP 地址,进而将光电稳定平台半实物仿真中的半实物仿真机与其他计算机组网。建立与半实物仿真计算机的 FTP 连接后,通过向半实物仿真计算机传递可执行模型及相关命令,即可控制光电稳定平台半实物仿真。VxWorks 启动界面如图 7.5.7 所示。

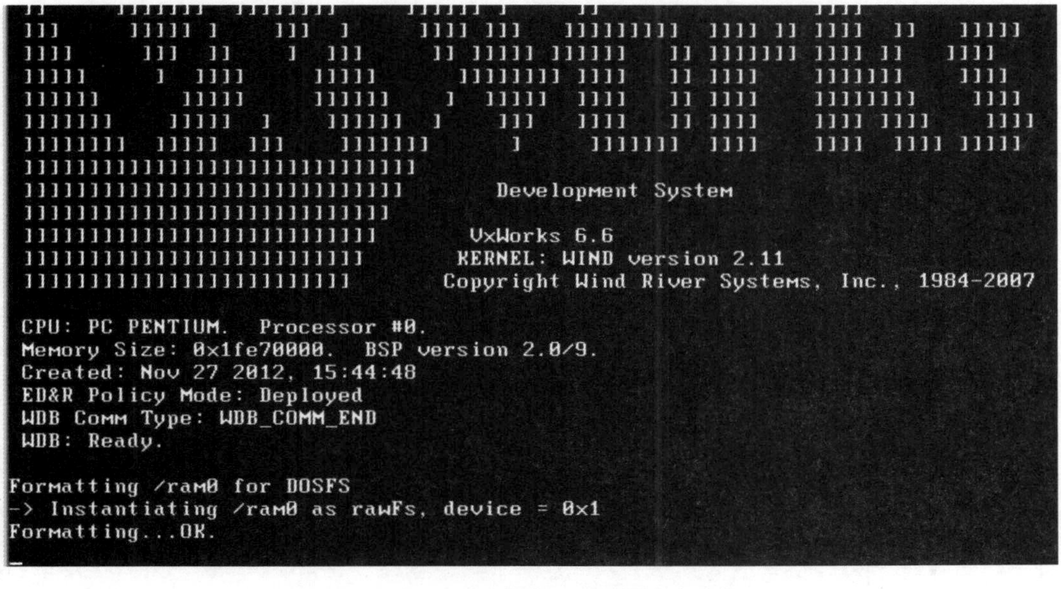

图 7.5.7　VxWorks 操作系统设置后启动界面

在 Simulink 外部模式下,在 Scope 显示端也会根据系统实时执行情况,对数据进行显示。

系统对正弦机理信号的角速度响应如图 7.5.8 所示。在运行过程中,如果发现数据或控制规律产生问题,可以马上修改系统模型的参数,重新编译后继续在线调试。

还可以将示波器连接至 MEMS 陀螺的输出接口,捕捉到的波形图如图 7.5.9 所示(通道二,蓝线),可见,与在 PC 直接运行如图 7.5.2 所示的纯数字模型结果相比,两者一致,说明了半实物仿真的正确性。

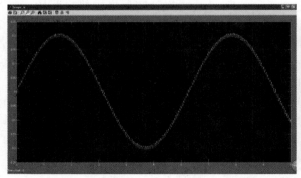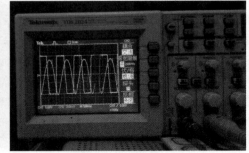

图 7.5.8　光电平台正弦速度跟踪半实物仿真结果　　图 7.5.9　陀螺输出信号

本 章 小 结

本章研究了半实物仿真技术的实现机理、快速控制原型和硬件在回路仿真的概念及原理。以某光电稳定平台为例,给出了快速控制原型仿真实验的实现过程。最后,对 Simulink 仿真设计中模型共享和报表生成的问题提出了模型库的建立与共享方法和仿真报表自动生成方法。

习 题

7-1　半实物仿真技术在哪些领域有应用?请列举并解释至少两个例子。

7-2　半实物仿真技术与全物理仿真技术的主要区别是什么?

7-3　请描述一个你认为可以应用半实物仿真技术的场景,并解释该技术在这个场景中起到什么作用。

第8章　ROS机器人仿真技术

配备视觉、激光雷达、超声波等传感器的智能机器人在军民领域都有广泛应用。实体智能机器人各种感知、决策、定位、导航与控制算法的研究与教学需要有运行场地、场景,机器人平台本身也价格昂贵,实体智能机器人研究与教学的时间、空间成本较高。因此,利用软件搭建能够支撑机器人本体行为、传感器特性、外部物理环境等要素的物理虚拟仿真,对于降低机器人研究与教学的时间、空间、经济成本,进而支撑学生进行个性化的创新实验或研究至关重要。

机器人仿真软件平台可分为商用和开源两类。商用平台虽然功能强大,但是由于其经济成本大,开发门槛过高。开源机器人仿真平台近几年发展迅猛,这些开源的机器人模拟仿真器,可以为人形机器人、四足机器人、轮式移动机器人、作业机器人和机器人群集系统等提供丰富的仿真开发环境,而各种仿真平台在应用领域方面又有所侧重。2015 年开源的仿真平台 USARSim 旨在提供对高逼真度的区域搜救环境的模拟,配套 Matlab 工具箱,但需要同时安装 Unreal Tournament 游戏引擎。OpenHRP3 是一款主要用于仿人机器人模拟的三维仿真平台。V‐REP、Webots、Gazebo 作为通用的机器人仿真平台,支持机器人操作系统(Robot Operating System,ROS)与 Simulink 连通,广泛应用在人形机器人、移动机器人、作业机器人、无人机、水下航行器、生物力学系统等领域的科学与教学研究中。

ROS 是最为常用的机器人开发软件平台之一,受多款机器人物理仿真平台直接支持,使应用于仿真环境的代码可以直接驱动实体机器人。ROS 系统基于分布式功能架构,其中控制器、传感器、运动状态及目标等功能作为一个个节点,节点与节点之间通过话题的形式进行通信。

8.1　ROS机器人操作系统简介

8.1.1　ROS概述

ROS 最初是由斯坦福大学开发的科研辅助工具,是一个可以开发控制机器人的软件系统。ROS 不是传统意义上的进程管理和调度操作系统,相反,它在异构计算集群的主机操作系统上提供了一个结构化的通信平台,使用它可以便捷地控制和驱动硬件设备,降低了系统开发的难度。ROS 可兼容其他机器人仿真工具、开发工具、操作系统,它的开放式设计可以被扩展利用,构建成为对各种硬件平台、研究设置和运行需求都有用的机器人软件系统。

ROS 的主要特点如下:

(1)点对点设计:由 ROS 构建的系统由许多进程组成,这些进程可能位于许多不同的主机上,在运行过程中通过点对点的拓扑结构进行连接。这种拓扑结构需要某种类型的查找机制,以允许进程在运行时找到彼此。

（2）多语言支持：ROS 目前支持多种语言，包括 C＋＋,Python,Octave,LISP 以及其他语言端口。为了支持跨语言开发，ROS 使用一种简单的、语言无关的接口定义语言（Interface Definition Language,IDL）来描述模块之间发送的消息。

（3）工具包丰富：ROS 使用大量的小工具来构建和运行 ROS 组件，以执行各种任务，例如获取和设置配置参数、可视化点对点连接拓扑、测量带宽利用率、以图形方式绘制消息数据、自动生成文档等等。

（4）精简：ROS 在源代码树中执行模块化构建，使用 CMake 对代码单独编译，使得操作系统更加简单方便。ROS 可以重复使用来自其他开源项目的代码，比如来自 OpenCV 的视觉算法、来自 OpenRAVE 的规划算法。当代码被分解到库中时，可以编写独立的测试程序来测试库的各种特性。

（5）免费并且开源：ROS 的完整源代码可以公开获得。ROS 是在 BSD（伯克利软件套件）许可条款下发布的，允许非商业和商业项目的使用。ROS 使用进程间通信在模块之间传递数据，并且不要求模块在同一个可执行文件中连接在一起。

经过近几年的发展，ROS 逐渐成为了极具影响力，并且应用得最为广泛的机器人软件平台。

8.1.2　ROS 文件系统

一个 ROS 程序的不同组件要被放在不同的文件夹下，这些文件夹是根据功能的不同来对文件进行组织的，基本形式见表 8.1.1。

表 8.1.1　ROS 中文件基本形式

ROS 内部构成	作　　用
功能包	包含创建 ROS 应用程序的最小结构和最少内容
功能包清单	提供关于功能包、许可信息、依赖关系、编译标志等信息
消息	一个进程发送到其他进程的数据流
服务	定义了在 ROS 中由每个进程提供的关于服务请求和响应的数据结构

8.1.3　ROS 计算图级

ROS 会创建一个连接到所有进程的网络。在系统中的任何节点都能访问此网络，并通过它与其他节点交互，获取信息，并将自身数据发布到网络。

实现 ROS 的基本概念是节点、消息、话题和服务。

1.节点（Node）

节点是执行计算的进程，ROS 中一个系统通常由多个节点组成。这种情况下，节点也可以被称为软件模块。将进程作为图形节点，将点对点连接呈现为弧线，许多节点就通过这种方法进行点对点的通信。一个节点即 ROS 程序包中的一个可执行文件，它可以通过 ROS 客户端库与其他节点进行通信，节点可以发布或接收一个话题，也可以提供或使用某种服务。节点的功能通常是特定的。

2.消息（Message）

消息是一种规格化类型数据结构，支持整数、浮点数、布尔值、常量数组等。消息数据流通过节点之间的通信来传输，主要用于订阅或发布话题。每个消息都包含一个节点发送给其他节点的数据信息。消息可以由其他消息和其他嵌套任意深的消息数组组成。

3.话题（Topic）

话题是节点间用来传输数据的总线，节点通过将消息发布到给定的话题来发送消息，也可以订阅话题以接收消息。话题只是一个字符串，如"odom"或"map"，对某种数据感兴趣的节点将订阅相应的话题。单个话题可能有多个并发发布者和订阅者，单个节点可能发布和订阅多个话题。一般来说，发布者和订阅者并不知道彼此的存在。

4.服务（Service）

虽然基于话题的发布-订阅模型是一种灵活的通信模式，但当节点间需要进行同步或者事件触发时，发布或订阅的通信方式无法满足需求，而 ROS 中的服务则允许与某个节点直接进行交互。服务由字符串名称和一对规格化类型的消息定义：一个用于请求（request），一个用于响应（response）。这类似于 web 服务，web 服务由 URI（统一资源标识符）定义，具有定义良好的类型的请求和响应文档。与话题不同，服务的名称是特定的、唯一的。

ROS 系统中还包含了用于 ROS 名称服务和帮助节点相互查找的节点管理器（Master）、将数据通过关键词存储在统一系统的核心位置的参数服务器（Parameter Server）和用于消息数据存储和回放的消息记录包（Bag）等。ROS 客户端库允许使用不同编程语言编写的节点之间互相通信，例如 rospy 是 Python 版本的 ROS 客户端库，提供了 Python 程序需要的接口。

8.1.4　ROS 网络通信结构

ROS 的网络通信结构图如图 8.1.1 所示。

图 8.1.1　ROS 网络通信结构图

机器人各部分系统组成能通过 ROS 通信分布于多台机器上的 ROS 网络，该网络由一个节点管理器和多个节点组成。其中，节点管理器负责协调 ROS 网络的不同部分，通过 URI 来识别 IP 地址。节点是一个包含 Publisher（发布者）、Subscriber（订阅者）和 Service（服务者）等处理数据和交换的实体，在节点管理器中注册后，才能在 ROS 网络中通信。消息以特有的名字在网络中传播，一个 Publisher 能发送消息到相应的 Topic，Subscriber 到相应的 Topic 接收消息。在开始使用 ROS 网络时，必须连接到已有的节点管理器如 Gazebo，注册后的节点才能与其他节点通信，进行数据交换。

发布话题时，想要从某节点获得一个请求或应答时，可以通过服务进行交互。如图 8.1.2 所示，一个节点提供某个服务完成某种功能时，另一个节点需要向该节点发出对应名称的请求，在得到响应之后才可以使用该服务。

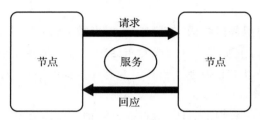

图 8.1.2　**Service 传递模式**

8.2　Gazebo 三维物理仿真环境

Gazebo 是一款功能强大的开源、免费的三维物理仿真平台。Gazebo 包含了强大的物理引擎、高质量的图形渲染、便捷的编程方式和快速图形界面。Gazebo 提供复杂的室内、室外环境，还可以添加各种仿真模型的物理属性，包括重力、摩擦、光照和弹性等，因此能够准确和有效地模拟机器人的运动，进行动力学仿真。在 Gazebo 模拟器中可以快速测试算法的可行性，构建机器人对象，并构建逼真的仿真环境来训练智能体。Gazebo 主要有以下两个优点：

（1）自行构建机器人和传感器仿真模型。Gazebo 支持多个高性能物理引擎，包括 ODE、Bullet 等。同时，它还提供了许多机器人模型，比如 PR2、IRobot Create、Turtlebot 等，如果有特殊需要，也可以使用 SDF（Simulation Description Format，模拟描述格式）文件构建自己想要设计的机器人 3D 模型。同时，Gazebo 可以直接导入 CAD 和 Blender 等软件所设计的 2D、3D 图纸，使得仿真模型和模拟环境更加接近真实。Gazebo 还提供了一个丰富的传感器模型库来生成传感器数据，在机器人模型上可以直接添加 2D 或 3D 相机、Kinect（由微软推出的一款基于深度相机的体感游戏设备）、接触式传感器、激光雷达等，也可以自行设计传感器，并向其中添加噪声模型，让传感器数据更接近现实环境。用户可以定制开发插件，扩展 Gazebo 的功能，满足个性化的需求。

（2）自定义仿真环境。利用 Gazebo 可以搭建接近真实场景的仿真环境。Gazebo 提供了物体模型库，用户不仅能够向模拟环境中添加已有结构化或非结构化的物体，还可以通过添加描述文件以及关节之间的链接，模拟出现实中的物体。通过驱动物体，能够构建机器人在运动过程中的动态环境。在 Gazebo 中还能构建不同类型的建筑物，提供真实的室内或室外环境。Gazebo 的真实环境渲染还包含了高质量的光照、阴影和丰富的纹理。

在 Gazebo 中，World 是用于描述一组机器人和对象（如建筑、桌子和灯光），以及包括天空、环境光和物理属性在内的全局参数。我们可以在 World 环境里添加物体、建筑、灯光以及机器人等对象。

Gazebo 提供了两种向 Gazebo 添加对象的方法。第一种方法是添加一组形状简单的物体，如球体、长方体、圆柱，位于渲染窗口的上方。第二种方法是通过模型数据库，选择左上角的 Insert 选项来访问该数据库。Gazebo 的模型数据库包含了许多模型，包括机器人、表格、咖啡馆、桌子、垃圾桶、消防栓等等。模型列表根据其当前位置划分为几个部分，每个部分都用一个路径或 URI 标记。选择远程服务器上的对象将导致模型被下载并存储在路径～/.gazebo/

models 中。

　　每个模型的位姿与大小都可以通过平移、旋转和缩放工具来改变。

　　除此之外,我们还可以在 Gazebo 中自行构建建筑。在建筑物的编辑器中可以选择门、窗、楼梯等物体的构建材料、配色和纹理,还可以控制建筑物的尺寸大小。

　　在 Gazebo 中,主要有以下 4 种坐标系:

　　Map 坐标系:Map 坐标系是一个固定的世界坐标系,对应的 z 轴方向为上。Map 坐标系是非连续性的,因此移动平台在该坐标系中的位姿是离散的。通常,根据传感器的实时观测,定位部件会不断计算机器人在该坐标系里的位姿从而消除偏差。但传来新的传感器信息时则会出现离散跳变。因此该坐标系可以作为长时间的全局参考,但它在局部感知和动作方面表现较差。

　　Base_link 坐标系:Base_link 坐标系被刚性地固定在移动机器人的基座上,并且可以安装在基座的任意方向和位置。对于每一个硬件平台,都会有一个不同的地方提供一个明显的参考点。

　　Odom 坐标系:Odom 坐标系是一个固定的全局坐标系,该坐标系通常是根据里程计源(如车轮里程计、视觉里程计或惯性测量单元)来计算的。在 Odom 中,移动平台的位姿可以随时间改变,这样可以保证机器人的位姿是连续平滑的,而不是离散的跳变。因此,Odom 坐标系可以作为短时间内精确的局部参考坐标系,而不能作为长期的全局参考坐标系。

　　Earth 坐标系:Earth 坐标系允许多个机器人在不同的地图框架中交互。如果应用程序只需要一个地图,那么 Earth 坐标系将不会出现。在同时运行多个地图的情况下,Map、Odom 和 Base_link 将为每个机器人定制。如果 Earth 是全局引用的,那么从 Earth 到 Map 可以是静态转换。否则,从 Earth 到 Map 的转换通常需要通过获取当前全局位置的估计值并减去地图中当前估计的姿态来计算,从而得到地图原点的估计姿态。

　　我们选择一个树形表示法来将机器人系统中的所有坐标系相互连接起来。因此,每个坐标系都有一个父坐标系和任意数量的子坐标系,其描述的框架如图 8.2.1 所示。

图 8.2.1　Gazebo 系统中坐标系的关联图

　　其中,Earth 是 Map 的父类,Map 是 Odom 的父类,而 Odom 是 Base_link 的父类,每个坐标系都只能有一个父节点。

8.3　基于 ROS‐Gazebo 虚拟机器人及虚拟实验环境开发

　　除了实体机器人实验平台,我们还可以基于 Gazebo 物理仿真引擎搭建虚拟机器人及实验环境(见图 8.3.1)开展机器人实验。虚拟实验环境可分为虚拟机器人、虚拟环境地图和加载文件 3 个部分。

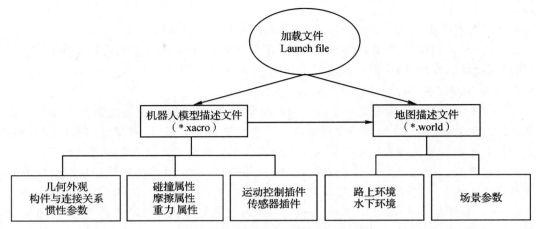

图 8.3.1　虚拟实验环境开发结构图

8.3.1　构建虚拟机器人模型

通过编写 URDF 文件来构建机器人模型。URDF 是一种基于 XML 规范、用于描述机器人结构的格式。根据该格式的设计者所言,设计这一格式的目的在于提供一种尽可能通用的机器人描述规范。

1.创建功能包

在工作空间(一般创建为 catkin_ws)的 src 目录下,通过 catkin_create_pkg 来创建虚拟硬件描述功能包,我们将建立的两轮差动虚拟实验机器人模型命名为"diffbot_gazebo":

$ catkin_create_pkg diffbot_gazebo urdf xacro

2.创建文件夹

在功能包目录 catkin_ws/src/diffbot_gazebo 下建立名称为 urdf、launch、meshes、config 的四个文件夹。其作用如下:

urdf:存放机器人模型 urdf 或 xacro 文件。

meshes:放置 urdf 中引用的模型渲染文件,3D 软件绘制的部件。

launch:保存相关启动文件。

config:保存 rviz 配置文件。

3.二轮差速机器人模型

我们建立的两轮差速虚拟机器人由一组链接(link)和关节(joint)组成。使用＜link＞、＜joint＞标记,可以构建机器人本体各部分的物理属性,并描述它们之间的关系。

在/urdf 文件夹下建立 diffbot_gazebo.urdf 文件,首先在文件中编写机器人的主体部分:

＜? xml version＝"1.0" ? ＞

＜link name＝"base_footprint"/＞

＜joint name＝"base_joint" type＝"fixed"＞

```
<parent link="base_footprint"/>
<child link="base_link"/>
<origin xyz="0.0 0.0 0.010" rpy="0 0 0"/>
</joint>

<link name="base_link">
<visual>
    <origin xyz="-0.032 0 0.0" rpy="0 0 0"/>
    <geometry>
        <mesh filename="package:// diffbot_gazebo/meshes/bases/burger_base.stl"
    scale="0.001 0.001 0.001"/>
    </geometry>
    <material name="light_black"/>
</visual>
</link>

<joint name="wheel_left_joint" type="continuous">
    <parent link="base_link"/>
    <child link="wheel_left_link"/>
    <origin xyz="0.0 0.08 0.023" rpy="-1.57 0 0"/>
    <axis xyz="0 0 1"/>
  </joint>

<link name="wheel_left_link">
<visual>
    <origin xyz="0 0 0" rpy="1.57 0 0"/>
    <geometry>
        <mesh filename="package://diffbot_gazebo/meshes/wheels/left_tire.stl" scale="0.001
    0.001 0.001"/>
    </geometry>
    <material name="dark"/>
    </visual>
</link>

<joint name="wheel_right_joint" type="continuous">
<parent link="base_link"/>
<child link="wheel_right_link"/>
<origin xyz="0.0 -0.080 0.023" rpy="-1.57 0 0"/>
<axis xyz="0 0 1"/>
</joint>
```

```
<link name="wheel_right_link">
<visual>
    <origin xyz="0 0 0" rpy="1.57 0 0"/>
    <geometry>
        <mesh filename="package://diffbot_gazebo/meshes/wheels/right_tire.stl" scale="0.001
0.001 0.001"/>
        </geometry>
        <material name="dark"/>
        </visual>
    </link>


<joint name="caster_back_joint" type="fixed">
<parent link="base_link"/>
<child link="caster_back_link"/>
<origin xyz="-0.081 0 -0.004" rpy="-1.57 0 0"/>
</joint>


<link name="caster_back_link">
<collision>
    <origin xyz="0 0.001 0" rpy="0 0 0"/>
    <geometry>
        <box size="0.030 0.009 0.020"/>
        </geometry>
    </collision>
    <inertial>
    <origin xyz="0 0 0" />
    <mass value="0.005" />
    <inertia ixx="0.001" ixy="0.0" ixz="0.0"
                    iyy="0.001" iyz="0.0"
                    izz="0.001" />
    </inertial>
</link>
```

如上述代码所见,由两种用于描述机器人几何结构的基本字段——链接(link)和关节(joint)可以完整描述一个移动机器人的主体结构:一个机身(base_link)、两个电机驱动轮胎(wheel_right_joint & wheel_left_joint)和一个万向轮(caster_back_link)。

第一个链接的名字是 base_link,这是机器人的主体结构,这个名称在文件中必须是唯一的。

为了使定义的机器人模块在仿真环境中是可见的,我们在代码中用到了<visual>标签。在代码中我们可以定义几何形状(圆柱体、立方体、球体和网格)、材料(颜色和纹理)和原点。

在 joint 字段中,我们先定义名称,名称需要唯一。然后定义关节类型(固定关节 fixed、转动关节 revolute、旋转关节 continuous、6 自由度关节 floating 等)、父链接坐标系与子链接坐标系(关节相连的前后坐标系)。在本例中,wheel_right_link 是 base_link 的子链接坐标系。它是旋转关节(continuous)。<axis xyz="001"/>表示子链接绕父链接坐标系的 z 轴进行旋转。

上述代码建立的虚拟机器人模型如图 8.3.2 所示。

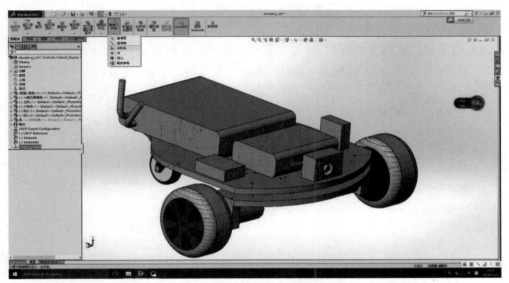

图 8.3.2　虚拟机器人可视化结果

4.添加物理属性和碰撞属性

以上机器人模型还无法在 Gazebo 中运行。因为 Gazebo 是一个物理仿真引擎,想在 Gazebo 中进行机器人仿真,还需要添加物理和碰撞属性。这就意味着我们需要设计几何尺寸和计算可能的碰撞。例如,需要设计重量才能计算惯性等。

下面是一个向 base_link 模型中添加物理和碰撞属性参数的示例:

```
<link name="base_link">
...
<collision>
<origin xyz="−0.032 0 0.070" rpy="0 0 0"/>
<geometry>
<box size="0.140 0.140 0.143"/>

</collision>

<inertial>
<origin xyz="0 0 0" rpy="0 0 0"/>
<mass value="8.2573504e−01"/>
<inertia ixx="2.2124416e−03" ixy="−1.2294101e−05" ixz="3.4938785e−05"
```

iyy="2.1193702e−03" iyz="−5.0120904e−06"
izz="2.0064271e−03" />

</inertial>

</link>

对于模型中的其他<link>也要添加这些属性,如果链接不具有碰撞属性(collision)和惯性属性(inertial),Gazebo 将无法正确加载机器人模型。

5.添加 Gazebo 标签属性

前面构建了虚拟机器人的模型,添加了惯性属性和碰撞属性,但这还不足以表征机器人的运动情况,为了能够让机器人模型在 Gazebo 物理仿真环境下运动,还需要在 urdf 文件中添加更多的属性:

```
<Gazebo reference="wheel_left_link">
    <mu1>0.1</mu1>
    <mu2>0.1</mu2>
    <kp>500000.0</kp>
    <kd>10.0</kd>
    <material>Gazebo/FlatBlack</material>
</Gazebo>

<Gazebo reference="wheel_right_link">
    <mu1>0.1</mu1>
    <mu2>0.1</mu2>
    <kp>500000.0</kp>
    <kd>10.0</kd>
    <material>Gazebo/FlatBlack</material>
</Gazebo>

<Gazebo reference="caster_back_link">
    <mu1>0.1</mu1>
    <mu2>0.1</mu2>
    <kp>1000000.0</kp>
    <kd>100.0</kd>
    <material>Gazebo/FlatBlack</material>
</Gazebo>
```

在以上代码中,分别给机器人的 3 个轮子添加了一些物理属性,其中 mu1 和 mu2 表示摩擦因数,kp 和 kd 表示刚性。只有定义了这些参数,机器人才能够在 Gazebo 仿真环境下正常运行,否则,会出现轮胎空转的情况。material 表示仿真环境下轮胎的颜色、纹理等外观。

6.为机器人添加传感器、运动执行机构插件

与实体机器人一样,物理仿真环境中的虚拟机器人也需要搭载传感器模型感知虚拟环境。在 Gazebo 中可以通过插入一些插件,来仿真机器人的传感器、执行器的特性,这些插件通过<gazebo>元素中的<plugin>标签描述,并加入到 URDF 文件中。根据本实验系统实体机

器人的配置，为虚拟机器人添加了激光雷达、Kinect 摄像头和差动驱动等传感器和执行机构插件。

（1）添加机器人运动执行机构插件。我们直接调用 Gazebo 提供差速机器人的仿真插件，可以直接将下边的代码放到 URDF 文件中，修改相应的参数，指定运动控制需要订阅的话题，让机器人在 Gazebo 中动起来。

```
<Gazebo>
        <plugin name="diffbot_burger_controller" filename="libGazebo_ros_diff_drive.so">
        <commandTopic>cmd_vel</commandTopic>
        <odometryTopic>odom</odometryTopic>
        <odometryFrame>odom</odometryFrame>
        <odometrySource>world</odometrySource>
        <publishOdomTF>true</publishOdomTF>
        <robotBaseFrame>base_footprint</robotBaseFrame>
        <publishWheelTF>false</publishWheelTF>
        <publishTf>true</publishTf>
        <publishWheelJointState>true</publishWheelJointState>
        <legacyMode>false</legacyMode>
        <updateRate>30</updateRate>
        <leftJoint>wheel_left_joint</leftJoint>
        <rightJoint>wheel_right_joint</rightJoint>
    <wheelSeparation>0.160</wheelSeparation>
        <wheelDiameter>0.066</wheelDiameter>
        <wheelAcceleration>1</wheelAcceleration>
        <wheelTorque>10</wheelTorque>
        <rosDebugLevel>na</rosDebugLevel>
    </plugin>
</Gazebo>
```

该驱动插件为机器人配置了一些参数，从而保证机器人能够在 Gazebo 仿真环境下正常运动。

leftJoint、rightJoint：机器人的左右轮关节。

wheelSeparation ：机器人轮子之间的距离，在计算差速参数时使用。

wheelDiameter：机器人轮子的直径，在计算差速参数时使用。

commandtopic：控制器订阅的指令。

（2）添加外部测量插件。我们向模型中添加了激光雷达和惯性测量传感器，使虚拟机器人与实体机器人具有相同的感知能力。在添加传感器时，首先要确定好安装传感器的位置，即在 URDF 文件中定义两个传感器的位置、外观等属性：

```
<joint name="imu_joint" type="fixed">
<parent link="base_link"/>
<child link="imu_link"/>
<origin xyz="-0.032 0 0.068" rpy="0 0 0"/>
```

```
</joint>
<link name="imu_link"/>
```

在上述代码中,定义了惯性测量传感器(imu)的属性。该传感器插件与机器人主体相连接,由于插件位于机器人内部,因此我们不需要定义该传感器的外观和碰撞等参数。

定义了激光雷达传感器(scan)的属性,与之前定义机器人的主体结构部件相同,激光雷达传感器安装在机器人的顶部,并且具有特定的外观、纹理,同时还具有物理属性和碰撞属性。

```
<joint name="scan_joint" type="fixed">
<parent link="base_link"/>
<child link="base_scan"/>
<origin xyz="-0.032 0 0.172" rpy="0 0 0"/>
</joint>


<link name="base_scan">
<visual>
    <origin xyz="0 0 0.0" rpy="0 0 0"/>
    <geometry>
        <mesh filename="package://diffbot_gazebo/meshes/sensors/lds.stl" scale="0.001
        0.001 0.001"/>
    </geometry>
    <material name="dark"/>
</visual>


<collision>
<origin xyz="0.015 0 -0.0065" rpy="0 0 0"/>
    <geometry>
        <cylinder length="0.0315" radius="0.055"/>
    </geometry>
</collision>


<inertial>
    <mass value="0.114" />
    <origin xyz="0 0 0" />
    <inertia ixx="0.001" ixy="0.0" ixz="0.0"
        iyy="0.001" iyz="0.0"
        izz="0.001" />
</inertial>

</link>
```

以上代码仅定义了传感器插件的位置、外形和物理属性,传感器还无法正常在 Gazebo 中工作以及 ROS 通信。还需要在文件中添加以下代码,从而使插件起作用:

```
<!-- 激光雷达-->
```

```
<Gazebo reference="base_scan">
<material>Gazebo/FlatBlack</material>
<sensor type="ray" name="lds_lfcd_sensor">
    <pose>0 0 0 0 0 0</pose>
    <visualize> $ (arg laser_visual)</visualize>
    <update_rate>5</update_rate>
    <ray>
        <scan>
            <horizontal>
                <samples>360</samples>
                <resolution>1</resolution>
                <min_angle>-1.570796</min_angle>
                <max_angle>1.570796</max_angle>
            </horizontal>
        </scan>
        <range>
            <min>0.120</min>
            <max>3.5</max>
            <resolution>0.015</resolution>
        </range>
        <noise>
            <type>gaussian</type>
            <mean>0.0</mean>
            <stddev>0.01</stddev>
        </noise>
    </ray>
    <plugin name="Gazebo_ros_lds_lfcd_controller" filename="libGazebo_ros_laser.so">
        <topicName>scan</topicName>
        <frameName>base_scan</frameName>
    </plugin>
</sensor>
</Gazebo>
<! -- 惯性测量传感器-->
<Gazebo>
<plugin name="imu_plugin" filename="libGazebo_ros_imu.so">
<alwaysOn>true</alwaysOn>
<bodyName>imu_link</bodyName>
<frameName>imu_link</frameName>
<topicName>imu</topicName>
<serviceName>imu_service</serviceName>
<gaussianNoise>0.0</gaussianNoise>
```

```
<updateRate>200</updateRate>
    <imu>
        <noise>
            <type>gaussian</type>
            <rate>
                <mean>0.0</mean>
                <stddev>2e-4</stddev>
                <bias_mean0.0000075</bias_mean>
                <bias_stddev>0.0000008</bias_stddev>
            </rate>
            <accel>
                <mean>0.0</mean>
                <stddev>1.7e-2</stddev>
                <bias_mean>0.1</bias_mean>
                <bias_stddev>0.001</bias_stddev>
            </accel>
        </noise>
    </imu>
</plugin>
</Gazebo>
```

以上添加的两个插件能够使虚拟机器人在 Gazebo 虚拟环境中运动时输出距离障碍物的距离信息,并且能够输出机器人的线加速度和角加速度信息,从而更真实地仿真实体机器人的运行。

至此,我们建立了一个完整的二轮差速机器人模型,并且能够通过发送消息的形式控制其在 Gazebo 仿真环境下运行。配置完毕的虚拟机器人模型在 rivz 中的可视化结果如图 8.3.3 所示。

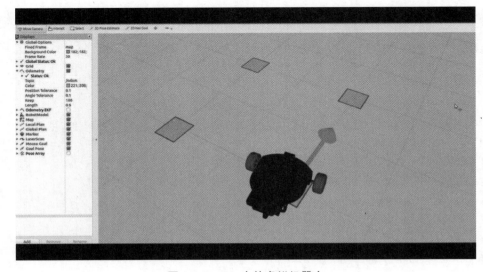

图 8.3.3　rivz 中的虚拟机器人

8.3.2　构建虚拟地图模型

构建虚拟地图可以有两种方式：通过脚本编程和在 Gazebo 环境中可视化构建。

1.通过脚本编程的地图构建

通过脚本编程的方式基于 XML 格式的 sdf 模板，通过特定标签描述机器人虚拟运行环境，包括定义地平面、地形、地物、场景、照明等要素并配置相应物理仿真引擎参数，通过＜model＞标签可以将 xacro 模板定义的虚拟机器人模型加载到虚拟地图进行联合物理仿真。本系统已经构建了迷宫、会议室场景等虚拟环境（示例如图 8.3.4、图 8.3.5 所示）供虚拟机器人开展实验。

```
        ＜sdf version＝′1.6′＞
＜world name＝′default′＞
        ＜model name＝′ground_plane′＞  … define ground plane … ＜/model＞
    ＜light name＝′sun′ type＝′directional′＞
    … define illumination …
     ＜/light＞
        ＜gravity＞ … define gravity …   ＜/gravity＞
        ＜physics name＝′default_physics′ default＝′0′ type＝′ode′＞
        … config the parameters of physical simulation solver …
        ＜/physics＞
        ＜scene＞ … config scene parameters …   ＜/scene＞
    ＜model name＝′ Turtlebot3′＞
        … load or define robot model …
      ＜/model＞
＜/world＞
＜/sdf＞
```

图 8.3.4　迷宫地图示例

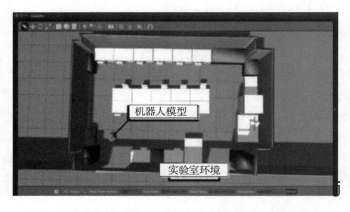

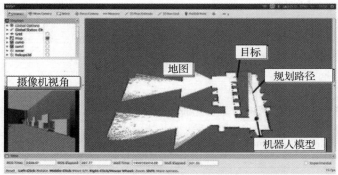

图 8.3.5　会议室模拟地图

2.通过 Gazebo 地图编辑器的地图构建

除了我们预置的地图,学生还可以通过 Gazebo 地图编辑器自定义地图。

在 ubuntu 命令窗口内输入"Gazebo"打开 Gazebo 软件,在 Gazebo 软件的工具栏中选择"Edit"中的"Buliding Editor"选项,进入地图编辑界面,如图 8.3.6 所示。

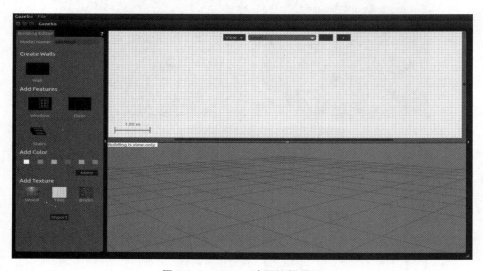

图 8.3.6　Gazebo 地图编辑界面

如图 8.3.7 所示,编辑器由三部分组成:

(1)palette:在这里可以选择建筑的特征和材料。

(2)2D View:在这里可以导入 floor 计划嵌入墙、窗、门和台阶。

(3)3D View:建筑物的预览,能够设计建筑物不同部分的颜色和纹理。

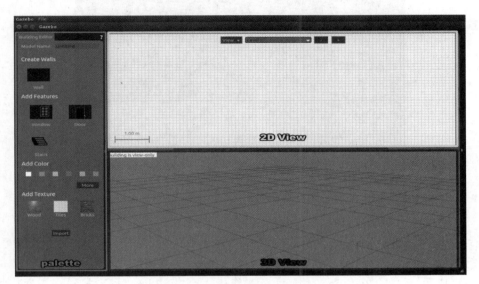

图 8.3.7　Gazebo 地图编辑界面的功能栏分区

可以在 palette 一栏选择需要的墙体、门窗等材料,在 2D View 区域中进行设计。如图 8.3.8所示,利用 palette 一栏中的 wall 元素设计了一个简单的迷宫地图。此外可以在 2D Viewer 区域中右键单击墙体属性来修改墙体的尺寸、颜色等属性。

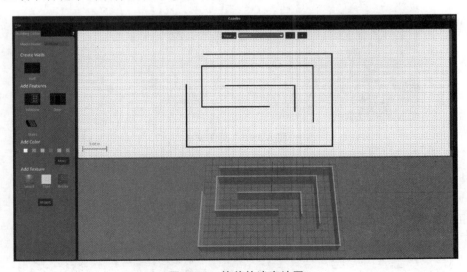

图 8.3.8　简单的迷宫地图

在完成地图建筑设计后,选择地图编辑器左上角"File"中的"Save as"选项对设计的地图进行保存；保存前需要为地图起一个名字，例如图 8.3.9 所示的"Robot_house"。

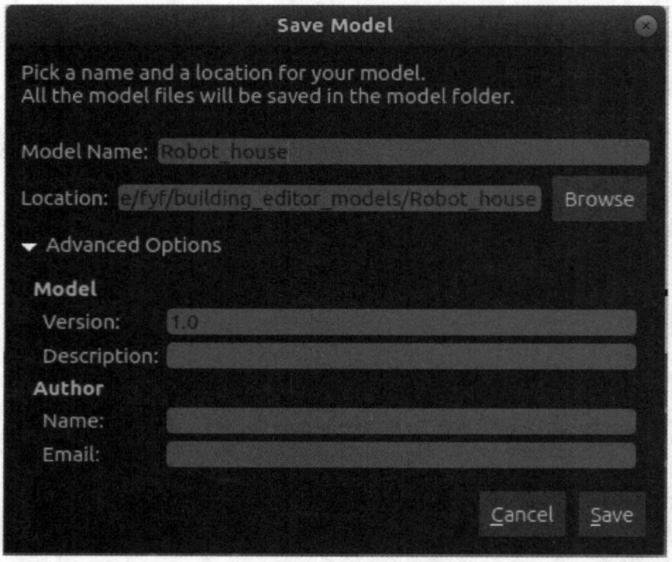

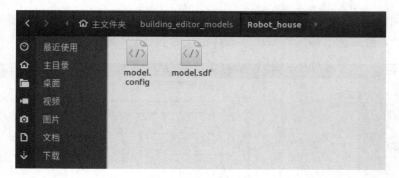

图 8.3.9　保存地图

保存完成后，系统会在/home/fyf/目录下新建一个"building_editor_models"文件夹，里面存放着一个"Robot_house"子文件夹，在子文件夹下存放着我们编写的地图文件"model.sdf"和相应的配置文件"model.config"，如图 8.3.10 所示。

图 8.3.10　地图文件

另外，Gazebo 仿真软件提供一些内置的地图，分别为 elevator.wolrd、range.world、empty.world、mud.world、rubble.world、willowgarange.world 和 shapes.world。我们可以在命令窗口输入相应指令来开启，如图 8.3.11 所示。

图 8.3.11　Gazebo 地图启动指令

3.在 Gazebo 中加载已有地图

在完成地图编辑后重新打开 Gazebo 软件,在 Insert 一栏中找到名为"Robot_house"的元素,并将其拖到右边的显示栏中,如图 8.3.12 所示。

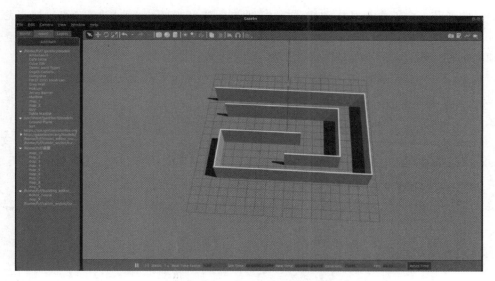

图 8.3.12　在 Gazebo 中显示地图

在 Insert 一栏中除了我们设计的地图外,还有许多元素。这些元素是 Gazebo 软件中自带的,我们也可以拖这些元素到右侧的显示栏中,从而扩展和丰富我们设计的地图。在完成设计后,在 Gazebo 软件的工具栏中选择"File"中的"Save world as"选项,将修改后的地图名字设定为"Robot_house.world",存放路径与之前存放.sdf 和.confjg 文件的路径相同,即/home/fyf/building_editor_models/Robot_house。此时,文件夹中应该存放有如图 8.3.13 所示的 3 个文件。

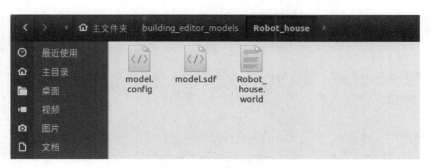

图 8.3.13　地图描述文件

有了.world 文件后,就可以通过如下指令直接打开我们构建的地图模型:

```
~/building_editor_models/Robot_house$ gazebo Robot_house.world
```

8.3.3 编写 launch 加载文件

通过前两节,完成了虚拟移动机器人模型的构建和 Gazebo 地图的构建。如果想要在 Gazebo 中同时启动机器人模型并加载地图,就需要在命令窗口中输入多条指令,这是一个比较烦琐的过程。

因此,我们通过.launch 文件的方式,将机器人模型和地图模型的加载工作放入同一个文件中,从而简化机器人模型与地图的启动程序。

在创建.launch 文件之前,首先需要在构建机器人模型的工作空间下创建一个 world 文件夹,将上一节编写完成的"Robot_house.world"文件放入其中,再将存放有"model.sdf"文件和"model.config"文件的"Robot_house"文件夹放入当前工作空间下,最后再创建一个"launch"文件夹,用于存放创建的.launch 文件。

接下来,在 launch 文件夹中创建一个 robot_sim.launch 文件,在文件中写入以下代码:

```
<launch>
    <arg name="model" default="burger" />
    <arg name="x_pos" default="0.0"/>
    <arg name="y_pos" default="0.0"/>
    <arg name="z_pos" default="0.0"/>

    <include file=" $ (findGazebo_ros)/launch/empty_world.launch">
        <arg name="world_name" value=" $ (find turtlebot3_Gazebo)/worlds/Robot_house.world"/>
        <arg name="paused" value="false"/>
        <arg name="use_sim_time" value="true"/>
        <arg name="gui" value="true"/>
        <arg name="headless" value="false"/>
        <arg name="debug" value="false"/>
    </include>

    < param name = " robot _ description" command = " $ ( find xacro)/xacro − − inorder $ ( find turtlebot3_description)/urdf/turtlebot3_ $ (arg model).urdf.xacro" />

    <node pkg="Gazebo_ros" type ="spawn_model" name ="spawn_urdf" args ="− urdf − model turtlebot3_ $ (arg model) − x $ (arg x_pos) − y $ (arg y_pos) − z $ (arg z_pos) − param robot_ description" />

    <node pkg="robot_state_publisher" type="robot_state_publisher" name="robot_state_publisher" output="screen">
        <param name="publish_frequency" type="double" value="50.0" />
    </node>
</launch>
```

以下是对代码的解释,首先需要注意的是.launch 文件中的所有代码都应该写在<launch></launch>这一对标签内。

```
<arg name="model" default="burger" />
  <arg name="x_pos" default="0.0"/>
  <arg name="y_pos" default="0.0"/>
  <arg name="z_pos" default="0.0"/>
```

文件中最先给出的这四行代码是一些参数,分别表示加载机器人的名字和机器人在 Gazebo 中的初始加载位置。机器人的名字必须和 URDF 中定义的名字一致。

```
<include file="$(find Gazebo_ros)/launch/empty_world.launch">
    <arg name="world_name" value="$(find diffbot_Gazebo)/worlds/Robot_house.world"/>
    <arg name="paused" value="false"/>
    <arg name="use_sim_time" value="true"/>
    <arg name="gui" value="true"/>
    <arg name="headless" value="false"/>
    <arg name="debug" value="false"/>
  </include>
```

以上代码是 Gazebo 的启动过程,需要注意的是加载地图的名字必须和我们自己建立的地图名字一致。以上参数表示 Gazebo 的启动行为,具体含义如下:

paused:在暂停状态下启动 Gazebo(默认为 false)。

use_sim_time:告诉 ROS 节点要求获取 ROS 话题/clock 发布的时间信息(默认为 true)。

gui:启动 Gazebo 中的用户界面窗口(默认为 true)。

headless:启动 Gazebo 状态日志记录(默认为 false)。

debug:使用 gdb 以调试模式启动 gzserver(默认为 false)。

接下来代码的作用是调用 xacro 解析器,将我们编写的机器人描述文件加载到 Gazebo 中,然后再将机器人模型在 Gazebo 仿真环境中生成。

```
<param name="robot_description" command="$(find xacro)/xacro --inorder $(find diffbot_gazebo)/urdf/diffbot_$(arg model).urdf.xacro" />
  <node pkg="Gazebo_ros" type="spawn_model" name="spawn_urdf" args="-urdf -model turtlebot3_$(arg model) -x $(arg x_pos) -y $(arg y_pos) -z $(arg z_pos) -param robot_description" />
```

为了能够使机器人模型能够与 ROS 交互,还必须启动一个机器人状态发布 ROS 节点:

```
<node pkg="robot_state_publisher" type="robot_state_publisher" name="robot_state_publisher" output="screen">
    <param name="publish_frequency" type="double" value="50.0" />
  </node>
```

完成.launch 文件的编写后,就可以在命令窗口中输入如下指令来启动 Gazebo 并且直接加载机器人模型和地图。

```
~$ roslaunch diffbot_gazebo robot_sim.launch
```

Gazebo 启动加载机器人和地图后的结果如图 8.3.14 所示。

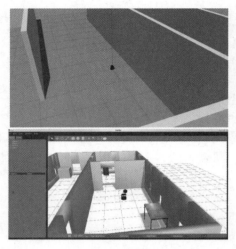

图 8.3.14　机器人和地图加载结果

8.4　基于 Gazebo 的多机器人仓库巡检仿真实例

本实例利用 Gazebo 物理仿真环境构建仓库环境,并加载机器人,实现环境搭建和导航建图;在利用 gmapping 算法建立好的地图中实现基于贪婪贝叶斯的多移动机器人巡逻等算法(Greedy Bayesian Strategy),控制机器人在搭建好的环境中巡逻;通过仿真实现机器人运动过程数据可视化,分析算法性能。

本实验综合应用 Gazebo 物理仿真平台、rviz 可视化平台和 stage 仿真平台,进行多移动机器人的仓库协同巡逻实验。总体实现方案如图 8.4.1 所示。

8.4.1　机器人即时建图

在了解平台 ROS 的概念与框架的基础上,结合仓库巡逻的背景,向学生阐述在 Gazebo 物理仿真环境中建模仓库环境的方法。

Gazebo 是一款功能强大的三维物理仿真平台,具备强大的物理引擎、高质量的图形渲染、方便的编程与图形接口,最重要的是其开源免费的特性。机器人的传感器信息也可以通过插件的形式加入仿真环境,以可视化的方式进行显示。

本项目的仓库模型加载维基 ROS 中的仓库模型,学生可根据下面链接中的教程构建仿真环境。

http://wiki.ros.org/ariac/Tutorials/SystemSetup

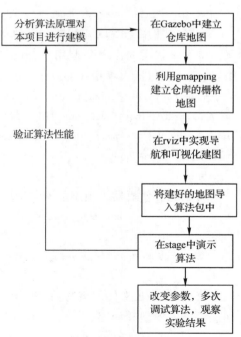

图 8.4.1　项目总体方案

建好仓库模型(如图 8.4.2、图 8.4.3 所示)之后,将其保存为 patrol.world,并在环境中加入仿真机器人。

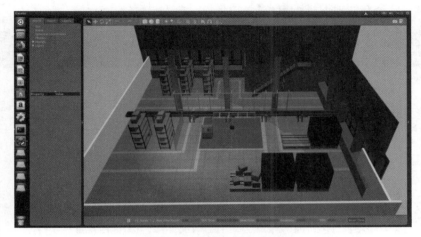

图 8.4.2　仓库环境仿真图

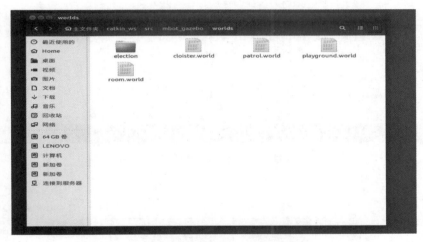

图 8.4.3　保存地图文件

为了在 Gazebo 中加入机器人,学生可根据我们编写的"自主移动机器人感知与控制虚实结合实验系统说明书"加载并配置机器人的 URDF 模型,然后再配置 launch 文件,如图 8.4.4 所示,在仓库中加载带有激光雷达的机器人,运行该 launch 文件可直接启动仿真环境。在操作过程中,需要注意头文件的格式和内容是否准确。

在成功启动仿真环境之后,就可以开始进行 gmapping 建图,在建图的过程中,需要用到机器人的导航和定位。教师可对导航定位进行讲解,图 8.4.5 为导航框架图。导航与定位是机器人研究中的重要部分。一般机器人在陌生的环境下需要使用激光传感器(或者深度传感器转换成激光数据),先进行地图建模,然后再根据建立的地图进行导航、定位。在 ROS 中也有很多完善的包可以直接使用。

在 ROS 中,进行导航需要使用到的 3 个功能包是:

move_base：根据参照的消息进行路径规划，使移动机器人到达指定的位置。

gmapping：根据激光数据（或者深度数据模拟的激光数据）建立地图。

amcl：根据已经有的地图进行定位。

图 8.4.4　launch 文件配置

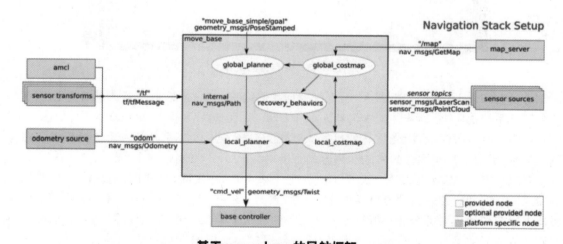

图 8.4.5　导航框架图

在这个导航框架中,包含了 move_base 和 amcl 两个重要的部分。move_base 有全局路径规划(global planner)和本地实时规划(local planner)。其中全局路径规划为全局最优路径规划,一般用 Dijkstra 或 A * 算法。本地实时规划有四部分功能:① 规划机器人每个周期内的线速度、角速度,使其尽量符合全局最优路径。② 实时避障。③ 利用 Trajectory Rollout 和 Dynamic Window Approaches 算法进行规划。④ 搜索躲避和行进的多条路径,综合各评价标准选取最佳路径。move_base 的话题和服务如表 8.4.1 所示。

表 8.4.1　move_base 话题和服务列表

	名称	类型	描述
Action 订阅	move_base/goal	move_base_msgs/ MoveBaseActionGoal	move_base 的运动规划目标
	move_base/cancel	actionlib msgs/GoalID	取消特定目标的请求
Action 发布	move_base/feed back	move_base_msgs/ MoveBaseActionFeedback	反馈信息,含有机器人底盘的坐标
	move_base/status	action lib_msgs/GoalStatusArray	发送到 move_base 的目标状态信息
	move_base/result	move_base_msgs/ MoveBaseActionResult	此处 move_base 操作的结果为空
Topic 订阅	move_base_simple/goal	geometry_msgs/PoseStamped	为不需要追踪目标执行状态的用户提供一个非 action 接口
Topic 发布	cmd_vel	geometry_msgs/Twist	输出到机器人底盘的速度命令
Service	—make_plan	nav_msgs/GetPlan	允许用户从 move_base 获取给定目标的路径规划,但不会执行该路径规划
	～clear_unknown_space	std_srvs/Empty	允许用户直接清除机器人周围的未知空间。适合于 costmap 停止很长时间后,在一个全新环境中重新启动时使用
	～clear_costmaps	std_srvs/Empty	允许用户命令 move_base 节点清除 costmap 中的障碍。这可能会导致机器人撞上障碍物,请谨慎使用

对于 amcl,是利用蒙特卡洛定位方法在二维环境中进行机器人定位,主要是针对已知地图使用粒子滤波器跟踪机器人的姿态。amcl 功能包中的话题和服务如表 8.4.2 所示。

表 8.4.2　amcl 中话题和服务列表

	名称	类型	描述
Topic 订阅	scan	sensor_msgs/LaserScan	激光雷达数据
	tf	tf/tfMessage	坐标变换信息
	initialpose	geometry_msgs/PoscWithCovarianceSta mped	用来初始化粒子滤波器的均值和协方差
	map	nav_msgVOccupancyGrid	use_map_topic ♯ 数设置时，amcl 订阅 map 话题以获取地图数据，用于激光定位
Topic 发布	amcl_pose	geometrymsgs/PoseWlthCovarianceSta mped	机器人在地图中的位姿估计，带有协方差信息
	particlecloud	geometry_msgs/PoseAr ray	粒子滤波器维护的位姿估计集合
	tf	tf/tfMessage	发布从 odom（可以使用参数 ～odom_frame_id 进行重映射）到 map 的转换
Service	globa_localization	std_srvs/ErriDty	初始化全局定位，所有粒子被随机撒在地图上的空闲区域
	request_nomotion update	std_srvs/Empty	手动执行更新并发布更新的粒子
Services Called	static_map	nav_msgs/GetMap	amcl 调用该服务获取地图数据

　　完成 ROS 的导航与定位之后，可以进一步引导学生基于 SLAM 功能包中的 gmapping 功能包进行即时建图。gmapping 总体框架如图 8.4.6 所示。

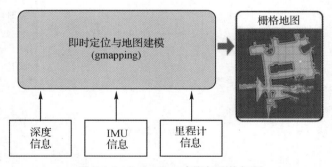

图 8.4.6　gmapping 功能包总体框架

　　gmapping 功能包是基于激光雷达和 Rao - Blackwellized 粒子滤波算法来工作的，主要应用于二维的栅格地图构建,需要输入机器人的深度信息、里程计信息,输出地图的话题为 nav_msgs/occupancyGrid。在 ROS 中利用下列指令安装 gmapping:

$ sudo apt – get install ros – kinetic – gmapping

gmapping 功能包中的话题和服务以及 TF 变换如表 8.4.3、表 8.4.4 所示。

表 8.4.3　gmapping 功能包话题和服务

	名称	类型	描述
Topic 订阅	tf	tf/tfMessage	用于激光雷达坐标系、基坐标系、里程计坐标系之间的变换
	scan	sensor_msgs/LaserScan	激光雷达扫描数据
Topic 发布	map_metadata	nav_msgs/MapMeta Data	发布地图 Meta 数据
	map	nav_msgs/OccupancyGrid	发布地图栅格数据
	~entropy	std_msgs/Float64	发布机器人姿态分布熵的估计
Service	dynamic_map	nav_msgs/GetMap	获取地图数据

表 8.4.4　gmapping 的 TF 变换

	TF 变换	描述
必需的 TF 变换	<scan frame> → base_link	激光雷达坐标系与基坐标系之间的变换,一般由 robot state publisher 或 static transform publisher 发布
	Base_link → odom	基坐标系与里程计坐标系之间的变换,一般由里程计节点发布
发布的 TF 变换	map → odom	地图坐标系与机器人里程计坐标系之间的变换,估计机器人在地图中的位姿

在了解了 gmapping ROS 实现的基本框架后,教师可再结合图 8.4.7 对 gmapping 构建栅格地图的原理进行讲解,使学生知道算法是如何对栅格地图进行赋值的。

致命障碍:栅格值为 254,障碍物与机器人的中心重合,此时机器人必然与障碍物发生碰撞。

内切栅格:栅格值为 253,障碍物处于机器人轮廓的内切圆内,此时机器人也必然与障碍物发生碰撞。

外切障碍:栅格值为 252~128,障碍物处于机器人的轮廓的外切圆内,此时机器人与障碍物临界接触,不一定发生碰撞。

非自由空间:栅格值为 128~0,障碍物附近区域,一旦机器人进入该区域,将有较大概率发生碰撞,属于危险警戒区域,机器人应该尽量避免进入。

自由区域:栅格值为 0,此处没有障碍物,机器人可以自由通过。

未知区域：栅格值为 255，此处还没有探知是否有障碍物，机器人可以前往继续建图。

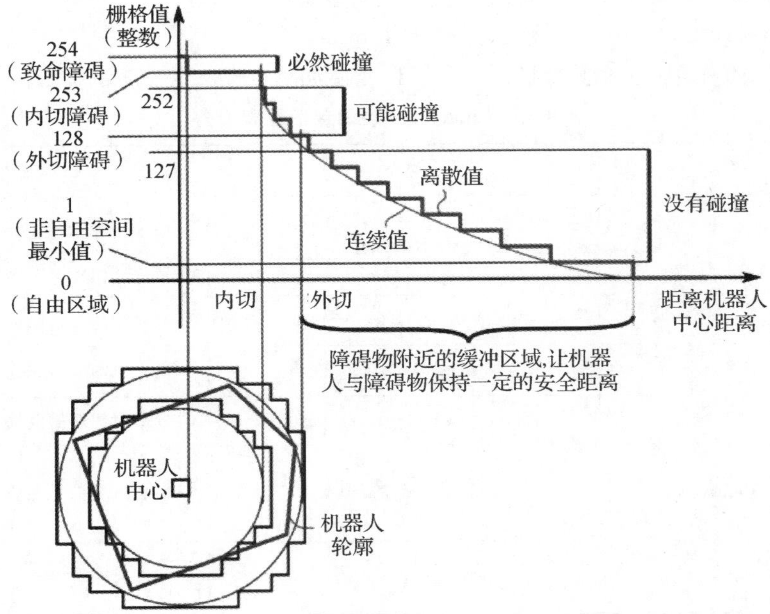

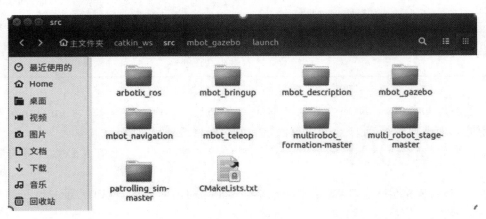

图 8.4.7　机器人栅格赋值原理图

　　上面介绍了本次实验用到基于 ROS 机器人的导航与定位、建图等功能的基本原理、程序框架，下面需要配置好自己的工作空间，将功能包放在 src 中，学生可以根据 ROS 官网的参考资料自主进行功能包设置，也可以先利用我们提供的功能包，先进行可视化仿真，通过仿真过程加深对于 ROS 的理解与使用，图 8.4.8 为配置好的功能包图。

图 8.4.8　功能包配置图

　　输入以下指令运行 gmapping 建图功能包：

$ roslaunch mbot_navigation gmapping.launch

　　输入以下指令运行自主导航定位功能包：

$ roslaunch mbot_navigation nav_patrol_demo.launch

　　如果所有文件都配置成功了,那么就会出现配置成功界面,此时可以另外启动键盘控制节点,利用键盘控制机器人上下移动,指令为:

$ roslaunch mbot_teleop mbot_teleop.launch

　　也可以利用自主导航让机器人在未知环境中移动,点击上方的 rivz 环境中的 2D nav Goal 按钮,然后随机选择目标点,机器人就会自主移动,在移动过程中实现建图的功能,通过我们不断发布目标点,机器人的激光雷达在遍历整个地图之后,即可建立一个完整的栅格地图。图 8.4.9 为 rivz 下的正在建图的过程,橙色光点为机器人,红色的点为机器人激光雷达的扫描范围,浅蓝色区域为障碍物的膨胀。

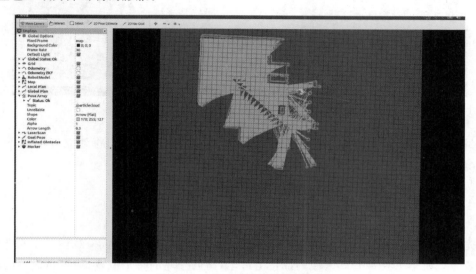

图 8.4.9　rviz 环境下的建图过程

　　在机器人利用激光雷达遍历仓库环境之后,就可以建立一个仓库环境的二维栅格地图,学生在实验过程中,可以结合 gazebo 进行观察,如图 8.4.10、图 8.4.11 所示。

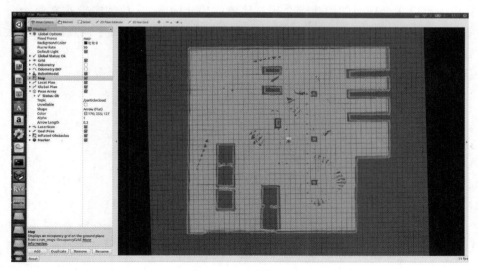

图 8.4.10　建图完成

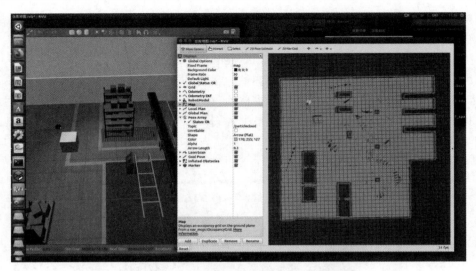

图 8.4.11　gazebo 虚拟环境与 rviz 对照图

到目前为止,多机器人仓库巡逻的仓库模型已经建立好了,我们将建立好的地图保存为 patrol_gmapping.pgm 和 一个参数文件 param.yaml。

8.4.2　多机器人协同巡逻

首先,对于仓库巡逻问题进行分析。仓库巡逻属于区域巡逻问题,是对整个仓库空间区域内部的监督。机器人要在仓库区域内部自由运动,访问仓库的每个位置,或者是设置的必须定期访问的关键地点。目前评价机器人巡逻策略的标准通常是基于顶点的空闲时间或访问频率,或机器人走过的总路程。

贪婪贝叶斯算法(Greedy Bayesian Strategy,GBS)是一种多机器人分布式巡逻算法。贪婪策略常用于难以在合理时间内找到全局最优解的优化问题,这种策略旨在在每个阶段都达到局部最优。在贪婪算法前提下,用贝叶斯公式来计算机器人前往每个顶点的概率,使机器人局部增益达到最大,最终使得顶点的平均闲置时间最小化。

我们可以将该算法用通过图 8.4.12 进行整体概述,然后进行逐个分解。

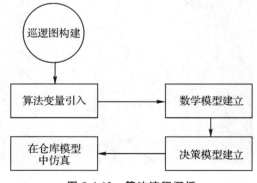

图 8.4.12　算法流程概括

巡逻图构建：用无向、连通和度量的导航图 $G=(V,E)$ 表示巡逻地图。用 $V=\{V_1,\cdots,V_n\}$ 表示机器人必须要巡逻的特定顶点的集合，n 代表顶点个数。E 是 V 中元素构成的无序二元组，若顶点 V_i,V_j 之间连通，则两顶点之间存在一条边 e_{ij}，所有边构成的集合为 E，每条边的权重 C_{ij} 为顶点 i,j 之间的距离。用集合 $N_G(V_i)$ 表示顶点 V_i 的相邻点集合。

变量引入：为了用顶点的平均闲置时间来评价仓库巡逻的性能好坏，引入顶点的瞬时闲置时间、顶点的平均闲置时间和导航图的平均闲置时间等变量，下面给出具体的公式定义。

顶点 V_i 在 t 时刻的瞬时闲置时间：

$$I_{V_i}(t)=t-t_l \tag{8.4.1}$$

t 时刻顶点 V_i 的平均闲置时间：

$$\bar{I}_{V_i}(t)=\frac{k(V_i)\cdot\bar{I}_{V_i}(t_l)+I_{V_i}(t)}{k(V_i)+1} \tag{8.4.2}$$

导航图 G 的平均闲置时间：

$$\bar{I}_G=\frac{1}{n}\sum_1^n\bar{I}_{V_i} \tag{8.4.3}$$

其中 t_l 为上一时刻该顶点被机器人访问的时刻，$k(V_i)$ 为顶点 V_i 在 t 时刻被访问的次数。

巡逻路径描述模型：一组机器人 $\{x_1,x_2,\cdots,x_R\}$ 找到一条遍历所有顶点的路径 X，使得顶点的平均闲置时间最小。目标函数为 $f=\text{argmin }\overline{(I_G)}$，寻找的路径为 $x_r=\{V_a,V_b\cdots\}$。

巡逻动作决策模型：机器人在到达一个顶点 V_0 之后，要在所有相邻顶点中决定下一步的的动作，定义随机变量 $move(V_A)=\{true,false\}$，定义机器人移动到相邻顶点的增益 G 为 $G_A(t)=c\cdot\dfrac{I_{V_A}(t)}{|e_{val}|}$，其中 c 为机器人的移动速度，$|e_{val}|$ 通常为两个顶点的距离。在本策略中，机器人采取的行动路线取决于获得的增益，用以下公式计算机器人到给定顶点的概率：

$$p(move(V_i)\mid G_i)=\frac{p(move(V_i))p(G_i\mid move(V_i))}{p(G_i)} \tag{8.4.4}$$

用 $p(move(V_i))$ 表示先验假设，假设图的某些顶点需要高的访问频率。G 的概率密度函数定义为

$$P(G_i\leqslant g)=\int_{-\infty}^g f(g)\mathrm{d}g=\int_0^g f(g)\mathrm{d}g=F(g),\quad G_i\in[0,\infty] \tag{8.4.5}$$

介绍完算法的基本原理之后，下面进行算法的实现过程。GBS 算法的伪代码如下：

算法：贪婪贝叶斯策略（GBS）

While *true* do

　　1.add(V_n to x_r)；　　//当前顶点

　　2.Write_msg_arrival_to(V_n)；

　　3.forall the $V_i\in N_G(V_n)$ do

　　4.$G_i\leftarrow c\cdot\left(\dfrac{I_{V_i}(t)-I_{V_i}(t+\Delta t)}{|e_{ni}|}\right)$；

5. $P(G_i \mid move(V_i)) \leftarrow L \cdot \exp\left(\dfrac{\ln(1/L)}{M}G_i\right)$;

6. $P(move(V_i) \mid G_i) \leftarrow \dfrac{P(move(V_i))P(G_i \mid move(V_i))}{P(G_i)}$;

7. //下一个访问顶点是当前顶点的相邻顶点中后验概率最大的顶点

8. $V_n + 1 \leftarrow \arg\max(P(move(V_i) \mid G_i)$

9. While $move\_robot$ to V_{n+1} do

10. $read\_msg\_arrival\_to(V)$;

11. $update(I_V(t))$;

12. $V_n \leftarrow V_{n+1}$

利用我们所提供的算法程序包,找到启动的脚本文件(Python 文件),运行启动脚本,可出现如图 8.4.13 所示的算法调试界面。

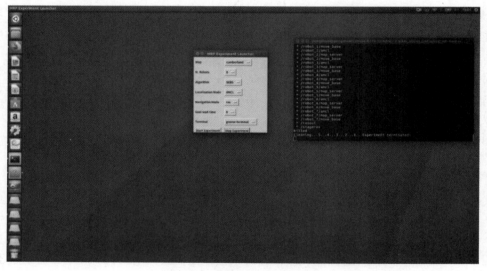

图 8.4.13　算法调试界面

该算法包所包含的算法代码有很多,学生可以对感兴趣的算法代码进行学习研究。

基于上述代码可以实现机器人的定点巡逻。我们的示例程序中设置了如下的场景:在地图中设置一个巡检目标点的集合,然后使自主导航达到随机产生的巡检目标点,并且短暂停留后继续循环前往下一个巡检目标点(程序代码在下面命令的第三行中的 python 文件中),运行结果如图 8.4.14、图 8.4.15 所示。

运行命令:

$ roslaunch mrobot_bringup fake_mrobot_with_laser.launch

$ roslaunch mrobot_navigation fake_nav_demo.launch

$ rosrun mrobot_navigation random_navigation.py

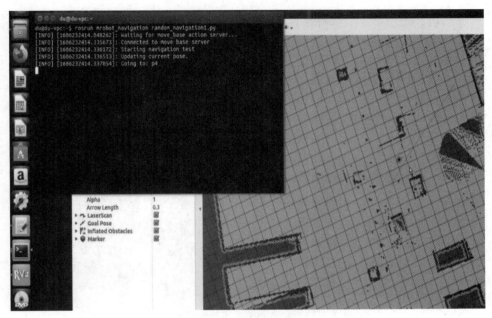

图 8.4.14　自主导航 P4 点

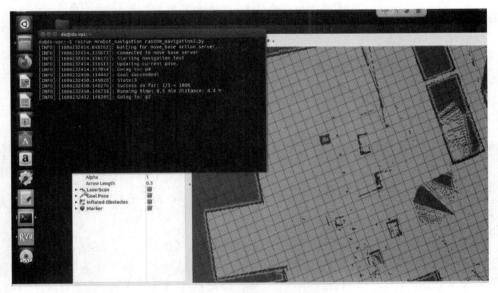

图 8.4.15　自主导航至 P5 点

我们还可以配置 launch 文件,在仓库的仿真环境里配置 3 台机器人,验证多机器人的编队巡检。加载结果如图 8.4.16 所示。

运行命令:

$ roslaunch ares_gazebo ares_cloister_gazebo.launch

图 8.4.16　仓库环境里加载多个机器人

基于多机器人可以进行一些协同操作,例如机器人的编队控制、协同巡逻等。

编队控制:编队方法为领航者-跟随者方法,队形选择为纵行编队。

运行启动 gazebo 仿真指令:

$ roslaunch ares_gazebo ares_playground_gazebo.launch

运行编队巡逻程序指令:

$ roslaunch stage_first OnYourMarkGetSetGo.launch

运行效果如图 8.4.17 所示。

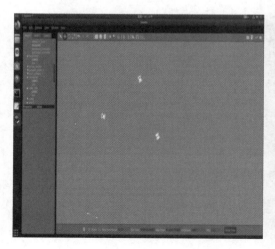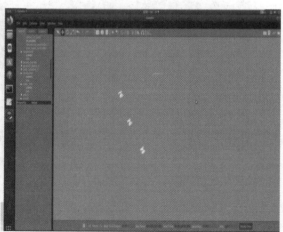

图 8.4.17　机器人的编队控制

通过图 8.4.18 所示的框架,建立 ROS topic 把编队控制与仓库巡检导航相结合,实现基于

ROS 的多机器人导航＋编队巡逻。

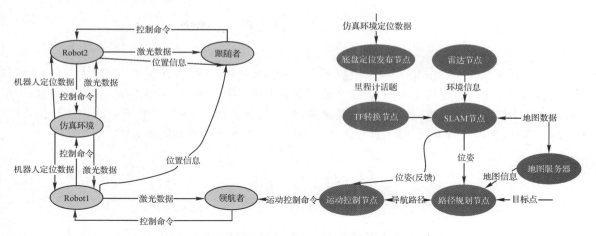

图 8.4.18　自主导航＋编队框图

修改好程序后运行如下指令：

启动仿真环境：

$ roslaunch ares_gazebo ares_cloister_gazebo.launch

打开 rviz,进行领航者导航：

$ roslaunch ares_navigation navigation_demo.launch

启动编队程序：

$ roslaunch stage_first OnYourMarkGetSetGo.launch

可以观察到多机器人编队自主仓库巡检的运性效果如图 8.4.19 所示。

图 8.4.19　多机器人编队自主仓库巡检

本 章 小 结

本章基于 ROS－Gazebo 讨论研究机器人物理仿真方法，这种仿真方式可以最大限度地降低机器人硬件访问编程的复杂性，让读者能够专注于感兴趣的机器人控制算法，读者可以自己对算法包中的其他算法进行尝试，学习其原理，搭建仿真系统，在虚拟的物理空间快速验证算法的有效性，进而通过 ROS 系统直接连通实体机器人进行代码的部署和实验。

习　　题

8-1　ROS 机器人仿真系统都有哪些组件？它们之间的关系是什么？

8-2　URDF 都包含哪些标签？每个标签代表什么含义？

8-3　基于 ROS－Gazebo 设计一个机器人运动控制虚拟仿真系统。

第9章　数字孪生仿真技术

9.1　数字孪生的起源与发展

9.1.1　数字孪生的起源

最早,数字孪生思想由密歇根大学的 Michael Grieves 命名为"信息镜像模型"(Information Mirroring Model),而后演变为"数字孪生"的术语。数字孪生也被称为数字双胞胎和数字化映射。数字孪生是在基于模型的定义(MBD)基础上深入发展起来的,企业在实施基于模型的系统工程(MBSE)的过程中产生了大量的物理的、数学的模型,这些模型为数字孪生的发展奠定了基础。2012 年美国航空航天局(NASA)给出了数字孪生的概念描述:数字孪生是指充分利用物理模型、传感器、运行历史等数据,集成多学科、多尺度的仿真过程,它作为虚拟空间中对实体产品的镜像,反映了相对应物理实体产品的全生命周期过程。为了便于对数字孪生的理解,北京理工大学的庄存波等提出了数字孪生体的概念,认为数字孪生是采用信息技术对物理实体的组成、特征、功能和性能进行数字化定义和建模的过程。数字孪生体是指在计算机虚拟空间存在的与物理实体完全等价的信息模型,可以基于数字孪生体对物理实体进行仿真分析和优化。数字孪生是技术、过程、方法,数字孪体是对象、模型和数据。进入21 世纪,美国和德国均提出了 Cyber - Physical System(CPS),也就是"信息-物理系统",作为先进制造业的核心支撑技术。CPS 的目标就是实现物理世界和信息世界的交互融合。通过大数据分析、人工智能等新一代信息技术在虚拟世界的仿真分析和预测,以最优的结果驱动物理世界的运行。数字孪生的本质就是信息世界对物理世界的等价映射,因此数字孪生更好地诠释了 CPS,成为实现 CPS 的最佳技术。

2011 年,Michael Grieves 教授在《几乎完美:通过 PLM 驱动创新和精益产品》给出了数字孪生的 3 个组成部分:物理空间的实体产品、虚拟空间的虚拟产品、物理空间和虚拟空间之间的数据和信息交互接口。

在 2016 西门子工业论坛上,西门子公司认为数字孪生的组成包括产品数字化双胞胎、生产工艺流程数字化双胞胎、设备数字化双胞胎,数字孪生完整真实地再现了整个企业。北京理工大学的庄存波等也从产品的视角给出了数字孪生的主要组成:产品设计数据、产品工艺数据、产品制造数据、产品服务数据,以及产品退役和报废数据等。无论是西门子公司还是庄存波,都是从产品的角度给出了数字孪生的组成,并且西门子公司是以它的产品全生命周期管理(Product Lifecycle Management,PLM)系统为基础,在制造企业推广它的数字孪生相关产品。

数字孪生最为重要的启发意义在于,它实现了现实物理系统向赛博空间数字化模型的反馈。这是一次工业领域中,逆向思维的壮举。人们试图将物理世界发生的一切,塞回到数字空间中。只有带有回路反馈的全生命跟踪，才是真正的全生命周期概念。这样，就可以真正在全生命周期范围内，保证数字与物理世界的协调一致。各种基于数字化模型进行的仿真、分析、数据积累、挖掘，甚至人工智能的应用，都能确保它与现实物理系统的适用性。这就是数字孪生对智能制造的意义所在。

美国国防部提出利用数字孪生技术，进行航空航天飞行器的健康维护与保障。首先在数字空间建立真实飞机的模型，并通过传感器实现与飞机真实状态完全同步，这样每次飞行后，根据结构现有情况和过往载荷，及时分析评估是否需要维修，能否承受下次的任务载荷等。

数字孪生，有时候也用来指代将一个工厂的厂房及产线，在没有建造之前，就完成数字化模型，从而在虚拟的赛博空间中对工厂进行仿真和模拟，并将真实参数传给实际的工厂建设。而厂房和产线建成之后，在日常的运维中二者继续进行信息交互。值得注意的是，数字孪生不是构型管理的工具，不是制成品的 3D 尺寸模型，不是制成品的 MBD。

对于数字孪生的极端需求，同时也驱动着新材料开发，而所有可能影响到装备工作状态的异常，将被明确地进行考察、评估和监控。数字孪生正是从内嵌的综合健康管理（IVHM）系统集成了传感器数据、历史维护数据，以及通过挖掘而产生的相关派生数据。通过对以上数据的整合，数字孪生可以持续地预测装备或系统的健康状况、剩余使用寿命以及任务执行成功的概率，也可以预见关键安全事件的系统响应，通过与实体的系统响应进行对比，揭示装备研制中存在的未知问题。数字孪生可能通过激活自愈的机制或者建议更改任务参数来减轻损害或进行系统的降级，从而提高系统寿命和任务执行成功的概率。

9.1.2　数字孪生的概念解析

数字孪生，英文名叫 Digital Twin（数字双胞胎），也被称为数字映射、数字镜像。

数字孪生是充分利用物理模型、传感器更新、运行历史等数据，集成多学科、多物理量、多尺度、多概率的仿真过程，在虚拟空间中完成映射，从而反映相对应的实体装备的全生命周期过程。数字孪生是一种超越现实的概念，可以被视为一个或多个重要的、彼此依赖的装备系统的数字映射系统。

数字孪生是个普遍适应的理论技术体系，可以在众多领域应用，在产品设计、产品制造、医学分析、工程建设等领域应用较多。在国内应用最深入的是工程建设领域，关注度最高、研究最热的是智能制造领域。

简单来说，数字孪生就是在一个设备或系统的基础上，创造一个数字版的"克隆体"。这个"克隆体"，也被称为"数字孪生体"。它被创建在信息化平台上，是虚拟的。

也许有读者认为数字孪生就是电脑上的三维设计图纸，CAD 就能完成。

其实不然。相比于设计图纸，数字孪生体最大的特点在于：它是对实体对象（姑且就称为"本体"吧）的动态仿真。也就是说，数字孪生体是会"动"的。另外，数字孪生体不是随便乱"动"。它"动"的依据，来自本体的物理设计模型，还有本体上面传感器反馈的数据，以及本体运行的历史数据。

关键的是，本体的实时状态，还有外界环境条件，都会复现到"孪生体"身上，如图 9.1.1 所示。如果需要做系统设计改动，或者想要知道系统在特殊外部条件下的反应，工程师可以在孪生体上进行"试验"。这样一来，既避免了对本体的影响，也可以提高效率、节约成本。

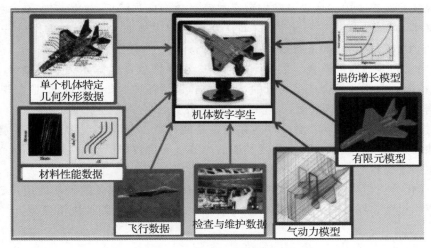

图 9.1.1 数字孪生体概念示意

除了"会动"之外,理解数字孪生还需要记住 3 个关键词,分别是"全生命周期""实时/准实时""双向"。

数字孪生是源自工业界的概念。在工业制造领域,有一个词叫作"产品生命周期管理(PLM)"。

全生命周期,是指数字孪生可以贯穿产品包括设计、开发、制造、服务、维护乃至报废回收的整个周期。它并不仅限于帮助企业把产品更好地造出来,还包括帮助用户更好地使用产品。

而实时/准实时,是指本体和孪生体之间,可以建立全面的实时或准实时联系。两者并不是完全独立的,映射关系也具备一定的实时性。

双向,是指本体和孪生体之间的数据流动可以是双向的。并不是只能本体向孪生体输出数据,孪生体也可以向本体反馈信息。企业可以根据孪生体反馈的信息,对本体采取进一步的行动和干预。

9.1.3 数字孪生的数据特点

数字孪生技术帮助人们在新产品开发和系统调试的过程进行仿真。在智能制造的时代、在强调"快速响应"的时代、在工业互联网广泛应用的时代、在强调研发和服务的时代,这两种场景会越来越多,仿真可能会变得越来越重要。在未来某些场景下,数字孪生可能会变得必不可少,就像现代社会的人少不了手机和自来水一样。

数据是数字孪生最核心的要素,它源于物理实体、虚拟模型、服务系统,同时在融合处理后又融入各部分中,推动了各部分的运转。因此,数据的采集是数字孪生的基础。各个设备厂家在开发过程中,为了更好地适应不同用途场景的复杂环境,体现出设备的特点,使用了不同的现场总线,不同的设备之间又需要不同的设备通信协议来可靠地传输数据。目前市场上至少有几千种以上的设备通信协议,如 modbus、HART、ASI、PPI、TCP/IP、NetBEUI、MPI 等,种类繁多的协议所产生的数据格式完全不同。硬件设备的端口类型也是五花八门,给设备互通带来很大难度,形成信息孤岛。

要实现从控制系统中读取设备数据就需要经过数据格式解析、数据结构重新定义、数据逻辑重新定义等,对原生数据进行清洗,进而从众多数据中提取关键、有效的部分并进行输出。因此,数字孪生数据的具有如下特点:

(1)大规模的多源数据整合。数字孪生的一个重要特点是多源异构数据融合。在实际运行过程中,各个行业领域都会产生大量的基础数据,包括各种地图要素数据、监测视频数据、实时报文数据、BIM 数据、传感数据、商业系统数据、各类数据库数据等。

(2)内核支持数据的驱动。数字孪生系统就是通过数据驱动实现物理实体对象与数字世界模型对象之间的全面映射。其中与之类似的内核级支持数据驱动,也是 UIPower 数字孪生可视化决策系统的核心功能。

(3)可视化分析与决策支持。数字孪生系统最有实际应用意义的是帮助用户建立真实世界的数字孪生模型。在既有大量数据信息的基础上,建立一系列商业决策模型。

9.1.4　数字孪生的发展趋势

随着物联网、大数据、云计算等新一代信息技术的快速发展,数字孪生技术将广泛应用于生产制造领域,成为工业互联网中的关键支撑。数字孪生技术与工业互联网的融合,使工业生产变得更加高效、精准,为传统制造业带来巨大变革。通过构建数字孪生网络系统,快速获取大量真实的数据信息,实现数据信息共享;利用仿真工具,分析和模拟现实世界中物理对象的行为和特征;通过大数据分析等手段,快速构建和更新模型预测结果;等等。

以智能制造产业为例,通过数字孪生技术将产品全生命周期所有阶段(产品创意、设计、制造规划、生产和使用)衔接起来,并连接到可以理解这些信息并对其做出反应的生产智能设备,如图 9.1.2 所示。数字孪生基于物理实体的基本状态,以动态实时的方式将建立的模型、收集的数据做出高度写实的分析,用于物理实体的监测、预测和优化。另外,数字孪生作为边缘侧技术,可以有效连接设备层和网络层,成为工业互联网平台的知识萃取工具,不断将工业系统中的碎片化知识传输到工业互联网平台中,不同成熟度的数字孪生体,将不同颗粒度的工业知识重新组装,通过工业 APP 进行调用。因此,工业互联网平台是数字孪生的孵化床,数字孪生是工业互联网平台的重要场景。

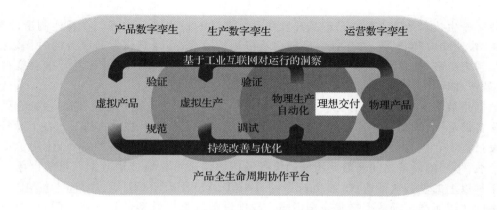

图 9.1.2　智能制造全生命周期数字孪生

9.2　数字孪生技术概要

数字孪生是一种将实际物理系统或过程映射到数字世界的技术,用于建立一个实时、动态的虚拟模型。它通过对物理系统或过程进行数据采集、处理、分析和建模,使得人们可以在数字世界中对物理系统或过程进行仿真和优化,从而提高生产效率和质量。数字孪生技术的发展使得人们可以更好地理解物理系统和过程的行为和性能,并以此进行智能决策。数字孪生技术的核心是建立一个高度精细的数字模型,该模型可以实现物理系统或过程的真实模拟,包括其行为、性能、状况和运行情况。

如图 9.2.1 所示,数字孪生的技术架构包含 5 层,自下而上为感知、数据、建模、可视化和应用。另外,还需要平台软件、机理分析的支撑。建立数字孪生,数据是基础,模型是核心,软件或平台是载体。

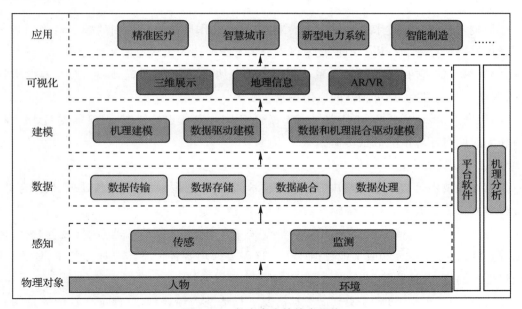

图 9.2.1　数字孪生的技术架构

9.2.1　数字孪生感知技术

数字孪生的感知层是数字孪生技术的一个重要组成部分,它是数字孪生技术的数据采集和处理的第一步,用于采集物理系统或过程的各种数据,包括温度、湿度、压力、振动、声音等。感知层的主要任务是将采集到的数据转化为数字形式,并将其传输到数字孪生的处理层进行处理和分析。感知层是数字孪生的关键组成部分,它为数字孪生模型提供了实时、准确、高质量的数据支持。感知层主要包括传感器技术、通信技术和数据处理技术 3 个方面。

1.传感器技术

传感器是感知层技术的核心,其作用是将物理量转化为电信号,并输出为数字信号,以供数字孪生模型使用。传感器可以采集各种物理量,例如温度、湿度、压力、振动、声音等。不同的传感器有不同的工作原理和特性,需要根据具体的应用场景和需求来进行选择。常见的传感器包括以下几种:

(1)温度传感器:用于测量温度变化,广泛应用于各种物理系统和过程中。

(2)湿度传感器:用于测量空气中的湿度,通常用于室内环境监测和工业生产过程中的湿度控制。

(3)压力传感器:用于测量压力变化,常用于气体或液体的压力检测和流量控制等应用中。

(4)加速度传感器:用于测量物体的加速度变化,广泛应用于汽车、航空、航天等领域中。

(5)光学传感器:用于测量光的强度、位置和方向等参数,通常用于测量光学设备的性能和质量。

2.通信技术

通信技术是感知层技术的另一个重要组成部分,其作用是将采集到的数据传输到数字孪生的处理层进行处理和分析。通信技术可以分为有线通信和无线通信两种方式。

(1)有线通信:包括以太网、RS485、CAN 等通信协议,能够提供高速、稳定、可靠的数据传输,适用于需要高带宽、高可靠性的应用场景。

(2)无线通信:包括蓝牙、Zigbee、LoRa 等通信协议,其优点是便携、无须布线,适用于移动设备和无线网络环境中的数据传输。

3.数据处理技术

数据处理技术是数字孪生感知层的核心技术,它包括数据采集、数据预处理、数据存储、数据分析等方面。数据采集包括传感器数据采集、图像采集、声音采集等。

(1)数据采集和存储:数字孪生感知层需要采集各种数据,如传感器数据、设备数据、环境数据等,并将其存储在云端或本地数据库中。这需要采用各种传感器和通信技术,如物联网、无线传感器网络、云计算等。

(2)数据清洗和预处理:采集到的数据需要进行清洗和预处理,以保证数据的质量和完整性,并提高后续数据分析和建模的准确性。这包括去除异常值、填充缺失值、降噪等处理方法。

(3)数据分析和建模:数字孪生感知层需要对采集到的数据进行分析和建模,以便对实际系统进行模拟和优化。这需要采用各种数据分析和建模技术,如机器学习、深度学习、统计建模等。

(4)实时数据处理和反馈控制:数字孪生感知层需要实时处理数据,并进行反馈控制。这需要采用实时数据处理和控制技术,如实时数据库、实时控制算法等。

(5)数据安全和隐私保护:数字孪生感知层需要保证数据的安全性和隐私性,以免数据被非法访问或泄露。这需要采用各种数据安全和隐私保护技术,如加密技术、访问控制、数据匿名化等。

9.2.2　数字孪生数据技术

数字孪生的数据层是数字孪生系统的核心层之一,负责管理和处理所有采集到的数据。如果数据量大,实时性要求高,需要大容量、高速通信技术,根据需要,也可以采取边缘计算模式存储处理数据。为节省信道和存储空间,需要应用数据压缩技术;为实现多源异构数据的融合、时空数据融合,需要应用数据融合技术;为提高数据处理和建模速度,满足数据孪生的实时性要求,需要采用分布式存储和处理、流计算、内存计算等技术。

数据层包括数据存储、数据管理、数据处理等技术,以确保数字孪生系统能够处理大量的数据,并提供高效的数据查询和分析功能。

在数字孪生系统中,数据层的任务包括以下几个方面:

(1)数据采集和处理:数据层负责从物理层和感知层中采集各种数据,并进行数据预处理、清洗和初步分析,以提高数据的质量和准确性。数据采集和处理技术通常包括传感器、数据采集卡、信号处理等。

(2)数据存储和管理:数据层负责管理数字孪生系统中的所有数据,并提供高效的数据存储和管理功能。数据存储和管理技术通常包括数据库、文件系统、数据仓库等。

(3)数据处理和分析:数据层负责对数字孪生系统中的各种数据进行处理和分析,以提取有用的信息和知识,并为模型层和应用层提供数据支持。数据处理和分析技术通常包括数据挖掘、机器学习、人工智能等。

(4)数据可视化和交互:数据层负责将数字孪生系统中的数据进行可视化和交互,以方便用户对数据进行使用和管理。数据可视化和交互技术通常包括图形界面、虚拟现实、增强现实等。

9.2.3　数字孪生建模技术

数字孪生建模方法包括机理建模方法和数据驱动建模方法。前者根据研究对象的机理特性建立数学公式,并赋予参数,然后应用数值计算方法或解析方法进行计算,一般适合于机理清楚的物理系统;后者是指采用统计学、机器学习方法建立模型,适合于机理不明确或只存在关联关系的研究对象。机理建模时由于存在不可避免的假设和简化,有时会带来不容忽视的误差,这种情况下,如果数据足够,也适合采用数据驱动建模方法。另外,采用数据驱动方法时,为了解决小样本、样本不均衡、弱特征以及不可解释性等问题,将机理建模方法和数据驱动方法相结合,具有一定优势。

一般来说,数字孪生建模技术包括虚拟建模、模型辨识、算法设计和模型校验几个部分。

1.虚拟建模

虚拟建模是在虚拟数字空间中把物理实体构建出来,可以形象地描述物理实体各组成部分的结构关系。虚拟建模是数字孪生技术的基础,也是目前发展较为成熟的部分。随着近年来数字孪生应用场景的拓展,虚拟建模也不局限于物理实体的建模,也可以是逻辑关系的建模。

2.模型辨识

模型辨识是在虚拟数字空间中将物理实体的输入输出关系描述出来。模型辨识是物理实体的数学描述,涉及物理实体产品的专业领域知识。自动控制理论在模型辨识方面给出了很多方法。近年来,大数据分析和人工智能的发展进一步提高了复杂系统的模型辨识的水平,同样也给数字孪生的发展带来契机。在模型辨识中,需要大量采集物理实体的具体参数,物联网传感器技术的发展为这种采集过程奠定了基础。

3.算法设计

算法设计是数字孪生的技术核心。一方面,模型辨识使用到算法设计,用数学语言来描述物理实体的特性;另一方面,更为重要的是,数字孪生的虚拟空间的数字模型具有使能性,它通过设计好的算法,对采集的数据进行分析处理,寻找最佳运行点,向物理空间的实体执行机构发送参数设置指令。基于人工智能的算法设计将经验进行数字化,算法设计是产品知识领域与应用场景领域相结合的产物。

4.模型校验

模型仿真的计算数据与实际物理试验测试数据的拟合度是评价数字孪生技术准确性的重要指标。计算数据是否准确,将直接影响数字孪生应用场景分析结果的可信度。因此,模型的计算结果通常必须按照特定的流程进行校验。

模型校验流程如图 9.2.2 所示。

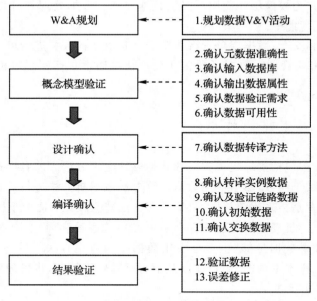

图 9.2.2　模型校验流程

模型校验技术研究模型的校验、验证、确认方法和流程,确认已开发模型是否有效,验证模型试验结果是否可信。模型校验技术需大量的试验测试数据作为支撑,将试验测试数据与模型计算数据对比分析,如图 9.2.3 所示。根据误差值的大小,确认虚拟集成试验模型算法、参数取值、计算过程对某一特定虚拟集成试验是否可接受。

数字孪生模型需要随物理实体同步更新、演化,其更新逻辑如图 9.2.4 所示。

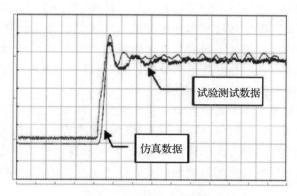

图 9.2.3 模型实际试验验证

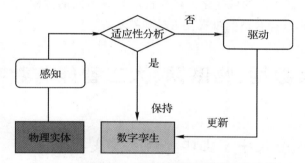

图 9.2.4 数字孪生模型随物理实体的更新逻辑

9.2.4 数字孪生可视化技术

数字孪生需要很直观的可视化效果,三维展示、地理信息系统(GIS)、虚拟现实/增强现实(VR/AR)等都是很重要的可视化技术。例如,在地理信息图上,直观展示电网脆弱性分析结果,其中,蓝色区域最为脆弱,一点攻击可影响到 10% 电网,紫色、橘色和红色区域要造成同样严重后果,需要更多的攻击;又如,风机的数字孪生,在地理位置上标注了风机的"身份"信息,点击各个部位,均能更直观地看到各个部位的状况。

数字孪生技术的实现需要一个完整的数字孪生系统,其中可视化层是数字孪生系统的重要组成部分之一。

可视化层是数字孪生系统中最直观的部分,它负责将数字孪生模型和数据可视化展示,以便用户能够更加直观地了解数字孪生系统的运行情况和结果。可视化层主要包括 3 个方面的任务:设计开发、数据展示和分析、结果输出和报告生成。

首先,可视化层需要进行设计和开发,以满足用户的需求。可视化层需要提供直观易懂的用户界面,使得用户可以方便地访问数字孪生模型和数据。同时,可视化层需要具备良好的交互性和可控性,以便用户可以通过交互方式对数字孪生模型进行操作和控制,同时可以实时调整和查看数字孪生模型的运行状态和结果。为了满足用户不同的需求,可视化层需要提供多样化的可视化工具和技术,包括但不限于图表、图像、动画、视频等多种形式。

其次,可视化层需要实现数据展示和分析功能。可视化层需要将数字孪生模型的运行结果进行可视化展示,同时可以通过不同的方式对数据进行分析和比较,包括趋势分析、统计分析、数据挖掘等多种方法。通过数据展示和分析,用户可以更加清晰地了解数字孪生系统的运行情况和结果,发现系统中存在的问题和优化空间。

最后,可视化层需要实现结果输出和报告生成功能。可视化层可以将数字孪生模型的运行结果通过不同的方式输出,包括但不限于图表、图像、文本等。同时,可视化层需要提供报告生成功能,可以自动生成数字孪生模型的运行报告,并可根据用户需要进行定制和输出。通过结果输出和报告生成,用户可以更加方便地获取数字孪生模型的运行结果,并将其用于进一步的分析和决策。

可视化层的实现需要依赖各种可视化工具和技术,例如 JavaScript、Python、D3.js、Matplotlib、Tableau 等。不同的可视化工具和技术具有不同的优缺点,需要根据数字孪生系统的需求和用户需求来选择合适的可视化工具和技术。

9.3 大数据、物联网、人工智能与数字孪生

9.3.1 大数据是数字孪生建模的重要支撑

大数据、云计算等技术的高速发展,为数字孪生的建模提供了新的手段,指出了新的方向。采用大数据建模的方法,通过黑盒建模的方式,构建输入和响应之间的关联关系模型。由于数据的输入和响应是实际的数据,因此模型可以更准确地逼近物理世界,可以实现更准确的建模。需要指出,大数据模型并不是对物理模型的替代,而是对物理模型的良好补充。大数据建模过程如图 9.3.1 所示。

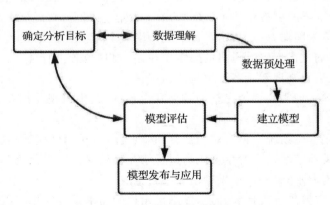

图 9.3.1 大数据建模过程

大数据建模是以业务为驱动,基于数据构建科学模型,并将模型应用于实际中去解决问题的过程。这个过程并不以模型构建或者模型落地而终止,而是随着业务在不断地循环改进的。

参考跨行业数据挖掘标准流程(CRISP – DM),下面对数据建模的 6 个环节进行梳理。

1.确定分析目标

一切分析的开始都是要基于明确的分析目标,不论何种业务场景,在分析前都需要了解好业务背景、业务需求,明确这次分析是为了解决什么业务问题,分析工作的最核心的需求是什么。理解业务需求应做好以下两点:与相关人员进行需求讨论,内容围绕业务逻辑、需求合理性、可行性等方面进行。确定好分析需求后,指定分析框架和项目计划表。分析框架主要包括:目标变量的定义,大致的分析思路,数据抽样规则,潜在自变量的罗列,项目风险评估,大致的落地应用方案。

2.数据理解

数据理解阶段的重点是放在数据采集获取上。在工作中就是常说的"提数",在这个过程中可以进行一系列的数据探索和熟悉,识别数据质量问题,发现数据的内部属性等,可以初步形成一些对数据的假设。

提数是数据建模的基础工作,也是影响模型输出结论的最重要的一步。如果源数据错了,分析结果就不可能正确。所以常常会有人说,数据分析工作其实是需要花大概 80% 的时间在数据上的。

在提数的过程中,需要注意:要足够熟悉业务,一定要和业务相关人员进行深入沟通,确定好需要什么样的数据指标;数据常常是有时效的,要考虑抽取的数据是否符合现在的业务需求;核实数据源的真实性、数据的规范性;等等。

3.数据预处理

拿到数据后,需要思考,这些数据质量有没有问题,以及需要进行怎么样的加工。常常涉及的内容会有:

抽样分析:数据量特别大的时候就需要抽取部分数据进行检查。

规模分析:常常与抽样分析结合,用以分析某个指标的总体规模。

缺失值处理:灵活运用删除和插值。

异常值处理:一般都是直接删除。

数据转换:规范化、压缩分布区间、分组、分箱等。

筛选有效的自变量:有时候自变量特别多,就需要从中选取贡献度最大的部分自变量。筛选方法有皮尔逊相关系数法、数据降维法等,对一些共线性的自变量,可以生成一个新的综合性的变量进行替代。

不过实际中的业务往往会很复杂,甚至于业务逻辑更加复杂,使得有些问题的发现和解决往往不是一蹴而就的,需要进行多次尝试,或者在后面的操作中发现问题之后再回过头来进行处理。

4.建立模型

数据模型开发的目的是为了从数据中挖掘有价值的信息。实际中比较常见的应用有预测、评价、聚类、推荐、异常检测。

根据确定的分析目标,搭建相关的数据模型,这些模型往往都是基于基础模型进行优化改进的,实际中复杂的往往是数据,模型有时候逻辑并不复杂,且复杂的模型在实际中的应用效果很多时候反而没那么如意。在这个过程中也可以对比多个模型,选取表现较好或表现较为稳定的。

5.模型评估

模型的评估是要以分析目标为导向的,是需要模型更快,还是需要模型更准确,还是需要模型的泛化性能更好,抑或是需要模型的稳定性更强,等等,都是建立在一开始确立的分析业务目标的基础之上的。

6.模型发布与应用

到了这一步,要将模型投入到实际的业务中应用以产生价值,当然,到这里还不算结束,还需要对模型的应用效果做及时的跟踪反馈,以便之后的优化更新。数据模型就像一个产品一样,它的生命周期从一开始到最后被淘汰,在这个过程中是需要不断更新迭代的,就算业务变了,数据模型的搭建经验也可以迁移到其他业务中去。

9.3.2 数字孪生基于物联网传输实时数据

若要实现数字孪生,必须借助传感器运行、更新的实时数据来反馈到数字系统,进而实现在虚拟空间的仿真过程。也就是说,物联网(IoT)的各种感知技术是实现数字孪生的必然条件。

只有现实中的物体联了网,能实时传输数据,才能对应地实现数字孪生。物联网是一种建立在互联网上的泛在网络。物联网技术的重要基础和核心仍旧是互联网,通过各种有线和无线网络与互联网融合,将物体的信息实时准确地传递出去。

在物联网上的传感器定时采集的信息需要通过网络传输。这些信息数量极其庞大,在传输过程中,为了保障数据的正确性和及时性,必须适应各种异构网络和协议,因此,平台数据必须统一,方便数据传输和安全应用。数字孪生可以借助物联网和大数据技术,达到指标测量甚至精准预测的目的。

1.指标测量

通过采集有限的物理传感器指标的直接数据,并借助大样本库,通过机器学习推测出一些原本无法直接测量的指标。例如,可以利用一系列历史指标数据,通过机器学习来构建不同的故障特征模型,间接推测出物理实体运行的健康指标。

2.精准预测

现有的产品全生命周期管理很少能够实现精准预测,因此往往无法对隐藏在表象下的问题进行预判。而数字孪生可以结合物联网的数据采集、大数据的处理和人工智能的建模分析,实现对当前状态的评估、对过去发生问题的诊断,并给予分析的结果,模拟各种可能性,以及实现对未来趋势的预测,进而实现更全面的决策支持。

NASA(美国宇航局)提出的数字孪生模型,正是出于对未来紧急状况判断、分析、解答并排除障碍点的需求。试想一下,我们不太可能在地球环境预想到所有在太空遇到的情况,如果在太空发生事故,解决问题的环境也会比地球严峻得多。因此,NASA认为未来航天计划"需要在数字空间建造与实际空间飞行器全生命周期克隆的数字孪生体,以预测航天器在执行任务时不同阶段、不同环境因素下可能面临的状况",特别是模拟仿真紧急情况,获得更全面的解决方案,如图9.3.2所示。

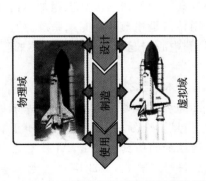

图 9.3.2　NASA 空天计划中利用数字孪生进行精准预测

9.3.3　人工智能在数字孪生仿真技术中的应用

图 9.3.3 是目前经常用来描述人工智能（AI）与数字孪生仿真技术在学科上的交叉图，它涉及仿真领域的各方面，在此仅讨论几个主要方面。

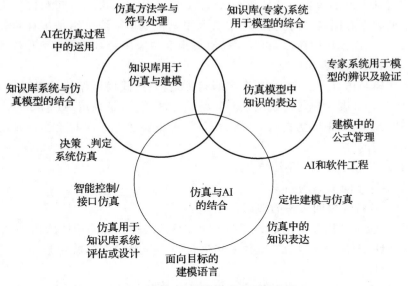

图 9.3.3　AI 技术与仿真学科的交叉

1.知识库用于系统的建模与模型验证

人类的科学知识从低级到高级，从一般到特殊，有层次地积累起来，用脑力来完成这些与科学理论构造有关的知识的组织过程是困难的，这需要付出巨大的代价。对物理系统的建模就属于这样的工作，它不仅需要一定的数学、物理等知识，而且需要相当的实际经验，即领域知识，才能做好工作。但利用计算机适当地组织来自世界系统的信息，不仅对人机紧密结合的发展有所帮助，而且对建立一个能彻底支持建模活动的信息库起了极大的作用。在这样一个建模活动中，知识库扮演着一个重要的角色。知识库用于建模与模型验证的基本课题是：在仿真研究的各个不同阶段上借助专家知识库辅助仿真工程师对仿真模型的建立、验证和综合进行咨询服务和决策。其主要应用项目是建模顾问专家系统。它用在建模过程中应用模型库选择模型元素并合成适当的模型,其中心问题是能够根据人类的经验用规范的形式来综合描述物理过程。

2.仿真技术与人工智能(AI)技术的结合

在仿真与 AI 结合方面,一个重要的领域是 AI 对于大系统的计算机仿真,特别是用于决策系统的仿真。这时,要在一个信息不充分、不确定,甚至不正确的情况下去进行计划、调度和做出各种方案的假设。在这类系统的仿真研究中,AI 技术是十分适用的。由于这类系统的某些子过程主要表现为启发式或符号运算式,因此用一个专家系统来建模是很合适的。对于另一些子过程,它们具有确定的和连续的性质(如物理过程),因此可以按照一般动态系统建模方法来建模。

另外,仿真可用于评估一个知识库系统。知识库系统的一个重要应用是控制生产过程,类似人在控制过程中所起的分析和支持作用。为了测试这样一个智能控制系统,有必要建立系统仿真模型。

若将仿真技术与最优化技术有机地结合起来,就可实现自寻最佳的结果。实现这种智能化仿真系统所存在的主要问题是在目标的合适形式、算法及硬件能力等方面。

目前的仿真基本上都是属于开环仿真,领域工程师要花大量的时间和代价去面对一大堆表示仿真结果的数据和图表,在仿真环境中引入知识和专家系统可用于仿真实验结果的分析和决策,并将结果反馈到建模阶段,再根据仿真结果和专家决策对仿真模型作综合分析。

3.仿真模型中知识的表达

在经典的建模与仿真方法中,主要存在的问题是:表达式模型结构的灵活性;扩展程序设计的能力;面向批处理的建模等。解决这些问题的方法之一,是采用 AI 的知识表达系统去表达仿真模型中的知识(知识库仿真)。具体而言,首先是要建立面向对象的仿真语言。这里的知识包括下述一些内容。

- 系统中关于每个实体的不同事实;
- 实体与实体之间关系的知识;
- 实体与系统特性之间关系的知识。

此外,知识还包括作用在系统上的外部影响关系的表达。总的特性诸如:模型在建立与改变过程中的交互性(知识表达具有灵活性和扩展性);在建立模型过程中较少的程序设计工作量;相容性和完整性检查。

在应用层,随着数字孪生技术的快速发展和人工智能的广泛应用,数字孪生与人工智能的结合已经成为一个颇受关注的领域。数字孪生是一种模拟真实对象的技术,它使用物理模型、传感器数据和其他实时数据来生成数字副本,从而模拟出真实对象的运行状况。而人工智能则是指计算机系统模拟人类智能,以便自主执行任务和解决问题。数字孪生和人工智能的结合使得我们可以创造出一些令人兴奋的应用。

(1)工业领域的数字孪生和人工智能。在制造业中,数字孪生技术已经得到广泛应用,能够帮助企业提高生产效率、降低成本和故障率。数字孪生可以将物理系统的运行状况数字化,并通过人工智能的算法进行预测分析,从而帮助企业提前发现问题并采取相应措施。例如,数字孪生可以监测机器的状态,对机器进行预测性维护,减少维修成本和缩短停机时间。

（2）医疗保健中的数字孪生和人工智能。数字孪生技术和人工智能也可以应用于医疗保健。数字孪生可以创建人体的数字化副本，以便医生能够更好地了解患者的身体状况并做出更好的诊断和治疗方案。人工智能可以分析大量的医疗数据并预测疾病的发展趋势，从而提高诊断准确率和治疗效果。例如，数字孪生技术可以创建人体的数字化副本，以便医生可以在数字模型中进行手术模拟，从而提高手术的准确性和安全性。

（3）教育领域中的数字孪生和人工智能。数字孪生和人工智能在教育领域中也有许多应用。数字孪生可以帮助教师创建虚拟实验室和场景，使学生更好地理解知识和掌握技能。人工智能可以根据学生的学习情况和行为进行个性化教育，提高学习效果。例如，数字孪生和人工智能可以创建虚拟实验室，帮助学生更好地理解物理和化学实验。

（4）城市规划中的数字孪生和人工智能。数字孪生技术和人工智能也可以应用于城市规划。数字孪生可以创建城市的数字化副本，以便进行城市规划和设计。人工智能可以分析大量数据并预测未来趋势，从而帮助城市规划者制定更好的决策。例如，通过数字孪生技术和人工智能算法，可以预测城市交通拥堵情况，以便制定更好的交通规划。

（5）建筑设计中的数字孪生和人工智能。数字孪生和人工智能也可以应用于建筑设计领域。数字孪生可以创建建筑物的数字化副本，以便建筑师更好地了解建筑物的结构和运行状况。人工智能可以分析大量数据并预测未来趋势，从而帮助建筑师制定更好的设计方案。例如，通过数字孪生技术和人工智能算法，可以预测建筑物的能源消耗和热舒适性，以便制定更好的设计方案。

综上所述，数字孪生技术和人工智能的结合在许多领域都有着创新性的应用，这些应用将带来更高效、更精准和更安全的解决方案，为人们的生活带来更多的便利。伏锂码云平台是捷瑞数字自主研发的数字孪生驱动的工业互联网平台，已在智能制造、能源电力、水利水务、城市园区、企业管控等领域，拥有多个成熟解决方案及典型应用案例。

本 章 小 节

本章介绍了数字孪生关键技术及其应用。数字孪生对推动智能制造和数字化转型具有重要的启示作用，从其概念内涵和关键技术分析可以看出其在许多领域具有良好的前景和发展潜力。然而，国内对数字孪生技术的研究和工具平台研发起步较晚，目前能够支持数字孪生概念落地的工具平台大部分为国外的商业软件，在实现数字孪生技术与航天科研生产业务深度融合方面还需要开展大量的研究和实践。在共性基础方面还需要深度研究已有商业软件的技术本质和特点，开展面向复杂场景的探索研究和实践，在实践中考核其适用性，发现潜在的问题和风险，通过二次开发等技术实现与需求的匹配。

未来，数字孪生系统将朝着以下几个方向发展。首先，数字孪生系统将更加智能化。随着人工智能技术的不断发展，数字孪生系统可以通过学习和优化算法来提高预测准确性和决策效果。其次，数字孪生系统将越来越与物联网技术相结合。通过与传感器和物联网设备的连接，数字孪生系统可以实时获取物理实体的数据，并进行更加准确的模拟和预测。

习　题

9-1　请介绍仿真与数字孪生技术的区别与联系。

9-2　数字孪生的关键技术是什么?

9-3　请介绍一个数字孪生仿真技术的具体应用实例。

附录　实验指导书

本附录的 6 个实验与本书相配套,可以根据课程的教学大纲做。每个实验的课内学时安排 1~2 个学时为宜。附录中仅给出了实验大纲,而与实验有关的计算机程序已组成一个程序包。该程序包不但可供学生实验使用,也可供自学者和科研工作者使用。用户可以通过电子邮件 niuyun010121@nwpu.edu.cn 向笔者索取。

实验一　　面向微分方程的数字仿真

一、实验目的

通过使用 4 阶龙格-库塔法对控制系统的数字仿真研究,使学生熟悉并初步掌握面向微分方程的控制系统计算机仿真方法,进一步学习计算机语言,学习微分方程的数值解法。

二、实验设备

个人计算机,Turbo C 编译程序,仿真程序包。

三、实验准备

(1)预习本次实验指导书以及程序使用说明。

(2)编写仿真主程序,标号必须以 main()开头。要求主程序的功能有:

1)读入仿真参数 N,H,T_0,T_1。其中:

N——方程的阶数;

H——积分步长;

T_0——打印时间;

T_1——仿真时间。

2)读入状态的初值。

3)打印输出结果。

(3)选择仿真模型。

四、实验内容

(1)启动计算机,并调入 Turbo C 编译程序。

(2)用 LOAD 命令将实验程序装入内存。

(3)将主程序用键盘输入。

(4)在程序中编写计算微分方程右函数的子程序,按以下规格书写仿真模型:

$$y[0]=f(y[0],\cdots,y[n-1],u,t)$$

(5)设仿真模型为

$$y_1=\frac{1}{y_2}$$

$$y_2 = -\frac{1}{y_1}$$

仿真参数为

$$n = 2, \quad h = 0.01, \quad t_0 = 0, \quad t_1 = 1$$

仿真结果为

$$t = 0.1 \quad y_1 = 1.105\ 17 \quad y_2 = 0.904\ 84$$
$$t = 0.2 \quad y_1 = 1.221\ 4 \quad y_2 = 0.818\ 73$$
$$\cdots\cdots \quad\quad \cdots\cdots \quad\quad \cdots\cdots$$
$$t = 1.0 \quad y_1 = 2.718\ 28 \quad y_2 = 0.367\ 82$$

若仿真结果不对,则检查主程序。

将仿真模型改为自己所选择的模型,并用不同的状态初值和仿真步长实验。例如,可选用范德蒙方程:

$$\dot{y}_1 = y_1(1 - y_2^2) - y_2$$
$$\dot{y}_2 = y_1$$

五、实验报告

实验完成后,写出实验报告,内容及要求:

(1)预习报告。

(2)画出主程序流程图,并附上程序。

(3)实验步骤及说明。

(4)分析实验内容的仿真结果,并写出由此可以得出什么结论。

实验二   连续系统的离散化仿真

一、实验目的

通过这次实验,要求加深理解离散相似法仿真的原理及特点,熟悉离散相似法仿真程序、仿真模型的实现和离散相似法仿真在控制系统分析和设计中的应用;进一步掌握控制系统的计算机仿真方法,研究和分析系统参数对系统的影响。

二、实验设备

个人计算机,Turbo C 编译程序,仿真程序包。

三、实验准备

(1)预习本次实验指导书以及仿真程序包的使用说明书。

(2)对被仿真的系统,画出仿真图,写好数据文件。

(3)拟定好实验方案。

四、实验内容

(1)启动计算机,并调入 Turbo C 编译程序。

(2)用 LOAD 命令将实验程序装入内存。

（3）输入环节参数和系统连接情况参数。

（4）运行后用键盘回答问话语句，输入以下参数：

$$N,R,L,L1,L2,N1,N2,N3,N4$$

其中：N 为系统的阶次；R 为阶跃输入的幅值；L 为仿真步长；L1 为显示次数；L2 为仿真次数（L * L2 是仿真的时间；L * L 是仿真多长时间输出一次数据）；N1 为输出的模块数目；N2，N3，N4 为具体待输出的模块编号。

（5）运行程序后，记录输出结果。

（6）改变系统参数，研究环节参数的变化对系统性能的影响。

五、实验报告

实验完成后，写出实验报告，内容及要求：

（1）预习报告。

（2）画出主程序流程图，并附上程序。

（3）实验步骤说明。

（4）认真总结实验结果，详细说明系统参数的变化和不同的非线性环节对系统性能的影响，并分析仿真结果与理论分析结果是否一致。

（5）实验报告应将仿真模型、数据文件、仿真结果附上。

（6）总结实验体会。

实验三　面向结构图的仿真

一、实验目的

通过这次实验，要求加深理解连续系统面向结构图仿真的原理及特点，熟悉 MCSS 仿真程序的使用方法、仿真模型的实现，进一步掌握控制系统的计算机仿真方法，研究和分析系统参数对系统的影响。

二、实验设备

个人计算机，Turbo C 编译程序，仿真程序包。

三、实验准备

（1）预习本次实验指导书以及程序使用说明书。

（2）选择本书第 5 章图 5.3.9 作为仿真模型，选择类型不同的非线性环节和无非线性环节的线性系统作为不同的仿真模型。

（3）分别画出上述不同系统的仿真图，并写出各个系统的仿真数据。

（4）拟定全部实验方案。

四、实验内容

（1）启动计算机，并调入 Turbo C 编译程序。

（2）装入仿真程序包。

（3）在规定的对话框中输入系统的仿真数据（各个不同的系统分别做）。

(4)按拟定的实验方案进行实验。

五、实验报告

实验完成后,写出实验报告,内容及要求:

(1)预习报告。

(2)画出主程序流程图,并附上程序。

(3)实验步骤及说明。

(4)认真总结实验结果,将不同系统的仿真结果进行认真比较,说明非线性环节的加入对系统性能的影响,以及所得仿真结果与理论分析结果是否一致,如不一致,则说明原因。

(5)实验报告要求包含有仿真图和数据块,并将制定的实验方案附上。

(6)总结实验收获和体会。

实验四　基于 M 语言的 S 函数直线倒立摆控制系统仿真及动画

一、实验目的

通过这次实验,要求加深理解利用 M 语言 S 函数进行系统仿真以及利用 S 函数用动画演示控制效果的方法,进一步熟悉、掌握利用 Simulink 进行系统仿真的方法。

二、实验设备

个人计算机,MATLAB 应用程序,仿真示例程序包。

三、实验准备

1.一级直线倒立摆模型建立

一级直线倒立摆线性化后的数学模型可用如下微分方程表示:

$$\left.\begin{array}{c}(J+ml^2)\ddot{\varphi}-mgl\varphi=ml\ddot{x}\\(M+m)\ddot{x}+b\dot{x}-ml\ddot{\varphi}=u\end{array}\right\} \qquad (\text{附}.4.1)$$

式中,x 为倒立摆小车的位移(向左为正),φ 为摆杆与垂直向上方向的夹角(逆时针旋转为正),M 为小车的质量,m 为摆杆的质量,l 为摆杆长度,J 为摆杆转动惯量,b 为小车阻力系数,g 为重力加速度,u 为控制器输出(物理意义为小车的调节力)。选 x 为系统状态向量,则得到系统的状态方程为

$$\dot{x}=\begin{bmatrix}0 & 1 & 0 & 0\\ 0 & \dfrac{-(J+ml^2)b}{J(M+m)+Mml^2} & \dfrac{m^2gl^2}{J(M+m)+Mml^2} & 0\\ 0 & 0 & 0 & 1\\ 0 & \dfrac{-mlb}{J(M+m)+Mml^2} & \dfrac{mgl(M+m)}{J(M+m)+Mml^2} & 0\end{bmatrix}x+\begin{bmatrix}0\\ \dfrac{J+ml^2}{J(M+m)+Mml^2}\\ 0\\ \dfrac{ml}{J(M+m)+Mml^2}\end{bmatrix}u$$

$$(\text{附}.4.2)$$

式中,$x=\begin{bmatrix}x & \dot{x} & \varphi & \dot{\varphi}\end{bmatrix}^{\mathrm{T}}$。

选系统的输出为 $y = \begin{bmatrix} x & \varphi \end{bmatrix}^{\mathrm{T}}$,则输出方程为

$$y = \begin{bmatrix} 1 & 0 & 0 & 0 \\ 0 & 0 & 1 & 0 \end{bmatrix} x \qquad (附.4.3)$$

将式(附.4.2)、式(附.4.3)所示的系统状态、输出方程重新写为

$$\left. \begin{aligned} \dot{x} &= Ax + Bu \\ y &= Cx \end{aligned} \right\} \qquad (附.4.4)$$

2.倒立摆控制器设计

要求系统具有如下性能指标:调整时间约 3 s,阻尼比为 0.6 左右。根据可控、可观性判据,系统是可控、可观测的。于是本实验采用状态反馈极点配置法进行控制器设计。根据系统的动态性能要求,可以将系统的主导极点配置在 $s_1 = -2 + 2\sqrt{3}\mathrm{j}, s_2 = -2 - 2\sqrt{3}\mathrm{j}$ 处,其他两个极点配置得远离虚轴,以使其对系统的性能影响较小,但也不能太远,否则系统物理实现困难。此处可以取 $s_3 = -10, s_4 = -20$,则此时的系统特征多项式为

$$s^4 + 34s^3 + 336s^2 + 1\ 280s + 3\ 200$$

用阿克曼(Ackermann)公式,得

$$K = \begin{bmatrix} 0 & 0 & \cdots & 0 & 1 \end{bmatrix} \begin{bmatrix} B & AB & \cdots & A^{n-2}B & A^{n-1}B \end{bmatrix}^{-1} \Phi(A) =$$
$$\begin{bmatrix} 0 & 0 & \cdots & 0 & 1 \end{bmatrix} M^{-1} \Phi(A)$$

式中,$\Phi(A)$ 是矩阵 A 在期望特征值下的特征多项式。

利用上述公式求状态反馈矩阵 K,首先计算矩阵的特征多项式 $\Phi(A)$,MATLAB 的 polyvalm 命令可完成这种功能,本例中有

$$\Phi(A) = A^4 + \alpha_3 A^3 + \alpha_2 A^2 + \alpha_1 A + \alpha_0 I$$

在 MATLAB 中,可以用命令计算 $\Phi(A)$:Phi=polyvalm(JJ,A),JJ 是期望特征多项式系数组成的向量(降幂排列),本例中 JJ $= \begin{bmatrix} 1 & 34 & 336 & 1\ 280 & 3\ 200 \end{bmatrix}$。

针对本实验,当倒立摆取参数 $M = 1.096, m = 0.109, b = 0.1, l = 0.25, J = 0.003\ 4, g = 9.8$时,如下的 MATLAB 示例程序可用来求取状态反馈矩阵 K:

```
%Pole place forinvert pendulum
A=[ 0      1.0000       0           0;
    0     -0.0883     0.6293        0;
    0      0            0         1.0000;
    0     -0.2357    27.8285        0];
B=[ 0; 0.5925; 0; -2.3566];
M=[B A*B A^2*B  A^3*B];
rank(M);
JJ=[1  34  336  1 280  3 200];
    Phi=polyvalm(JJ,A);
K=[0 00 1]*inv(M)*Phi
```

程序运行结果:

K $= \begin{bmatrix} -178.0607 & -67.5888 & -194.5244 & -31.3834 \end{bmatrix}$

将 $u = -Kx$ 代入方程式(附.4.4),有

$$\begin{rcases} \dot{x} = (A - BK)\, x \\ y = Cx \end{rcases} \qquad\qquad (附.4.5)$$

3.基于 S 函数的系统仿真和动画

复习本书第 6 章 6.6 节 S 函数部分。重点参考"连续状态的 S 函数仿真"和"S 函数动画"部分,完成本实验。

四、实验内容

(1)打开 MATLAB 仿真程序包中的 Simulink 工程文件 invert_p.mdl,如附图 4.1 所示。

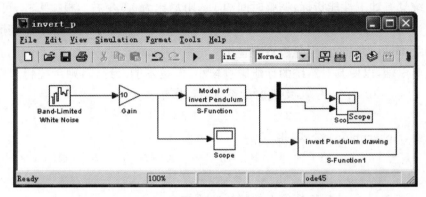

附图 4.1　倒立摆 Simulink 模型

该模型中有两个 S 函数,其中"Model of invert Pendulum"用来仿真直线倒立摆反馈控制系统,读者可以基于方程式(附.4.5),并结合本书 6.6 节"连续状态的 S 函数仿真"部分,阅读其代码,理解其运行机理;"invert Pendulum drawing"用于运行倒立摆演示动画,读者可结合本书 6.6 节"S 函数动画"部分,阅读其代码,理解其运行机理。

(2)双击附图 4.1 中的"Model of invert Pendulum"模块,可得到如附图 4.2 所示的参数输入界面。

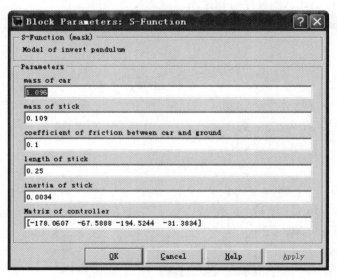

附图 4.2　参数输入界面

　　根据"实验准备"的"倒立摆控制器设计"部分,得到的参数 $M=1.096,m=0.109,b=0.1$,$l=0.25,J=0.003\,4$,以及 $\boldsymbol{K}=\begin{bmatrix}-178.060\,7 & -67.588\,8 & -194.524\,4 & -31.383\,4\end{bmatrix}$,填写上述参数。

　　(3)运行 Simulink 模型,在外部干扰的作用下,倒立摆仍可以保持稳定。其仿真结果如附图 4.3 所示。图中,上边的曲线表示小车的位置 x,下边的曲线表示倒立摆的摆角 φ。

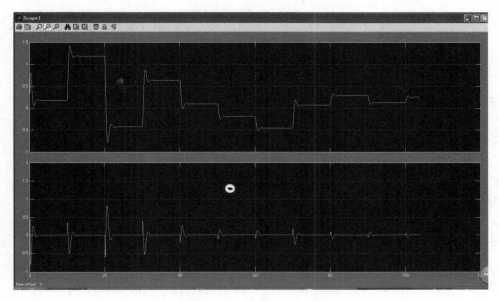

附图 4.3　倒立摆仿真结果

　　同时,可以得到倒立摆运行的动画演示效果,如附图 4.4 所示。虚线为惯性 y 轴,可见小车左右移动调整,以在扰动下保持摆杆倒立竖直。

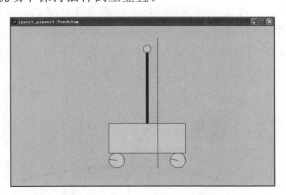

附图 4.4　动画演示效果

五、实验报告

实验完成后,写出实验报告,内容及要求:

(1)叙述 M 语言 S 函数实验连续系统仿真以及动画演示的机理。

(2)实验步骤及说明。

（3）认真总结实验结果，尝试使用不同的期望极点位置设计控制器，将仿真结果进行认真比较；分析仿真结果及动画演示结果与理论分析结果是否一致，如不一致，则分析说明其原因。

（4）实验报告要求包含有仿真图和数据块，并将制定的实验方案附上。

（5）总结实验收获和体会。

实验五　MATLAB 访问移动机器人传感器实验

一、实验目的

（1）利用 MATLAB Robotics System Toolbox 与 ROS 通信。

（2）连通 MATLAB 与实体机器人传感器。

二、实验要求

（1）使用 ROS 仿真机器人和实体机器人配置的激光传感器和深度摄像头实现环境中激光扫描数据、彩色视频数据和三维深度点云数据的采集。

（2）基于 plot、rivz 等可视化工具实现激光扫描数据、彩色视频数据和三维深度点云数据可视化。

三、实验设备

（1）PC 机预装 MATLAB 2017a 以上版本。

（2）两轮差动实体移动机器人或 turtlebot3 虚拟机器人。

四、实验原理

1. MATLAB 和 ROS 通信原理

基于 Linux 的 ROS 移动机器人和基于 Windows 的上位 PC 端运行 MATLAB，并处在同一个 WiFi 无线网络环境下，通过在 MATLAB 中指定 ROS 主机的 IP 地址，实现与 ROS 移动机器人的通信连接，将 MATLAB 作为一个节点注册到节点管理器中。通过订阅与发布对应的话题，机器人各系统之间的各项数据即可在 MATLAB 与 ROS 之间进行传递。ROS 分布式多机与连接示意如附图 5.1 所示。

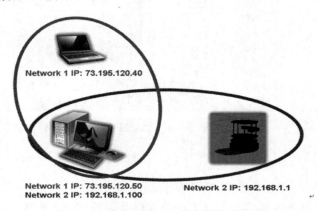

附图 5.1　ROS 分布式多机与连接示意图

这种分布式的独立软硬件系统运行分配和 IP 地址网络连接通信方式可更好地解决计算机在运行较复杂数据处理软件时的运算资源占用与运行速度问题,更好地发挥各计算机的运算空间,极大地减少程序崩溃的可能性。

建立多机通信连接前要先查询 Linux 系统电脑在所连接的同一网络下分配的 IP 地址,通过在 ROS 终端中输入并运行 ifconfig 命令即可查看 ROS 环境分配的 IP 地址。也可在 Linux 系统桌面右上角点击 WiFi 图标查看连接信息,查看该主机的 IP 地址。连接前在 ROS 系统的 bash 文件中设置添加支持主机 IP 地址,并在 Linux 终端进行单机设置,同时在改变网络连接环境时要重新查看新的 IP 地址,重新建立连接。

ROS 系统的多机通信连接其本质上是与 ROS master 节点管理器进行通信连接,在 Linux 系统上启动 ROS 系统的第一步就是开启节点管理器。开启 ROS 系统后,打开 MATLAB 软件,在命令框中使用 rosinit('ROS 主机 IP 地址',11311)命令连接 ROS 系统,其作用是设置 MATLAB 将数据指向该 ROS 网络和节点管理器。

2.使用 MATLAB 函数查看 ROS 中的话题与节点

为了更好地与 ROS 机器人交互,MATLAB Robotics System Toolbox 机器人工具箱的使用方式尽可能地向 ROS 使用方式靠近,所以很多在 ROS 终端输入框中使用的控制命令在 MATLAB 中同样适用。对于其他控制命令的用法,可以在 MATLAB 中使用 help robotics 帮助文档来学习。

这里使用 rostopic list 和 rosnode list 命令分别查看 ROS 网络中的话题与节点列表。ROS 网络中主要的话题和节点包括 ROS 中的传感器、速度控制、位置姿态、坐标变换的相关话题与节点。

3. 订阅传感器相关话题

在 ROS 系统中,使用 C++或其他高级语言编写机器人话题的订阅以及相关的数据处理程序。为了便于使用者将重点放在程序整体框架的构思上,MATLAB 将对应功能的高级语言程序进行封装,以命令行和对应模块的形式实现订阅与发布的功能,并留有参数设置接口,便于进行不同话题的发布与订阅。订阅话题时,需要在 ROS 话题列表中确认相关的传感器话题是否存在。与机器人环境感知传感器数据信息相对应的话题如下:

彩色图像数据:/camera/rgb/image_raw(Gazebo 仿真机器人传感器)

/camera/rgb/image_color/compressed(实体机器人传感器)

二维雷达扫描数据:/scan

三维深度点云数据:/camera/depth/points

在 MATLAB 机器人系统工具箱中,对 ROS 中的话题节点进行订阅所使用的命令函数格式为

订阅变量名＝rossubscriber(对应话题名);

使用以下命令可以完成对 3 种传感器话题的订阅,等待程序成功反馈,即完成了订阅传感器节点的建立,并且已经向 ROS 中运行的 ROS 节点管理器进行订阅节点注册:

彩色图像话题订阅节点:imgsub ＝ rossubscriber('/camera/rgb/image_raw');

激光雷达话题订阅节点:scansub＝ rossubscriber('/scan');

深度相机话题订阅节点:3dsub＝rossubscriber('/camera/depth/point');

4.接收与预处理原始数据信息

订阅话题完成后,需要对 ROS 话题中的消息数据进行接收与存储,所使用的命令函数格式为

接收变量名＝receive(对应订阅节点名);

可用"rostopic echo/对应话题"来查看具体消息内容。

(1)Kinect 传感器 RGB 彩色图像数据接收。

接收 RGB 彩色图像数据命令格式为

imgdata ＝receive(imgsub);

最主要的图像数据储存在"imgData"字段中,这是 Kinect 深度相机 rgb 彩色摄像头传回的原始数据,ROS 使用一维矩阵传输该图像数据。MATLAB 不能直接处理传回的图像原始数据,需要使用"readImage"函数将原始图像处理成与 MATLAB 兼容的图像格式。

(2)雷达扫描数据接收与处理。

接收激光雷达扫描数据的命令格式为

scandata ＝receive(scansub);

激光扫描消息中最主要的数据存储在"Ranges"字段中,"Ranges"中的数据大小是根据激光雷达扫描频率以很小角度增量扫描得到的。使用 rostopic echo /scan 命令可查看话题内容信息。在 MATLAB 中对激光雷达原始数据进行处理使用 readCartesian 函数,可将"Ranges"字段中存储的原始数据转换为激光有效测量范围内二维坐标系下的坐标点,存储在 $N \times 2$ 大小的矩阵中。使用命令 xy ＝ readCartesian(scan)进行原始数据转换。

5.显示传感器数据图像

在 MATLAB 机器人系统工具箱中,对 ROS 中的传感器话题消息进行显示需要根据传感器数据类型的不同选择相应的显示图表工具命令函数实现:使用 imgshow 函数命令对彩色图像格式数据进行可视化显示,使用 plot 函数命令对激光雷达扫描数据进行可视化绘图,即可在坐标图中显示雷达扫描的障碍物图像。使用 scatter3 函数对点云进行可视化,该函数将会自动提取坐标值。显示传感器数据图像的命令格式如下:

图像视频显示:imgshow(readImage(img));

二维雷达扫描数据显示:plot(scan);

三维深度点云数据显示:scatter3(threeD);

在完成以上话题订阅、接收、显示 3 个步骤后,显示的图像是执行接收数据命令时刻的传感器图像,而不是实时传感器数据图像。在移动机器人实际运动过程中,每个时刻传感器收集到的扫描信息是不同的。若要实时显示机器人环境传感器数据,并以连续视频播放的形式显示机器人传感器图像,加强移动机器人的实时环境感知能力,则可根据连续视频播放的原理,通过不间断刷新接收传感器图像的方法实现。

五、实验内容及步骤

使用 MATLAB Robotics System Toolbox 相关函数建立与移动机器人的通信连接,并访问存在的 ROS 节点和话题。

步骤一:启动天驭 NPU 移动机器人,并确保电脑和移动机器人都连上了实验室 WiFi 同一网段。

步骤二:运行 MATLAB。

步骤三:在命令行窗口输入如附图 5.2 所示的命令,初始化 MATLAB 上 ROS 节点,通过移动机器人 IP 地址,将 ROS 主控节点指向移动机器人上的 ROS_MASTER,使 MATLAB 和移动机器人同处在同一 ROS 网络环境下。其中"192.168.50.29"是移动机器人工控机 IP 地址,"192.168.50.173"是运行 MATLAB 的 PC 端 IP 地址,实际使用时请注意替换。

```
fx >> setenv('ROS_MASTER_URI','http://192.168.0.112:11311')
setenv('ROS_IP','192.168.0.169')
rosinit
```

附图 5.2　连接移动机器人 ROS 命令

连接成功显示如附图 5.3 所示。

```
>> rosinit("192.168.0.112")
Initializing global node /matlab_global_node_24304 with NodeURI http://192.168.0.169:6570/
fx >>
```

附图 5.3　连接移动机器人 ROS 网络成功

步骤四:在命令行窗口输入"rostopic list",如附图 5.4 所示,检查 MATLAB 是否与移动机器人连接成功。

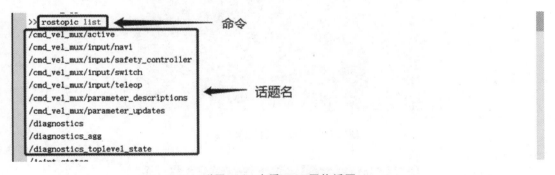

附图 5.4　查看 ROS 网络话题

通过上述步骤,使用 MATLAB Robotics System Toolbox 相关函数建立与移动机器人的通信连接,通过访问移动机器人发布的 ROS 话题,获取激光雷达数据和景深视觉传感器数据,对数据进行一定的转换处理后,调用 MATLAB 绘图 API 实现 MATLAB 端的数据可视化。

分别启动 Gazebo 中的虚拟机器人和现实中的实体机器人,然后通过 MATLAB Robotics System Toolbox 接收并显示传感器数据。

1.景深传感器数据接收及可视化

步骤一:在运行 Gazebo 的计算机 Linux 控制终端输入如下指令,启动加载虚拟机器人。

~ $ roslaunch diffbot_gazebo robot_sim.launch

步骤二:订阅景深传感器数据话题。

imgsub = rossubscriber('/camera/rgb/image_raw');

步骤三:接收 RGB 彩色图像数据。

imgdata ＝receive(imgsub);

步骤四:图像视频显示。

imgshow(readImage(imgdata));

对传感器实时图像的连续显示还可以使用如下循环命令:

tic;％开始计时

while toc ＜ 60   ％终止时间(60s)

img ＝ receive(imgsub);   ％接收订阅的图像话题消息

imshow(readImage(img));   ％显示图像视频信息

end

步骤五:三维点云显示。

scatter3(ptcloud);

指令运行结果如附图 5.5～附图 5.7 所示。

附图 5.5　Gazebo 原始环境图像

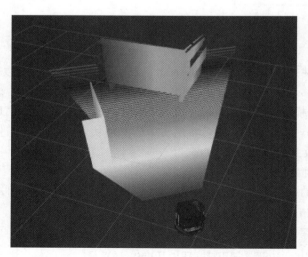

附图 5.6　rviz 中显示的 Kinect 传感器数据图像

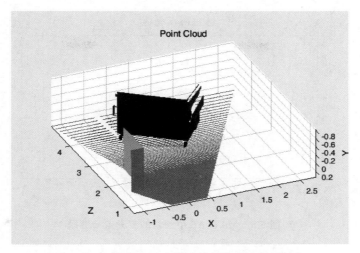

附图 5.7　MATLAB 中绘制的三维点云数据图像

MATLAB 中时间起始/结束命令 tic / toc：tic；指开始计时，toc＜60 指该 while 循环运行时间为 60 s，可根据运行实际情况适当延长。

MATLAB 还提供了可处理原始深度点云的函数"readXYZ"，将原始数据处理变成三维空间下的[x，y，z]坐标，存储在 $N \times 3$ 大小的矩阵中。使用 xyz ＝ readXYZ(ptcloud)命令进行处理。以下是将原始数据处理后截取的部分三维坐标数据：

xyz＝readXYZ(depthdata)

xyz ＝

0.3055	−0.4317	1.3712
0.3077	−0.4312	1.3696
0.3098	−0.4307	1.3681
0.3119	−0.4302	1.3665
0.3140	−0.4297	1.3650
0.3161	−0.4293	1.3634

2.激光雷达的数据接收及可视化

下面以订阅/scan 话题为例进行说明。

步骤一：在命令行输入 laser ＝ rossubscriber('/scan')，创建雷达数据话题订阅节点，用于接收真实雷达数据。

步骤二：输入 scandata ＝ receive(laser，10)，利用 laser 订阅节点接收"/scan"的雷达数据，储存在 scandata 中。

步骤三：输入 plot(scandata，'MaximumRange'，7)，查看接收到的雷达数据。

指令运行结果如附图 5.8 所示。

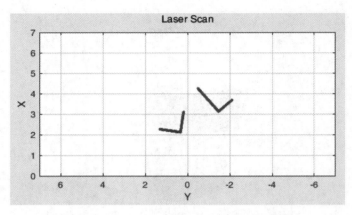

附图 5.8　MATLAB 中绘制的激光点云数据

实验六　移动机器人蒙特卡洛定位实验

一、实验目的

(1)掌握机器人蒙特卡洛定位算法的基本思想。

(2)掌握机器人的概率运动学模型及激光雷达的测量模型。

(3)掌握利用激光雷达数据及占据栅格地图的机器人定位方法。

二、实验要求

(1)利用 MATLAB Robotics System Toolbox 实现与 Gazebo 物理仿真机器人或实体机器人的信息交互。

(2)在 MATLAB 端实现机器人定位算法,控制机器人在实验场景内移动,观察定位效果。

(3)实现机器人定位过程数据可视化,分析并改进算法性能。

四、实验设备

(1)两轮差动实体移动机器人。

(2)MATLAB/Simulink 数值仿真平台、Gazebo 物理仿真平台、turtlebot3 虚拟机器人。

五、实验原理及内容

实验实施的总体方案如附图 6.1 所示。其中蒙特卡洛定位算法是学生需要自行学习和实现的核心算法,学生通过学习相关算法基础理论,以我们提供的相关功能函数(如机器人运动模型、激光雷达测量模型等)为基础,设计并实现自己的移动机器人"蒙特卡洛定位"算法,驱动运行于虚拟机的 Gazebo 物理仿真机器人或实体机器人在虚拟或真实环境中运行,并观察算法的定位效果。

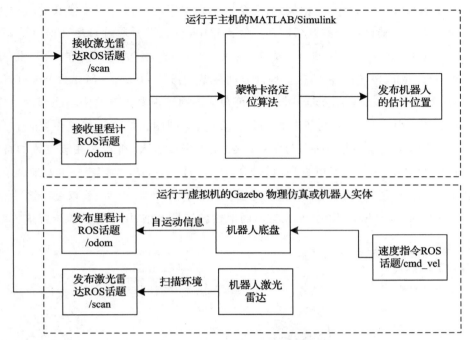

附图 6.1　项目实现方案

1.蒙特卡洛定位原理

蒙特卡洛定位的基本思想是粒子滤波,粒子滤波器是递归的贝叶斯状态估计器,它使用离散的粒子来近似估计状态的后验分布,以贝叶斯推理和重要性采样为基本框架。所谓贝叶斯规则,是指概率统计中的应用所观察到的现象对有关概率分布的主观判断(即先验概率)进行修正的标准方法。当分析样本大到接近总体数时,样本中事件发生的概率将接近于总体中事件发生的概率。对于重要性采样,就是根据对粒子的信任程度添加不同的权重。对于我们信任度较高的粒子,添加的权重就大一些,否则权重就小一些。根据权重的分布形式,可以体现出其与目标的相似程度。实质上粒子滤波是附加重要性采样思想在里面的蒙特卡洛方法(以某时间出现的频率来指代该事件的概率),用一组样本(即粒子)来近似表示系统后验概率分布,然后使用这个近似的表示来估计非线性系统的状态,在滤波过程中可以处理任意形式的概率。蒙特卡洛定位流程如附图 6.2 所示。

明确算法基本原理后,学生通过 MATLAB 编程实现算法原型,可以参考我们提供的 monteCarloLocalization 对象编写

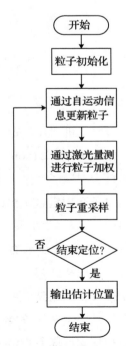

附图 6.2　蒙特卡洛定位流程

程序,实现 M 函数"roboticsMCL"示例,或完全自主编程实现算法。算法实现的过程中,学生可以利用可视化工具辅助算法的调试。在定位流程中,首先需要通过自运动信息更新各个粒子的位姿,具体方式是在机器人的概率运动学模型中采样。学生可通过"odometryMotionModel"创建机器人里程计运动模型,通过"odometryMotionModel.Noise"调节噪声参数,并通过"showNoiseDistribution"可视化不同噪声参数对粒子姿态预测的影响,如附图 6.3 所示。图中,左边圆圈为机器人初始位姿,右边圆圈为机器人终末位姿,圆点为根据运动模型采样的粒子,用于估计机器人终末位姿,粒子密度越大,机器人在该位置的可能性就越大。通过这种方式,学生可以更直观地理解机器人的概率运动学模型,并更好地调节噪声参数。为实现蒙特卡洛定位算法,我们还需要为每一个粒子计算权重,学生可通过"likelihoodFieldSensorModel"建立激光雷达的似然域测量模型,用于计算粒子权重。

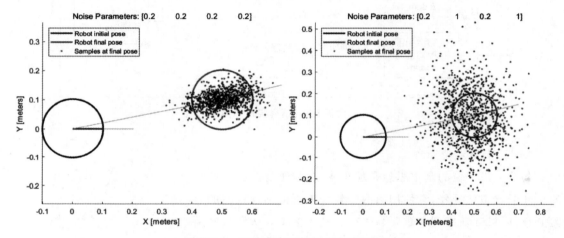

附图 6.3　运动噪声对粒子分布的影响

　　在建立机器人运动模型和激光雷达测量模型后,学生可通过调用"monteCarloLocalization"创建蒙特卡洛定位对象,并进行相关参数设置。参数设置过程中,学生可能会对粒子数为一个区间而非固定值产生疑问。教师可以通过分析传统蒙特卡洛定位算法的粒子数固定带来的缺点,引出自适应调节粒子数的蒙特卡洛定位算法为其解释。完成相关参数设置后,学生便可通过接收到的机器人自运动信息和激光雷达测量信息实现蒙特卡洛定位。附图 6.4 所示的是机器人所处的 Gazebo 仿真环境,附图 6.5 所示为通过 SLAM(同时定位与地图构建)算法建立的栅格地图。

　　学生可使用蒙特卡洛定位算法进行机器人的位置跟踪以及定位,当进行位置跟踪时,需要为算法提供一个初始位姿,如附图 6.6 所示。图中蓝点为根据初始位姿生成的粒子,红点为激光雷达扫描到的障碍物信息,绿色圆圈及直线为机器人位置及头部方向。从图中可以看到粒子分布较为分散,且激光雷达根据自身位置估计绘制的环境物体与机器人的相对位置与参考真值相比也有较大差距,表明此时机器人位姿具有较大的不确定性。

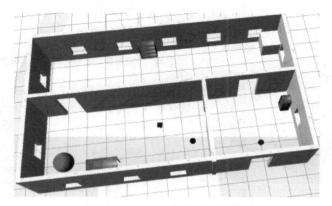

附图 6.4　在 Gazebo 中搭建的环境

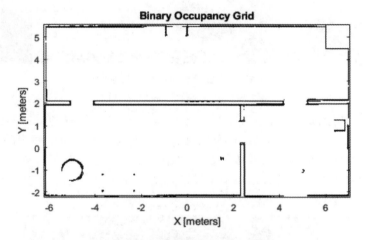

附图 6.5　仿真环境的占据栅格地图

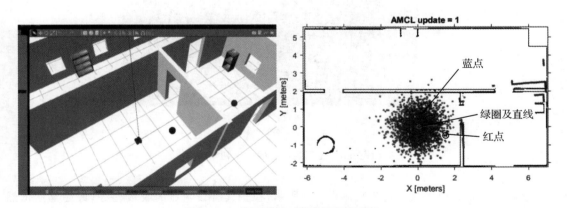

附图 6.6　位置跟踪时的粒子初始分布

　　随着机器人在环境中不断运动,定位算法不断迭代,定位效果如附图 6.7 所示。从图中可以看出粒子分布逐步收敛,机器人位姿的不确定性不断降低,最终激光雷达点云与栅格地图几乎完全匹配,表明定位算法很好地估计了机器人位姿。

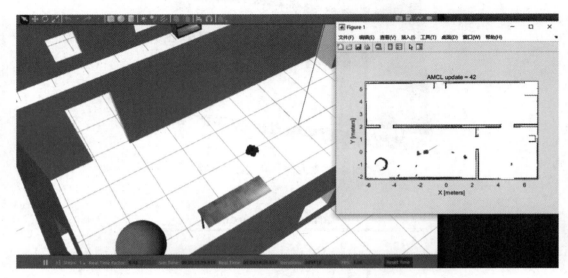

附图 6.7 位置跟踪时的粒子收敛过程

在没有可用的初始机器人姿态估计的情况下,蒙特卡洛定位将尝试在不知道机器人初始位置的情况下定位机器人。该算法最初假定机器人在办公室的自由空间中的任何位置具有相同的概率,并在该空间内生成均匀分布的粒子,如附图 6.8 所示。为了较好地估计机器人在全局中的位姿,大量粒子较为均匀且密集地覆盖了整个位姿空间。

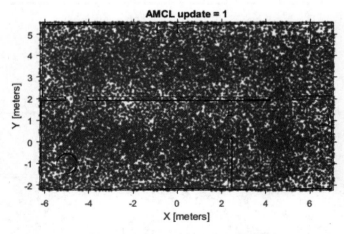

附图 6.8 全局定位时的粒子初始分布

全局定位时的粒子收敛过程如附图 6.9 所示,粒子具有较明显的收敛趋势,最终算法依然能较为准确地估计出机器人的位姿。值得注意的是,相较于位置跟踪,全局定位的粒子收敛过程具有多峰分布的特征,即粒子有向多个高概率区域收敛的趋势。其原因在于单线激光雷达获取的环境特征有限,使得算法无法分辨一些特征较为相似的区域,从而导致粒子向这些区域收敛,这种现象可能会影响蒙特卡洛定位算法的效果,甚至导致定位失败。

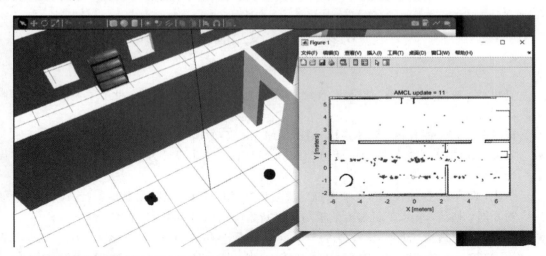

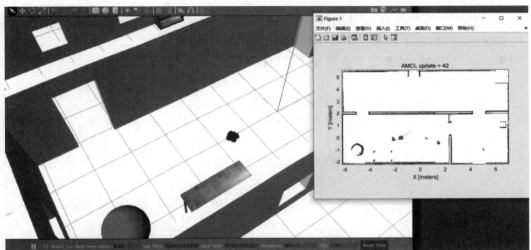

附图 6.9　全局定位时的粒子收敛过程

参 考 文 献

[1] 安成锦，王雪莹，吴京.信号与系统仿真教程及实验指导[M].北京:清华大学出版社,2022.

[2] 黄晓冬,何友,谢孔树,等.体系仿真技术[M].北京:电子工业出版社,2022.

[3] 刘金琨.机器人控制系统的设计与 MATLAB 仿真:基本设计方法[M].2 版.北京:清华大学出版社,2022.

[4] 李侠,董鹏曙,金加根,等.复杂系统建模与仿真[M].北京:国防工业出版社,2021.

[5] 刘开周,赵洋,等.水下机器人建模与仿真技术[M].北京:科学出版社,2020.

[6] 邢维艳,闫雪飞,刘东.装备体系多 Agent 建模与仿真方法[M].北京:国防工业出版社,2020.

[7] RAINEY L B,TOLK A.建模与仿真在体系工程中的应用[M].张宏军,李宝柱,刘广,等译.北京:国防工业出版社,2019.

[8] 朱玉华,马智慧,付思.计算机控制及系统仿真[M].北京:机械工业出版社,2018.

[9] 党宏社.系统仿真及应用[M].北京:电子工业出版社,2018.

[10] 中国工程院.现代建模与仿真技术及应用进展[M].北京:高等教育出版社,2018.

[11] KORN G A.先进动态系统仿真:模型复制与蒙特卡罗研究[M].任翔宇,刘英芝,魏雁飞,等译.北京:国防工业出版社,2017.

[12] ZEIGLER B P,SARJOUGHIAN H S.体系建模与仿真:基础与实践[M].张霖,宋晓,吴迎年,译.北京:清华大学出版社,2018.

[13] 杨春曦,王后能,黄凌云,等.虚拟过程控制系统仿真实验教程[M].北京:科学出版社,2017.

[14] 叶宾,赵峻,李会军,等.控制系统仿真[M].北京:机械工业出版社,2017.

[15] GOEBEL R P.ROS 入门实例[M].ROJAS J,译.广州:中山大学出版社,2016.

[16] 马静,缑林峰.MATLAB 语言及控制系统仿真[M].西安:西北工业大学出版社,2022.

[17] 钱慧芳,惠亚玲,卢健,等.系统建模与仿真:双语版[M].北京:电子工业出版社,2019.

[18] 王宏伟,于驰,孟范伟.基于 MATLAB/Simulink 的控制系统仿真及应用[M].北京:机械工业出版社,2023.

[19] 薛定宇,潘峰.控制系统仿真与计算机辅助设计[M].3 版.北京:机械工业出版社,2022.

[20] LUTZ H,WENDT W.控制技术手册:含 MATLAB 和 Simulink[M].邓建华,译.北京:国防工业出版社,2021.

[21] 彭鹏菲,任雄伟,龚立.军事系统建模与仿真[M].北京:国防工业出版社,2016.

[22] 吴旭光.系统建模和参数估计:理论与算法[M].北京:机械工业出版社,2002.

[23] 陶飞,张贺,戚庆林,等.数字孪生模型构建理论及应用[J].计算机集成制造系统,2021,27(1):1-15.

[24] DENISOVA A L,MESHCHERYAKOV A V,KARABTSOV D R. Development of

automatic control system：simulation，optimization and analysis of stability［J］. Journal of Physics Conference Series，2020，1546(1)：012005.

［25］ 杨林瑶，陈思远，王晓，等.数字孪生与平行系统：发展现状、对比及展望［J］.自动化学报，2019，45(11)：2001 - 2031.

［26］ 李伯虎，柴旭东，张霖，等.面向新型人工智能系统的建模与仿真技术初步研究［J］.系统仿真学报，2018，30(2)：349 - 362.

［27］ 李建勇，刘雪梅，李雪霞，等.基于 ROS 的开源移动机器人系统设计［J］.机电工程，2017，34(2)：205 - 208.

［28］ MOKARAM S，SAMSUDIN K，RAMLI A R. Mobile robots communication and control framework for USARSim ［C］// 2012 4th International Conference on Intelligent and Advanced Systems (ICIAS2012). Kuala Lumpur：IEEE，2012：540 - 544.

［29］ MONJE C A，PIERRO P，RAMOS T，et al. Modeling and simulation of the humanoid robot HOAP-3 in the OpenHRP3 platform ［J］. Cybernetics & Systems，2013，44(8)：663 - 680.

［30］ LIU C，ZHANG T，LIU M，et al. Active balance control of humanoid locomotion based on foot position compensation ［J］. Journal of Bionic Engineering，2020，17(1)：134 - 147.

［31］ SAHA O，DASGUPTA P，WOOSLEY B. Real-time robot path planning from simple to complex obstacle patterns via transfer learning of options［J］. Autonomous Robots，2019，43(8)：2071 - 2093.

［32］ AVILES O F，RUBIANO O G，MAULEDOUX M F，et al.Simulation of a mobile manipulator on webots［J］.International Journal of Online Engineering，2018，14(2)：90 - 102.

［33］ ZHANG L，CHENG H. Method for performing parallel simulation of cluster UAV system based on V-REP platform，involves sending attitude information to central server through remote API cycle，where central server collects pose information of simulated drone：China，CN110764433 - A［P］. 2020 - 02 - 07.

［34］ WATANABE T，NEVES G，RÔMULO C，et al. The Rock-Gazebo integration and a Real-Time AUV simulation［C］// 2015 12th Latin American Robotics Symposium［S. l.］：IEEE，2015：132 - 138.

［35］ GUO Y，ZHANG S，RITTER A，et al. A case study on a capsule robot in the gastrointestinal tract to teach robot programming and navigation ［J］. IEEE Transactions on Education，2014，57(2)：112 - 121.

［36］ ZHOU D X，XIE M Z，XUAN P C. A teaching method for the theory and application of robot kinematics based on MATLAB and V-REP［J］. Computer Applications in Engineering Education，2019，28(2)：239 - 253.